特色高水平骨干专业建设系列教材

水 文 水 资 源

主　编　张亚荣
副主编　彭　波　熊晓艳　郑　辉

中国水利水电出版社
www.waterpub.com.cn
·北京·

内 容 提 要

本教材由绪论和七个项目组成。在绪论中介绍了水循环、水资源基本概念，水文学、水文现象规律以及研究方法。项目一水资源形成，介绍了河流与流域，降水、蒸发与下渗，径流等相关内容。项目二水文测验，介绍了水文测站与站网、降水的观测、水面蒸发观测、水位观测、流量测验、泥沙测验、水文资料的间接收集等内容。项目三水文统计，介绍了水文统计基本概念，概率、频率与重现期，水文统计参数，水文频率分析计算以及相关分析等内容。项目四年径流分析与计算，介绍了年径流分析基础、具有长期实测径流资料时设计年径流的计算、具有短期实测径流资料时设计年径流的计算、缺乏实测径流资料时设计年径流的计算等内容。项目五洪水分析与计算，介绍了防洪标准及设计洪水、由流量资料推求设计洪水、由暴雨资料推求设计洪水、小流域设计洪水分析计算等内容。项目六径流调节计算，介绍了径流调节、水库兴利调节计算、水库防洪调节计算、水能计算等内容。项目七水资源保护与管理，介绍了水资源保护、水资源管理、水资源评价等内容。

图书在版编目（CIP）数据

水文水资源 / 张亚荣主编. -- 北京 : 中国水利水电出版社, 2024. 8. -- （特色高水平骨干专业建设系列教材）. -- ISBN 978-7-5226-2653-6

Ⅰ. P33；TV213.4

中国国家版本馆CIP数据核字第2024X9G039号

书 名	特色高水平骨干专业建设系列教材 **水文水资源** SHUIWEN SHUIZIYUAN
作 者	主 编 张亚荣 副主编 彭 波 熊晓艳 郑 辉
出版发行	中国水利水电出版社 （北京市海淀区玉渊潭南路1号D座 100038） 网址：www.waterpub.com.cn E-mail：sales@mwr.gov.cn 电话：（010）68545888（营销中心）
经 售	北京科水图书销售有限公司 电话：（010）68545874、63202643 全国各地新华书店和相关出版物销售网点
排 版	中国水利水电出版社微机排版中心
印 刷	清淞永业（天津）印刷有限公司
规 格	184mm×260mm 16开本 13.5印张 346千字
版 次	2024年8月第1版 2024年8月第1次印刷
印 数	0001—2500 册
定 价	49.00元

凡购买我社图书，如有缺页、倒页、脱页的，本社营销中心负责调换

版权所有·侵权必究

前言
PREFACE

党的二十大为新时代新征程党和国家事业发展、实现第二个百年奋斗目标指明了前进方向、确立了行动指南，突出强调要充分发挥教育、科技、人才的基础性、战略性支撑作用，并明确提出"加强教材建设和管理"。践行二十大精神，着力提升职业教育教材质量，既夯实学生基础知识，又激发学生崇尚科学与探索未知的兴趣，培养其创新性思维品质，建设具有现代职业特色优质教材势在必行。

《水文水资源》是北京市特色高水平"水利水电工程施工"骨干专业系列教材之一，以"实用、够用"为原则，对接"水文勘测工"职业标准、岗位规范，紧贴水文岗位实际工作过程，重点突出水文测验，注重水文观测仪器的操作使用，突出"做中学，做中教"的职教理念。以培养学生工匠精神、创新精神和实践能力为重点，强化基础，淡化学科，构建以工作任务为引领，以项目为基础，体现理实一体的"教、学、做"三合一职业教育特点。本教材既可作为高职高专水利类专业的教学用书，也可作为相关技术人员的学习参考。

本教材不仅包括水文学相关的基础知识和基本技能，还包括水资源保护与管理相关知识，把水文与水资源紧密结合。教材内容体现先进性、针对性，将水文新技术、新规范融入教材。教材由绪论和七个项目组成，七个项目分别是：项目一水资源形成，项目二水文测验，项目三水文统计，项目四年径流分析与计算，项目五洪水分析与计算，项目六径流调节计算，项目七水资源保护与管理。参加编写的有北京水利水电学校张亚荣（绪论、项目三、项目六），彭波（项目一、项目二），熊晓艳（项目四、项目五），郑辉（项目七）。全书由熊晓艳统稿，汪玉龙主审。

在每一个项目中设置了项目任务书，确定了项目任务、教学内容、教学目标、教学实施和项目成果。每一个任务的完成，有助于培养学生发现问题和解决实际问题的能力。任务中有学习指导，指明了学习目标和学习重点，并附有课后练习，方便学生学习，体现了以学生为本的教材编写理念。

本书在编写过程中得到了北京水利水电学校相关老师的帮助，以及北京市水文总站技术人员的指导，在此表示感谢。由于编者水平有限，教材不足与缺陷难免，恳请读者批评指正。

编者
2023 年 8 月

目 录
CONTENTS

前言

绪论 ··· 1
  一、水循环 ·· 1
  二、水资源 ·· 2
  三、水文学 ·· 4
  四、《水文水资源》课程主要内容 ·· 6

项目一 水资源形成 ·· 7
  任务1.1 河流与流域 ·· 8
  任务1.2 降水、蒸发与下渗 ·· 11
  任务1.3 径流 ·· 17

项目二 水文测验 ·· 24
  任务2.1 水文测站与站网 ·· 25
  任务2.2 降水的观测 ·· 27
  任务2.3 水面蒸发观测 ··· 37
  任务2.4 水位观测 ·· 44
  任务2.5 流量测验 ·· 51
  任务2.6 泥沙测验 ·· 60
  任务2.7 水文资料的间接收集 ·· 64

项目三 水文统计 ·· 70
  任务3.1 水文统计基础 ··· 71
  任务3.2 频率分析计算 ··· 78
  任务3.3 相关分析 ·· 87

项目四 年径流分析与计算 ··· 95
  任务4.1 年径流分析基础 ·· 96
  任务4.2 具有长期实测径流资料时设计年径流的计算 ···································· 99
  任务4.3 具有短期实测径流资料时设计年径流的计算 ···································· 104
  任务4.4 缺乏实测径流资料时设计年径流的计算 ··· 107

项目五 洪水分析与计算 ··· 112
  任务5.1 防洪标准及设计洪水 ·· 113
  任务5.2 由流量资料推求设计洪水 ·· 115
  任务5.3 由暴雨资料推求设计洪水 ·· 126

任务 5.4　小流域设计洪水 ·· 131
项目六　径流调节计算 ··· 135
　　任务 6.1　径流调节 ·· 136
　　任务 6.2　水库兴利调节计算 ·· 140
　　任务 6.3　水库防洪调节计算 ·· 149
　　任务 6.4　水能计算 ·· 158
项目七　水资源保护与管理 ··· 169
　　任务 7.1　水资源保护 ·· 170
　　任务 7.2　水资源管理 ·· 179
　　任务 7.3　水资源评价 ·· 191
附录 ·· 202
参考文献 ·· 207

绪　论

学习指导

　　目标：1. 理解水循环。
　　　　　　2. 了解水循环的分类。
　　　　　　3. 掌握水资源概念。
　　　　　　4. 了解水资源分类。
　　　　　　5. 掌握我国水资源特点。
　　　　　　6. 了解水文学、水文学分类、水文现象规律和研究方法。
　　　　　　7. 了解《水文水资源》课程的主要内容。
　　重点：1. 水循环概念。
　　　　　　2. 水资源概念。
　　　　　　3. 我国水资源特点。

　　"水是生命之源、生产之要、生态之基"，水是现代农业发展不可或缺的首要物质，是经济社会发展不可替代的基础支撑，是生态环境改善不可分割的保障，是不可替代的自然资源。水具有维持生命、社会和经济、环境和生态的价值。

　　地球上有 70.8% 的面积为水所覆盖，但淡水资源却极其有限。在全部水资源中，97.5% 是咸水，无法饮用。在余下的 2.5% 的淡水中，有 87% 是人类难以利用的两极冰盖、高山冰川和永久冻土地带的冰雪。人类真正能够利用的是江河湖泊以及地下水中的一部分，仅占地球总水量的 0.26%，而且分布不均。

一、水循环

　　想一想：自然界的水是如何循环的？

（一）水的自然循环

　　地球表面（含海洋和大陆）的水在自然状态下是不断运动的，在太阳辐射作用下，大量的水分蒸发，上升到空中，随着大气而运动到各地。在这过程中，遇冷凝结而以降水形式重新降落到地球表面，这些水又通过径流至江、河、湖、海、水库等，或经下渗至地层，或是通过蒸发至大气中，水以此种方式周而复始的运动，构成自然界的水循环。水循环的实质是三态的转化，即气态、液态和固态的相互转化。水的自然循环如图 1 所示。

　　自然界的水循环，按其涉及的地域和规模可分为大循环和小循环。

　　从海洋表面蒸发的水汽被气流带到大陆上空，遇冷凝结而形成降水。降水到达地面后，其中一部分直接蒸发返回空中，另一部分形成径流，从地面或地下逐渐汇集到河流，汇入海洋。这种整体的、在海陆之间的水分交换过程称为大循环。

　　从海洋上蒸发的水汽有一部分直接凝结成降水而又回落到海洋，或从陆地蒸发的水汽在空中凝结成降水而又落回到陆地，这种在海洋或陆地范围内进行的局部水循环，称为小循

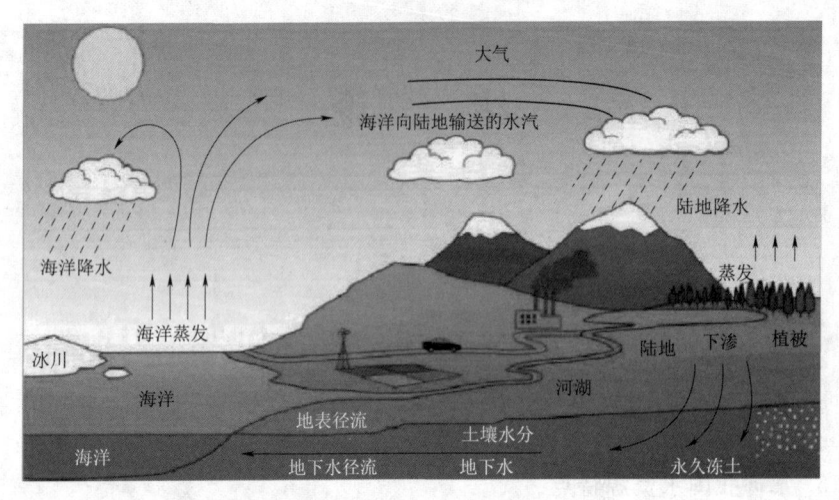

图1 水的自然循环

环。前者为海洋小循环,后者为内陆小循环。

水的自然循环,长期来看基本上是稳定的,水分运动遵循物质不灭定律,陆地、海洋或全球的任一时段内,来水量等于出水量与区域内蓄水量变化之和,即水量平衡。就长期平均而言,全球的降水量等于蒸发量。

(二) 水的社会循环

人们为了生活和生产的需要,由天然水体取水,经适当处理后,供人们生活和生产使用,用过的水又排回天然水体,这就是水的社会循环。

水的社会循环中,生活污水和工农业生产废水的排放,造成了自然界水体的污染,又由于社会循环的水量不断增大,排入水体的废弃物不断增多,水不断被污染,从而影响水资源的可持续利用,并加剧水资源短缺。对废水和污水进行处理,使其排入水体不会造成污染,从而实现水资源的可持续利用,达到水的良性社会循环。水的社会循环如图2所示。

图2 水的社会循环

二、水资源

想一想:什么是水资源?水资源如何分类?我国水资源有何特点?

绪 论

(一) 水资源概念

水资源有广义和狭义之分。广义上讲，水资源是指地球上所有水体的总称；狭义上的水资源是指人类可以利用的、逐年能够得到恢复和更新的淡水资源。水资源包括水量、水质、水能和水域。对人类最为实用的水资源，是陆地上每年可以更新的降水量、江河水量和浅层地下水的淡水量。大气降水是水资源的重要来源，可以直接为人类利用，同时它又是江河径流和浅层地下淡水的来源。

水资源的含义包括以下要点：

(1) 水资源是指淡水资源，不包括海水、苦咸水等。
(2) 水资源是指可以被人类利用的淡水资源。
(3) 一个地区的水资源，包括了地表水、地下水。
(4) 水资源是可循环的。在一个区域里，大气降水、地表水、地下水是不断相互转化的。

(二) 水资源分类

水资源分为地表水资源和地下水资源。

1. 地表水资源

地表水资源是指河流、冰川、湖泊、沼泽四种水体的总称，亦称"陆地水"。它是人类生活用水的重要来源之一，也是水资源的主要组成部分。我国的七大江河就属于地表水资源。

2. 地下水资源

地下水资源是指存在于土壤或岩石中的水，有浅层地下水和深层地下水之分。像土壤中的水、河床土体中的水、河底砂砾层中的水、泉水等均属于地下水。对人类有利用价值的地下水，包括淡水资源和矿水资源两部分。地下水资源如图3所示。

根据储存条件，地下水资源分为：潜水、承压水。潜水与承压水如图4所示。

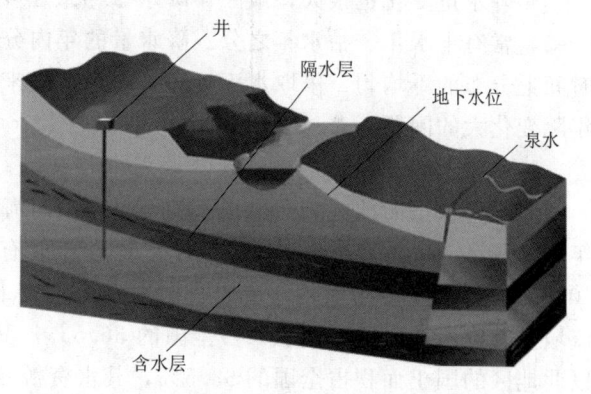

图3 地下水资源

(1) 潜水。潜水是指埋存于地表以下，第一个连续稳定的弱透水层以上具有自由水面的重力水。它主要的补给来源是降水和地表水的渗入。

(2) 承压水。承压水是充满于上下两个弱透水层之间的含水层中的地下水，它承受一定的压力，当钻孔打穿上覆隔水层时，水能从钻孔内上升到一定的高度。

(三) 我国水资源的特点

1. 水资源总量不少，但人均水资源量很低

我国的多年平均降水总量为61889亿 m^3，折合降水深648mm。我国水资源总量在世界上居第六位。其中地表水水资源量约为27115亿 m^3，地下水资源量约为8288亿 m^3，但根据1997年人口统计，全国人均水资源量为2200m^3，不到世界人均水资源量的1/4，在世界各国中排第128位。据水利部预测，到2030年我国人口增至16亿时，人均水资源量将降至

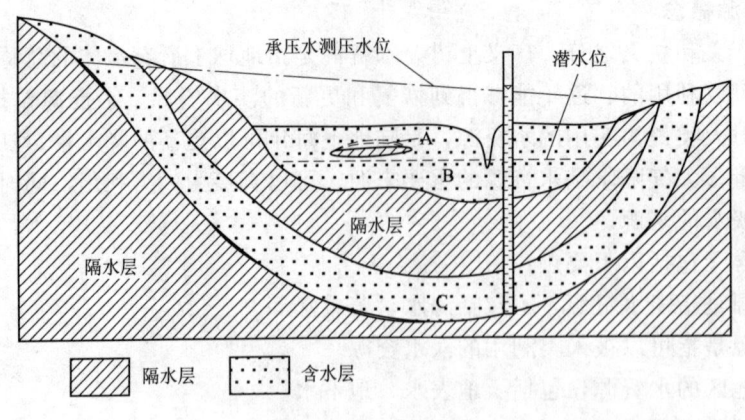

图 4　潜水与承压水
A—上层滞水；B—潜水；C—承压水

1760m³。因此，我国未来水资源形势是十分严峻，必须全面建设节水型社会。

2. 水资源年内、年际变化大

我国大部分地区冬春少雨，多春旱；夏秋多雨，多洪涝。东南部各省雨季早，雨季长，汛期 4 个月的降水量占全年降水量的比率，我国南方为 60%～70%，北方则为 80% 以上，有的年份一天暴雨量可超过多年平均降水量。

年降水量变化也很大，最大年降水量与最小年降水量之比，南方一般为 2～4，北方为 3～5，常有丰水年、枯水年之分。降水量的年内分配和年际分配都极不均匀，造成水资源在时间上分布的不均匀，采取水库工程对河道天然来水量进行径流调节就是解决水资源年内、年际变化大的问题。

3. 水资源地区分布不均，水土资源不相匹配

我国降水量的地区分布也很不均匀，东南沿海年平均降水量大于 1600mm。华北和东北年降水量为 400～800mm；西北的大部地区只有 200～400mm，一些沙漠边缘地区少于 100mm。降雨的分布不均，造成我国水资源南多北少，而耕地和人口北多南少。我国长江流域及其以南地区国土面积只占全国的 36.5%，其水资源量占全国的 81%；淮河流域及其以北地区的国土面积占全国的 63.5%，其水资源量仅占全国水资源总量的 19%。实施的南水北调工程就是解决我国水资源地区分布不均的问题。

三、水文学

想一想：什么是水文学？水文学分为哪几类？水文现象有何规律？又有哪些研究方法？

（一）水文与水文学

水文泛指自然界中水的分布、运动和变化规律，以及水与环境的相互作用等规律。水文学属于地球物理科学范畴的一门学科，是研究水文变化规律，物理与化学特性，以及水体对环境的影响和作用，包括对生物特别是对人类的影响。它通过模拟和预报自然界中水量和水质的变化及发展动态，为有关开发水资源、控制洪水和保护水环境等方面的水利建设提供科学依据。

（二）水文学分类

水文学按照其研究的对象不同，可分为水文气象学、陆地水文学、海洋水文学和地下水

文学。其中与人类关系最为密切的是陆地水文学，它又可分为河流水文学、湖泊水文学、沼泽水文学、冰川水文学等。河流水文学发展最早、最快，内容也最丰富。河流水文学按其研究的任务的不同，可划分为以下几个方面。

1. 水文测验及水文调查

通过科学的水文测验手段、资料整编方法、实验研究方法、水文调查方法等，收集、整理各种水文资料。

2. 水文预报

预报未来短时期的水文情势，为防汛抗旱提供科学依据。

3. 水文分析与计算

预估未来长时期的水文情势，为水资源开发利用提供水文数据。

4. 水利计算与规划

在水文分析与计算的基础上，综合研究水文情势、用水需要、调节方法和经济论证等，对水利工程规模、工作情况等提供决策依据。

（三）水文现象的基本规律

把水的存在、运动和变化，统称为水文现象。水文现象作为一种自然现象，它有三种基本规律。

1. 水文现象的确定性规律

水文现象同其他自然现象一样，具有必然性和偶然性两个方面。在水文学中通常按数学的习惯称必然性为确定性，偶然性为随机性。如河流每一年都有一个最大洪峰流量，这是必然的，服从确定性规律。

2. 水文现象的随机性规律

河流每一年的最大洪峰流量尽管是必然发生，但数值是多少，何时发生是未知的，具有随机性。但是，通过长期观测，最大洪峰流量也是有规律的。水文现象的随机性规律需要由大量资料统计出来，所以又称为统计规律。

3. 水文现象的地区性规律

由于水文现象受地理因素、气候因素的影响，而这些因素是有地区性规律的，所以水文现象在一定程度上具有地区性规律。

（四）水文现象的研究方法

对水文现象的分析研究，主要方法可归纳为以下三种。

1. 成因分析法

水文现象与影响因素之间存在着确定关系，据此可以建立某一水文要素与其影响因素的定量关系，如通过水文实验与实际观测，研究降雨径流之间的定量关系，分析影响因素的作用。这样就可以根据当前影响因素的状况，预测未来的水文状况。这种利用水文现象确定性规律来解决水文问题的办法，称为成因分析法。这种方法能够求出比较确切的结果，在水文现象分析和水文预报中得到广泛的应用。

2. 数理统计法

由于水文现象具有随机性规律，所以以概率理论为基础，通过频率计算，求得水文要素的频率分布，揭示水文现象的规律，从而得出工程规划设计所需要的水文特征值。利用两个或多个变量之间的关系进行相关分析，可以展延水文系列或作水文预测。

3. 地理综合法

由于水文现象具有地区性规律，若自然地理因素相近似，则水文现象的变化规律具有近似性。地理综合法的基本出发点是考虑水文现象的地区性特点，其主要内容是按照水文现象的地带性规律与非地带性的区域差异，运用地理比拟和地理综合的方法，以建立经验公式或绘制等值线图的形式来揭示水文特征值的区域分布特征。

四、《水文水资源》课程主要内容

本书在绪论中介绍了水循环、水资源的基本概念，水文学、水文现象的基本规律以及研究方法。

项目一水资源形成，介绍了河流与流域，降水、蒸发与下渗，以及径流相关内容。

项目二水文测验，介绍了水文测站与站网、降水的观测、水面蒸发观测、水位观测、流量测验、泥沙测验、水文资料的间接收集等内容。

项目三水文统计，介绍了水文统计基本概念，概率、频率与重现期，水文统计参数，水文频率分析计算以及相关分析内容。

项目四年径流分析与计算，介绍了年径流分析基础、具有长期实测径流资料设计年径流的计算、具有短期实测径流资料设计年径流的计算、缺乏实测径流资料设计年径流的计算。

项目五洪水分析与计算，介绍了防洪标准及设计洪水、由流量资料推求设计洪水、由暴雨资料推求设计洪水、小流域设计洪水分析计算内容。

项目六径流调节计算，介绍了径流调节、水库兴利调节计算、水库防洪调节计算、水能计算内容。

项目七水资源保护与管理，介绍了水资源保护、水资源管理、水资源评价内容。

练一练：

1. 什么是水循环，分为哪两类？
2. 什么是水资源？我国水资源有何特点？
3. 什么是水文学，它分为哪几类？
4. 水文现象有哪些规律，研究方法是什么？

项目一　水　资　源　形　成

项 目 任 务 书

项目名称	水资源形成	参考学时	14
学习型工作任务	任务1.1　河流与流域		4
	任务1.2　降水、蒸发与下渗		6
	任务1.3　径流		4
项目任务	掌握水资源形成的过程，能够进行降雨量、径流的相关计算		
教学内容	1. 河流与流域 2. 降水 3. 蒸发与下渗 4. 径流		
教学目标	知识	1. 理解河网、干流及支流的概念 2. 理解河床基本特征 3. 理解并掌握河流与流域的概念 4. 理解河流的分段及每段的河流特性 5. 理解并掌握流域的概念、分类，能够独立计算流域的面积 6. 掌握降水的概念 7. 掌握降雨的类型和形成过程 8. 理解并掌握流域平均降雨量不同条件下的三种计算方法 9. 掌握蒸发的概念和蒸发量的计算 10. 理解下渗的过程及其变化规律 11. 理解并掌握径流的形成过程 12. 理解河川径流的补给来源 13. 掌握径流的表示方法和度量单位	
	技能	1. 具有降雨过程线的绘制能力 2. 具有累积降雨量曲线的绘制能力 3. 具有流域平均降雨量的计算能力 4. 具有径流的表示方法的计算能力	
	素养	1. 具有良好的职业道德 2. 具有团队协作精神 3. 具有刻苦学习，探究新知的精神 4. 具有理论联系实际分析问题并解决问题的能力	
教学实施	理论实践一体化教学、案例教学法、小组学习法等		
项目成果	能够进行降雨量、径流的相关计算		

任务 1.1 河流与流域

学习指导

目标：1. 理解河网、干流及支流的概念。
2. 理解河床基本特征。
3. 理解并掌握河流与流域的概念。
4. 理解河流的分段及每段的河流特性。
5. 理解并掌握流域的概念、分类，能够独立计算流域的面积。

重点：1. 河流及流域的特征。
2. 河道纵比降的计算方法。

1.1.1 河流

想一想：河流指的是什么？河流都有什么形态？

1.1.1.1 定义

河流是接纳地面径流和地下径流的泄水道，是水文循环的路径之一。流入海洋的河流称为外流河，如长江、黄河、淮河、海河等。流入内陆湖泊或消失于沙漠之中的河流称为内流河。

1.1.1.2 河系

由大大小小的河流交汇而成的系统称为河系或河网。河系中的河流由干流、支流组成。直接流入海洋的河流称为干流，汇入干流的河流称为一级支流，汇入一级支流的河流称为二级支流，依此类推，如图1-1所示。

图1-2从左至右依次为扇形河系、羽毛形河系、平行状河系、混合形河系。

图 1-1 河流级别与河系示意图　　　　图 1-2 河系的几何形态

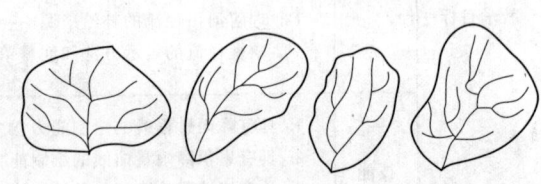

1.1.1.3 河段及其特征

一条河流沿水流方向可分为5段，即河源、上游、中游、下游和河口。

自河源沿主河道至河口的长度称为河流长度，简称河长，以千米计。长江干流的长度为6300km，是我国最长的河流，居世界第三位。

河流各段特征明显不同。

(1) 河源：溪涧、泉水、冰川、沼泽或湖泊。
(2) 上游：落差大、水流急、河谷狭、急滩和瀑布。

(3) 中游：比降变缓，河槽拓宽曲折，两岸有滩地。

(4) 下游：河谷宽，比降和流速小，河道淤积明显，浅滩或河洲到处可见，河曲发育。

(5) 河口：是河流流入海洋、湖泊或其他河流的处所，泥沙淤积严重。

流入海洋的河流称为外流河，如长江、黄河等；流入内陆湖泊或消失于沙漠中的河流，为内流河或内陆河，如新疆的塔里木河等。

1.1.1.4 河床和河谷

两山之间狭长弯曲的洼地叫山谷，排泄水流的谷地叫河谷。由于地质构造和水流侵蚀的作用，河谷的横断面分为峡谷、广宽河谷和台地河谷三种类型。谷底的过水部分称为河床或者河槽。

1.1.1.5 河槽形状

河槽形状常用河流的平面形态、横断面、纵断面和纵比降表示。河流的平面形态，一般分为顺直、弯曲和蜿蜒形。

河流的横断面，是与水流方向相垂直的断面，也称过流断面。由主河槽和滩地组成的河流横断面称为复式断面，无滩地的河流横断面称为单式断面，如图 1-3 所示。河槽最低点称为深泓点，河流各横断面上深泓点的连线称为深泓线。

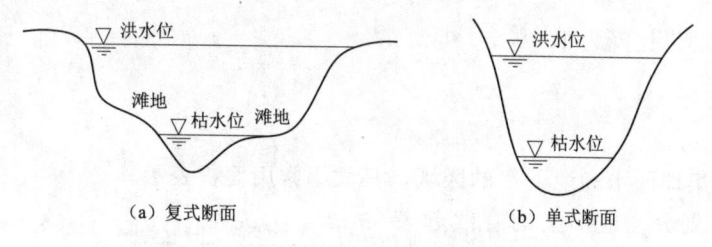

(a) 复式断面 (b) 单式断面

图 1-3 河流横断面

河流的纵断面，一般是指沿深泓线的断面，它反映河床的沿程变化。河流纵断面的比降是任一河段首、尾两端河底的高程差与该河段长度之比。当河流纵断面近于直线时，比降的计算公式为

$$J=\frac{h_1-h_0}{l}=\frac{\Delta h}{l} \tag{1-1}$$

式中　J——河段的比降；

h_0、h_1——河段首、尾断面的河底高程，m；

Δh——河段高程差，m；

l——河流长度，m。

当河流纵断面为折线时，可按下述方法求得平均比降：在纵断面图上从下断面河床处开始，向上游作一斜线，使该斜线以下的面积与原河底线以下面积相等，如图 1-4 所示，则该斜线的坡度即为河段的平均比降。由该斜线的形成原理，得到平均比降的计算式为

$$J=\frac{(h_0+h_1)l_1+(h_1+h_2)l_2+\cdots+(h_{n-1}+h_n)l_n-2h_0L}{L^2} \tag{1-2}$$

式中　$h_0,\cdots,h_n$——自下游到上游沿程各点河底高程，m；

$l_1,\cdots,l_n$——相邻两点间的距离，m；

n——河底折线下梯形面积块数；

L——河段的全长，m。

【例 1-1】 已知某河从河源到河口总长为 5500m，其纵断面如图 1-5 所示，A、B、C、D、E 各点的地面高程分别为 48m、24m、17m、15m、14m，各河段长度分别为 $l_1=800$m，$l_2=1300$m，$l_3=1400$m，$l_4=2000$m，试求该河段 l_4 的纵比降。

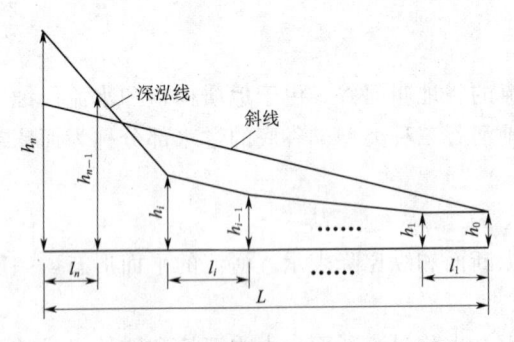

图 1-4 河流纵断面及平均比降示意图

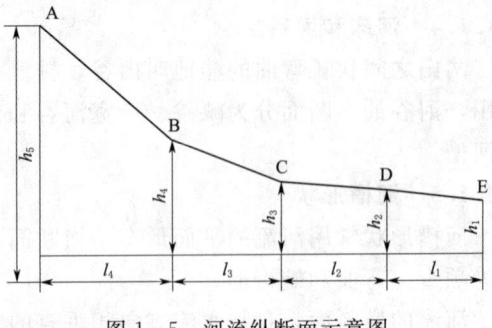

图 1-5 河流纵断面示意图

解：河段 l_4 的纵比降 $J=\dfrac{h_5-h_4}{l_4}=\dfrac{48-24}{2000}=0.012=1.2\%$

所以该河段的纵比降为 1.2%。

1.1.2 流域

1.1.2.1 定义

流域，即汇集地面水和地下水的区域，其大小常用面积表示。

流域由地形划分。地形上的脊线起着分水作用，故称为分水线或分水岭，能将降水时形成的水流分向不同的相邻区域。分水线有地面和地下之分，如图 1-6 所示。因此，流域也可称为分水线所包围的区域。地面分水线与地下分水线重合称为闭合流域，否则为非闭合流域。

图 1-6 分水线

1.1.2.2 流域的特征

流域的特征通常包括几何特征、自然地理特征和人类活动影响。

1. 几何特征

流域的几何特征一般以流域面积、流域长度、流域平均宽度、流域形状系数和河网密度等表示。

(1) 流域面积：是流域分水线与河流断面所包围的区域的平面投影面积，记为 F，单位为 km²。计算方法，通常是首先在适当比例尺的地形图上绘出流域分水线，然后用数方格、求积仪等方法量出该区域的面积。

(2) 流域长度：是自河源到河口流域干流轴线长度，记为 L，单位为 km。

(3) 流域平均宽度：是流域面积与流域长度之比，记为 B，$B=F/L$。

(4) 流域形状系数：表示流域的长宽形状，常用流域面积与流域长度的平方之比，或流域平均宽度与流域长度之比表示，无量纲。比值越小，流域形状越接近于狭长。

（5）河网密度：是指流域内河流总长度与流域面积之比，度量单位为 km/km²。它与土质、透水性、植被和地面坡度等有关。

2. 自然地理特征

流域的自然地理特征，通常包括地理位置、气候条件和下垫面条件。

（1）地理位置，以流域在地球上所处的经度和纬度表示，它可以间接地反映流域的气候和地理环境。

（2）气候条件，包括降水、蒸发、温度、湿度、气压、风等，这些因素决定着流域的水文特征。

（3）下垫面条件，是指流域的地形、地面植被、湖泊、地质构造、土壤性质、岩石性质、植被条件等，这些因素影响着水文循环过程、河流的形成及流域特征。

3. 人类活动影响

人类活动影响，是指通过地面和地下建筑措施改变流域下垫面条件，从而影响流域特征。水土保持、植树造林、地面交通设施、城市化等影响地表径流与下渗。修建水库，增大水面面积，影响蒸发与径流调蓄，跨流域调水，则是人类对自然流域径流量的直接干预，目的是满足不同地域发展的用水需求。

【例 1-2】 用数方格法求得某流域在图中的面积为 100cm²，图的比例为 1∶100000，试求该流域的实际面积。

解：图的比例 1∶100000 为长度比，计算时应将其换算为面积比，即 $1^2∶100000^2$，所以该流域的面积为

$$F=100×100000^2(cm^2)=100×10^{10}(cm^2)=100(km^2)$$

任务1.2　降水、蒸发与下渗

学习指导

目标：1. 了解并掌握降水的概念。
　　　2. 掌握降雨的类型和形成过程。
　　　3. 理解并掌握流域平均降雨量不同条件下的三种计算方法。
　　　4. 掌握蒸发的概念和蒸发量的计算。
　　　5. 理解下渗的过程及其变化规律。
　　　6. 理解并掌握径流的形成过程。
　　　7. 理解河川径流的补给来源。
　　　8. 掌握径流的表示方法和度量单位。

重点：1. 降水的类型。
　　　2. 降水量的计算。
　　　3. 蒸发量的计算。
　　　4. 下渗的变化规律。
　　　5. 径流的表示方法和度量单位。

1.2.1 降水

想一想：降水是怎么形成的，降水有哪些类型？

水分中的液态或固态的水汽凝结物，从云中降落至地面的现象，称为降水。雨、雪、霰、雹、霜、露等都是降水现象，其中以雨、雪为主。降水是径流中最主要的因素，也是水文循环中最活跃的水文因子。

1.2.1.1 降雨成因及类型

1. 成因

在水平方向上物理性质（温度、湿度等）比较均匀的大块空气叫气团。水汽、上升运动和冷却凝结是降水形成的3个主要因素。即从海洋、湖泊、水库、潮湿土壤及植物等各种水体蒸发的水汽，由于它本身的分子扩散和受气候、地理因素作用升入高空，上升过程中因动力冷却温度降低，凝结为云滴，随着水汽不断上升凝结，云滴不断增大，其重量大于气流的顶托力时降落至地面。

2. 类型

（1）锋面雨。锋面雨主要产生在雨层云中，在锋面云系中雨层云最厚，又是一种冷暖空气交接而成的混合云，其上部为冰晶，下部为水滴，中部常常冰水共存，能很快引起冲并作用。

（2）对流雨。对流雨是指来自对流云中的降雨，具体来说当对流发展到一定程度时，云中的降水粒子已不能被上升气流所托持而降落形成的。

（3）地形雨。当潮湿的气团前进时，遇到高山阻挡，气流被迫缓慢上升，引起绝热降温，发生凝结，这样形成的降水，称为地形雨。

（4）台风雨。热带海洋面上的一团高温、高湿空气，做强烈的辐合上升运动形成动力冷却而产生的降雨。降雨类型及特点见表1-1。

表1-1 　　　　　　　　　　降雨类型及特点

降雨类型	锋面雨	对流雨	地形雨	台风雨
图示	(a)冷锋雨 (b)暖锋雨			
特点	冷锋雨：持续时间短，范围小，强度大。暖锋雨：持续的时间长、范围广、强度小。锋面雨均出现在温带地区	强度大、历时短、范围小，常伴有暴风、雷电，多出现在赤道地区。其他地区的夏季午后，也常出现对流雨	在一定高度内，降水量大致沿山坡向上增加，常出现在山地和丘陵的迎风坡，背风坡少雨	多狂风、暴雨、雷电，常出现在副热带海域西部的夏秋季节

1.2.1.2 降雨要素及分级

描述降雨特征的基本要素有：降雨量、降雨历时、降雨强度、降雨面积及暴雨中心等。降雨量指一定时段内降落在某一点或某一面积上的总水量，常用深度表示，单位为mm。降雨持续的时间称为降雨历时，以分（min）、时（h）或日（d）计。单位时间的降雨量称为降雨强度，以 mm/min 或 mm/h 计。降雨笼罩的平面面积为降雨面积，以 km^2 计。降雨强度较大的局部地区，称为暴雨中心。

按照降雨量的大小，可将降水划分为微雨、小雨、中雨、大雨、暴雨、大暴雨、特大暴雨 7 个等级，见表 1-2。

表 1-2　　　　　　　　　　　　　　降雨量分级

24h 雨量/mm	<0.01	<10	10~25	25~50	50~100	100~200	≥200
等级	微雨	小雨	中雨	大雨	暴雨	大暴雨	特大暴雨

1.2.1.3 降雨的表示方法

1. 降雨过程线

降雨过程线是指表示降雨随时间变化的过程线。以时段降雨量为纵坐标，时段时序为横坐标，采用柱状图形表示，如图 1-7 所示。时段长短可根据计算的需要选择，如 min、h、d、月等。

2. 累积降雨量曲线

将各时段的雨量逐一累积，求出的各累积时段的雨量值作为纵坐标，时间为横坐标，绘制的曲线为累积降雨量曲线。如图 1-8 所示。

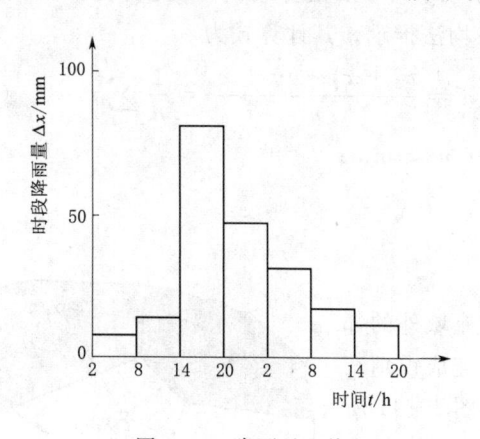

图 1-7　降雨过程线

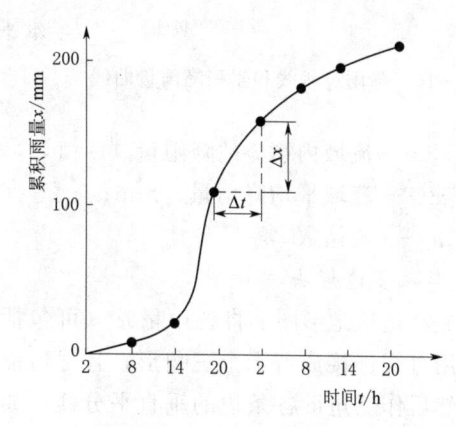

图 1-8　累积降雨量曲线

3. 降雨量等值线

它表示某一地区的次降雨或一定时段的降雨量在地面上的分布情况。降雨量等值线图的制作与地形等高线的绘制相似。各雨量站采用同一时段的雨量，点绘在各测站的所在位置，并参考地形、气候特性而描绘的等值线即为降雨量等值线。雨量等值线图能够清楚地反映降雨在空间上的分布和降雨中心位置。某流域的降雨量等值线如图 1-9 所示。

【**例 1-3**】　某地区降雨量计算时段为 3h。经计算，相邻 3 个时段的面降雨量分别为 15mm、30mm、9mm，列表计算降雨强度和累积降雨量并绘制降雨过程线和累

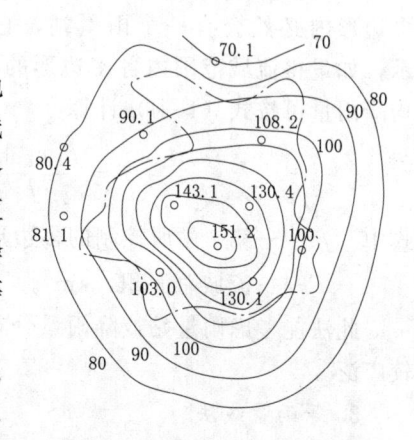

图 1-9　某流域的降雨量等值线

积降雨量曲线。

解：先统计降雨量，并将降雨强度和累积降雨量计算出来列入表 1-3 中，再绘制降雨过程线和累积降雨量曲线，见图 1-10。

表 1-3　　　　　　　　　　　　降雨量统计计算表

时　段	1	2	3
降雨量/mm	15	30	9
降雨强度/(mm/h)	5	10	3
累积降雨量/mm	15	45	54

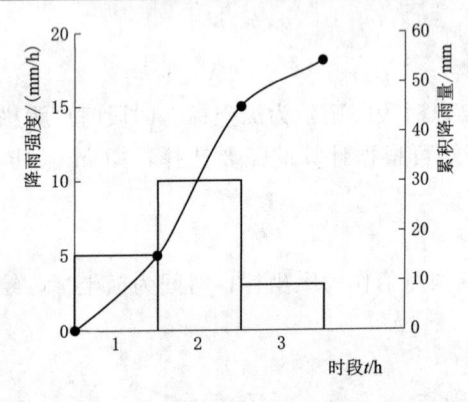

图 1-10　降雨过程线和累积降雨量曲线

1.2.1.4　流域平均降雨量的计算

由雨量站观测到的降雨量，只代表该雨量站所在处或较小范围的降雨情况，而实际工作中往往需要推求全流域或某一区域的平均降雨量，常用的计算方法有以下几种。

1. 算术平均法

当流域内地形起伏变化不大，雨量站分布比较均匀时，可根据各站同一时段内的降雨量用算术平均法推求。其计算式为

$$\bar{x} = \frac{x_1 + x_2 + \cdots + x_n}{n} = \frac{1}{n}\sum_{i=1}^{n} x_i \quad (1-3)$$

式中　x_i——流域内第 i 站降雨量（$i=1,2,\cdots,n$），mm；
　　　$\bar{x}$——流域平均降雨量，mm；
　　　n——测站数。

2. 泰森多边形法

首先在流域地形图上将各雨量站（可包括流域外的邻近站）用直线连接成若干个三角形，且尽可能连成锐角三角形，然后作三角形各条边的垂直平分线，如图 1-11 所示，这些垂直平分线组成若干个不规则的多边形，每个多边形内必然会有一个雨量站，它们的降雨量以 x_i 表示，如量得流域范围内各多边形的面积为 f_i，则流域平均降雨量可按式（1-4）计算：

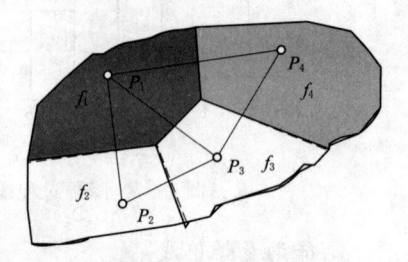

图 1-11　泰森多边形图

$$\bar{x} = \frac{f_1 x_1 + f_2 x_2 + \cdots + f_n x_n}{f_1 + f_2 + \cdots + f_n} = \frac{1}{F}\sum_{i=1}^{n} f_i x_i \quad (1-4)$$

式中　f_i——第 i 站所控制的多边形面积，km²；
　　　F——流域总面积，km²。

此法能考虑雨量站或降雨量分布不均匀的情况，工作量也不大，故在生产实践中应用比较广泛。

3. 等雨量线法

在较大流域或区域内，如地形起伏较大，对降水影响显著，且有足够的雨量站，则宜用

等雨量线法推求流域平均雨量。先量算相邻两雨量线间的面积 f_i，再根据各雨量线的数值 x_i，就可以按式（1-5）计算：

$$\overline{x} = \frac{1}{F}\sum_{i=1}^{n}\left(\frac{x_i + x_{i+1}}{2}\right)f_i \tag{1-5}$$

式中　f_i——相邻两条等雨量线间的部分流域面积，km²。

此法比较精确，但对资料条件要求较高，且工作量大，因此应用上受到一定的限制。主要用于典型大暴雨的分析。

1.2.1.5　降水的影响因素

降水的影响因素主要有风、温度、湿度、气压。

【例 1-4】　某流域内设有 5 个雨量站，如图 1-12 所示。某日各站的降雨量观测值为 25.0mm、30.0mm、32.0mm、45.0mm、47.0mm，各雨量站控制面积分别为 20km²、25km²、30km²、33km²、40km²。试用算术平均法和泰森多边形法计算流域平均降雨量。

解：算术平均法：$\overline{x} = \frac{x_1 + x_2 + \cdots + x_n}{n} = \frac{1}{n}\sum_{i=1}^{n}x_i =$

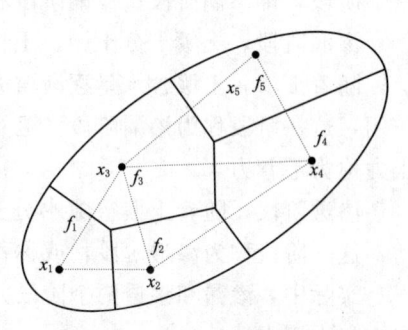

图 1-12　雨量站分布图

$\frac{1}{5} \times (25 + 30 + 32 + 45 + 47) = 35.8(\text{mm})$

泰森多边形法：$F = 25 + 30 + 32 + 45 + 47 = 179(\text{km}^2)$

$$\overline{x} = \frac{f_1 x_1 + f_2 x_2 + \cdots + f_n x_n}{f_1 + f_2 + \cdots + f_n} = \frac{1}{F}\sum_{i=1}^{n}f_i x_i$$

$$= \frac{1}{179} \times (25 \times 20 + 30 \times 25 + 32 \times 30 + 45 \times 33 + 47 \times 40) = 31.1(\text{mm})$$

1.2.2　蒸发

想一想：蒸发量是如何得知的？

1.2.2.1　蒸发的概念

水分由液态或固态转化为气态的过程称为蒸发。

自然界的蒸发现象包括水面蒸发、土壤蒸发和植物散发。蒸发是水分循环的活跃因素，能影响径流的形成及径流量。

受气候条件影响，我国不同地区的年蒸发量有显著区别，湿润地区年蒸发量为年降水量的 30%~50%，干旱地区为 80%~95%。

1.2.2.2　蒸发量的概念

蒸发量一般以单位时间内蒸发的水深表示，单位为 mm/d。

蒸发量的观测，对于水面蒸发和土壤蒸发采用不同的专门仪器。植物散发量由于与土壤蒸发很难截然分开，不易独立观测。一般将土壤蒸发与植物散发总称为陆面蒸发。

流域总蒸发量，除了采用观测仪器进行观测计算外，还可按水量平衡原理，用实测的降水量与径流量资料求得。

1.2.3　下渗

想一想：下渗的过程是什么样的？

1.2.3.1 下渗的概念及其过程

降落到地面的水分由地表渗入土壤内的运动过程，称为下渗。它是水文循环中的水文现象之一，对于研究土壤水分、降水形成径流的原理及划分地表和地下径流均有重要作用。下渗运动在地表以下，地下水面以上的土壤含气层内进行。下渗至地下水面以下的水分，不再形成地表径流。

若天然土壤雨前干燥，当有一次连续降水时，下渗过程按水分子受力的不同，大致可分三个阶段，即渗润阶段、渗漏阶段和渗透阶段。

渗润阶段，土壤十分干燥，土粒吸附力极大，下渗水分主要受分子力的作用。

随着下渗，土壤含水量逐渐增大，分子力逐渐消失，这时下渗水分主要受毛管力及重力作用，这一阶段称为渗漏阶段。毛管即土壤颗粒间细小的连通孔隙，毛管中水气界面的表面张力称为毛管力。

渗透阶段，随着土壤空隙水分达到饱和，毛管力消失，水分只在重力作用下呈稳定流动，这一阶段称为渗透阶段，或称稳定下渗阶段。

实际中，渗漏和渗透两个阶段并无明显的分界，只是前者为非饱和土壤水运动，而后者为饱和土壤水运动。

1.2.3.2 下渗的定量描述

下渗量，常用单位时间内渗入单位面积土中的水量，即下渗率描述，记为 f，单位为 mm/h 或 mm/min。在地面充分供水条件下，下渗率随时间呈递减变化，见图 1-13。图中的下渗率随时间的变化曲线称为下渗能力曲线，简称下渗曲线。在下渗水分主要受重力作用的阶段，即渗透阶段，下渗率逐渐稳定，称稳定下渗率，记为 f_c。

上述下渗变化规律，可用数学公式表示。如常用的霍顿公式为

$$f_t = f_c + (f_0 - f_c)e^{-\beta \cdot t} \quad (1-6)$$

式中　f_t——t 时刻的下渗率，mm/h；

　　　f_0——土壤初始下渗率，mm/h；

　　　f_c——稳定下渗率，mm/h；

　　　β——与土壤物理性质有关的指数；

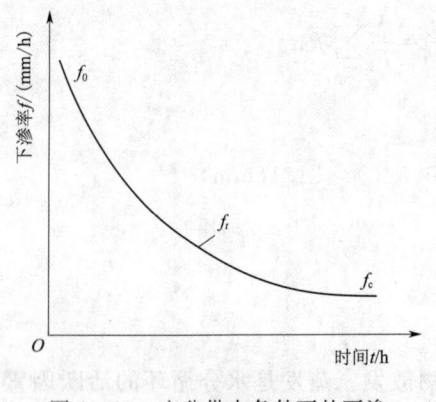

　　　e——自然对数底。

图 1-13　充分供水条件下的下渗（能力）曲线

霍顿公式认为，土壤的下渗过程符合指数递减的规律。

1.2.3.3 下渗的量测

下渗量可用直接测定法或水文分析法得到。直接测定法即用下渗仪测定指定地有限面积上的点下渗率。水文分析法即利用流域降水径流实测资料，通过水量平衡方程反求，可估算流域面下渗率。

直接测定点下渗率的常用方法有同心环下渗仪和人工降水法等。同心环下渗仪通常由内径 30cm 及外径 60cm（或更大）的两个金属圆环组成，环高 20cm，金属板厚约 5mm，环嵌入土壤 10cm，如图 1-14 所示。实验时，注水于内、外两环内，并保持相同的固定水深，记录内环每分钟加入的水量（体积）并除以内环面积，就得到下渗率（mm/min）。外环的

作用是防止内环下渗水流的侧向扩散。

人工降水法在小型实验场进行,实验场四周要做好侧向防渗,并需要专门设备模拟降水和测流。

1.2.3.4 影响下渗的因素

土壤水分下渗过程很复杂,流域内不同地点的土壤条件,下渗能力曲线不同。它受多方面因素的影响,主要有土壤性质、降水、植被、地形和人类活动等。

土壤性质(如土壤粒径、孔隙和初始土壤含水量、地温等)对下渗率的影响如图 1-15 所示,砂土下渗率大于黏土,干土下渗率大于湿土。

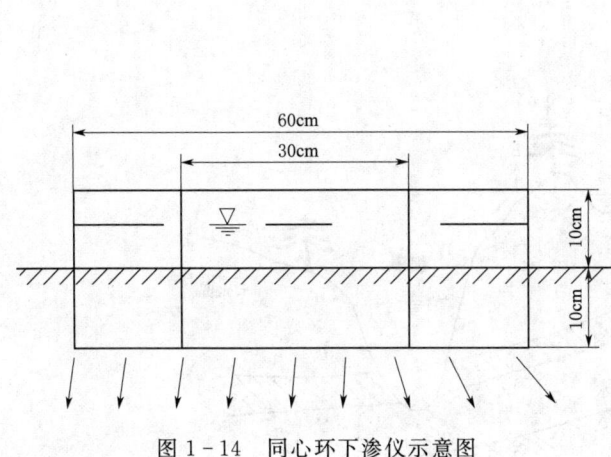

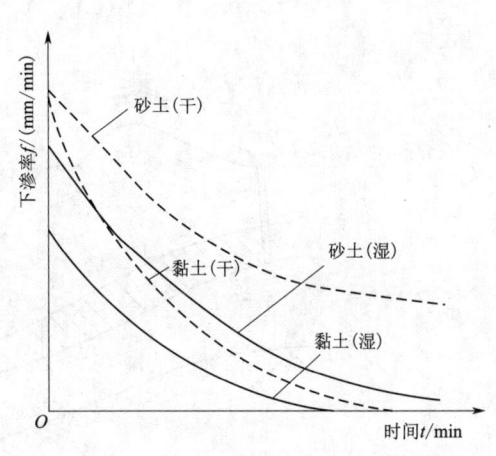

图 1-14 同心环下渗仪示意图　　　图 1-15 不同土质和湿润程度的下渗曲线

降雨强度(雨强)对下渗的影响:当雨强小于下渗能力时,降水全部渗入土壤,初期下渗率小于下渗能力;当雨强大于下渗能力时,则按下渗能力下渗。

其他影响:有植被时,因为植被减小地表径流,下渗一般大于裸地;流域地形的起伏等都对下渗有一定影响,坡度愈大,下渗率愈小;人类活动通过改变地表和土壤条件影响下渗,如植树造林,地面及地下建筑工程、灌排水等水利措施使流域滞水及蓄水能力增加,因而影响下渗。

任务1.3　径　　流

学习指导

目标:1. 掌握河川径流的基本特性。
　　　2. 掌握河川径流特征参数的表示方法。
　　　3. 理解径流的形成过程。
重点:径流参数的表示方法。

1.3.1 径流及其形成

想一想:河川径流是如何形成的?

河川径流是指降落在流域表面的降水,途经地面及地下流入河川,流出流域出口断面的水量。河川径流的水源有雨水补给，冰雪融水补给，地下水补给与人工补给等，我国秦岭以南以雨水补给为主。以雨水补给为主的河川径流受季节影响，在年内径流季节性变化剧烈。汛期河水暴涨，容易泛滥成灾；枯水期水量小，水源又感不足。以冰雪融水补给为主的河川径流随气温的升降而涨落。洪水期发生在暖季，枯水期发生在冬季。

雨水降落在流域表面上，满足流域蓄渗后，从流域地面和地下向流域出口断面汇集形成断面流量的整个过程，称为径流形成过程。径流形成是一个极为复杂的过程，为了便于分析研究，人为地将径流形成过程概括为产流过程和汇流过程两个阶段，如图 1-16 所示。

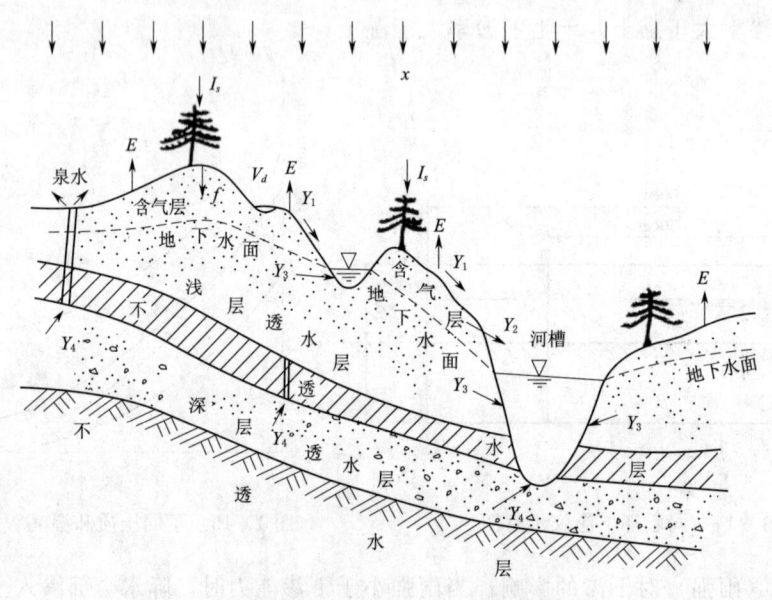

图 1-16 径流形成过程示意图

1.3.1.1 产流过程

当流域上发生降雨后，降落到河槽水面上的雨水就直接形成径流，其水量相对较小。而降落到流域坡面上的雨水，首先要被植物枝叶截留一部分，称为植物截留量（I_s），到雨后被蒸发掉。降雨满足植物截留后便落到地面上，开始下渗填充土壤空隙，当降雨强度超过土壤的下渗能力时便在地面上形成沿坡面流动的水流，在流动过程中有一部分水量要流到低洼的地方，并滞留其中，称为填洼量（V_d）。还有一部分将以坡面漫流的形式流入河槽形成径流，称为地面径流（Y_1）。下渗到土壤中的雨水，按照下渗规律，先补充表层土壤的缺水量，使其饱和，然后继续向深层下渗，由于流域土壤一般上层较疏松，下渗能力强，下层结构紧密，下渗能力弱，这样便在表层土壤空隙中形成一定的水流注入河槽，这部分径流称为壤中流（Y_2）。由于壤中流和地面径流往往穿叉流动，难以划分，故在水文分析中常把它并入到地面径流。若降雨时间较长，继续下渗的雨水如果到达地下水位，便补充地下水，然后缓慢地渗入河槽，这部分径流称为浅层地下径流（Y_3）。另外，在流出流域出口断面的径流中，还有与本次降雨无关，来源于流域深层地下水的径流，它比浅层地下径流更稳定，通常称为基流（Y_4）。

综上所述，由一次降雨形成的径流包括地面径流、壤中流和浅层地下径流三部分，总称为径流量，也称产流量或净雨量。降雨量与径流量之差称为损失量。它主要包括储存于土壤空隙间的下渗量、植物截留量、填洼量和雨间蒸发量等。可见，流域的产流过程就是流域上的降雨扣除损失，产生各种径流的过程。

流域特征不同，其产流机制也不同。干旱地区植被差，包气带厚，表土渗透性差，流域的降雨强度常大于其下渗强度而形成超渗雨，超渗雨形成超渗地面径流，这种产流方式称为超渗产流。而对于植被好，流域透水性强，地下水位高的湿润地区，降雨强度很难大于下渗强度，其产流量大小取决于流域的前期蓄水量，与雨强关系不大。如果降雨下渗水量超过流域缺水量，流域"蓄满"开始产流，这种产流方式称为蓄满产流。超渗产流和蓄满产流是两种基本的产流方式，两者在一定条件下可以相互转化。两种产流方式对比见表1-4。

表1-4　　　　　　　　　　两种产流方式对比表

产流方式	降雨强度	下渗强度	通气层	地面径流	地下降流	关系
蓄满产流	降雨强度小于下渗强度		饱和	有	有	在一定条件下可以相互转化
超渗产流	降雨强度大于下渗强度		不饱和	有	无	

1.3.1.2 汇流过程

降雨经流域产流过程形成的各种径流汇入河网，通过河网由上游到下游，从支流到干流，最后全部径流流出流域出口断面，此过程称流域汇流过程。一般将流域汇流分为坡面漫流和河网汇流两个阶段。坡面漫流是降雨产生的各种径流由坡面、饱和土壤空隙及地下水分别注入河网，引起河槽中水量增大、水位上涨的过程。由于不同成分的径流所流经的路线不同，各自的汇流速度也就不同。地面径流最快，壤中流次之，地下径流最慢。所以地面径流的汇入是河流涨水的主要原因。汇入河网中水流，沿河槽继续下泄，便是河网汇流过程。在这个过程中，涨水时河槽可暂时滞蓄一部分水量而对水流起调节作用。当坡面漫流停止时，河网蓄水往往达到最大，此后则逐渐消退，河水还原到雨前的状态。这便形成了流域出口断面的一次洪水过程。

一次降雨过程，经植物截流、填洼、下渗和蒸发等损失，进入河网形成径流的水量自然比降雨总量小，而且经过流域产、汇流过程对降雨的两次调节作用，使径流过程变缓，历时增长，时间滞后。这是造成降雨过程和相应径流过程之间差别的根本原因。

1.3.2 径流的表示方法

1.3.2.1 流量——Q

指单位时间内通过流域出口断面的水量，常用单位为 m^3/s。$Q=AV$。流量 Q 随时间 t 的变化过程，称为流量过程线，见图1-17。

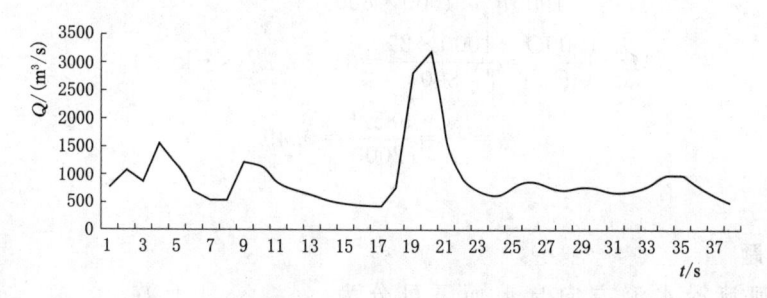

图1-17　流量过程线

流量过程线的流量都是瞬时值。实际工作中，常需要时段平均流量，如日平均流量、月平均流量、年平均流量。时段平均流量等于时段内流过的水量除以该时段的秒数。

1.3.2.2 径流总量——W

指一段时间内通过流域出口断面的总水量，单位为 m^3、万 m^3、亿 m^3。

计算公式为

$$W = \overline{Q}T \tag{1-7}$$

式中 $\overline{Q}$——时段平均流量，m^3/s；

T——计算时段，s。

1.3.2.3 径流深——y

把径流总量 W 平铺在流域面积 F 上所得到的水深，称为径流深，单位为 mm。

$$y = \frac{W}{1000F} \tag{1-8}$$

式中 W——径流总量，m^3；

F——流域面积，km^2。

1.3.2.4 径流模数——M

指单位流域面积上所产生的流量，单位为 $L/(s \cdot km^2)$。即

$$M = \frac{1000Q}{F} \tag{1-9}$$

式中 F——流域面积，km^2；

Q——时段平均流量，m^3/s。

1.3.2.5 径流系数——α

指同一时段内的径流深 y 与对应时段平均降水量 x 之比值。即

$$\alpha = \frac{y}{x} \tag{1-10}$$

式中 y——时段内的径流深，mm；

x——流域内的平均降水量，mm。

【例 1-5】 某流域面积为 $800 km^2$，多年平均流量 $Q = 25 m^3/s$，流域内多年平均降水量为 2000mm。试求多年平均径流总量 $W(10^4 m^3)$，多年平均径流深 $y(mm)$，多年平均径流模数 $M[L/(s \cdot km^2)]$ 及多年平均径流系数 α。

解：
$$W = QT = 25 \times 365 \times 24 \times 3600 = 78840 \times 10^4 (m^3)$$

$$y = \frac{W}{1000F} = \frac{78840 \times 10^4}{1000 \times 800} = 985.5 (mm)$$

$$M = \frac{1000Q}{F} = \frac{1000 \times 25}{800} = 31.25 [L/(s \cdot km^2)]$$

$$\alpha = \frac{y}{x} = \frac{985.5}{2000} = 0.49$$

练一练：

一、填空题

1. 一条河流沿水流方向自上而下可分为 ＿＿＿＿、上游、＿＿＿＿、＿＿＿＿、＿＿＿＿ 5 段。

2. 河流某一断面的集水区域称为_____。

3. 地面分水线与地下分水线在垂直方向彼此相重合，且在流域出口河床下切较深的流域，称_____流域；否则，称_____流域。

4. 单位河长的落差称为_____。

5. 计算流域平均降雨量的方法通常有算术平均法、_____、_____。

6. 流域总蒸发包括_____、_____和植物散发。

7. 在充分供水条件下，干燥土壤的下渗率（f）随时间（t）呈_____变化，称为_____曲线。

8. 土壤中的水分按主要作用力的不同，可分为_____、_____、_____和重力水等类型。

9. 降雨初期的损失包括植物截留、_____、_____、_____。

10. 河川径流的形成过程可分为_____过程和_____过程。

11. 河川径流的成分包括_____、_____和地下径流。

12. 某一时段的径流深与其形成的降水量之比值称为_____。

二、选择题

1. 流域面积是指河流某断面以上（　　）。
A. 地面分水线和地下分水线包围的面积之和
B. 地下分水线包围的水平投影面积
C. 地面分水线所包围的面积
D. 地面分水线所包围的水平投影面积

2. 某河段上、下断面的河底高程分别为725m和425m，河段长120km，则该河段的河道纵比降（　　）。
A. 0.25　　　B. 2.5　　　C. 2.5%　　　D. 2.5‰

3. 山区河流的水面比降一般比平原河流的水面比降（　　）。
A. 相当　　　B. 小　　　C. 平缓　　　D. 大

4. 某流域有甲、乙两个雨量站，它们的权重分别为0.4、0.6，已测到某次降雨量，甲为80.0mm，乙为50.0mm，用泰森多边形法计算该流域平均降雨量为（　　）。
A. 58.0mm　　　B. 66.0mm　　　C. 62.0mm　　　D. 54.0mm

5. 流域的总蒸发包括（　　）。
A. 水面蒸发、陆面蒸发、植物散发
B. 水面蒸发、土壤蒸发、陆面蒸散发
C. 陆面蒸发、植物散发、土壤蒸发
D. 水面蒸发、植物散发、土壤蒸发

6. 对于比较干燥的土壤，充分供水条件下，下渗的物理过程可分为三个阶段，它们依次为（　　）。
A. 渗透阶段—渗润阶段—渗漏阶段
B. 渗漏阶段—渗润阶段—渗透阶段
C. 渗润阶段—渗漏阶段—渗透阶段
D. 渗润阶段—渗透阶段—渗漏阶段

7. 土壤稳定下渗阶段，降水补给地下径流的水分主要是（　　）。
   A. 毛管水　　　B. 重力水　　　C. 薄膜水　　　D. 吸着水
8. 下渗容量（能力）曲线，是指（　　）。
   A. 降雨期间的土壤下渗过程线
   B. 干燥的土壤在充分供水条件下的下渗过程线
   C. 充分湿润后的土壤在降雨期间的下渗过程线
   D. 土壤的下渗累积过程线
9. 河川径流组成一般可划分为（　　）。
   A. 地面径流、坡面径流、地下径流
   B. 地面径流、表层流、地下径流
   C. 地面径流、表层流、深层地下径流
   D. 地面径流、浅层地下径流潜水、深层地下径流
10. 一次降雨形成径流的损失量包括（　　）。
    A. 植物截留量、填洼量和蒸发量
    B. 植物截留量、填洼量、补充土壤缺水量和蒸发量
    C. 植物截留量、填洼量、补充土壤吸着水量和蒸发量
    D. 植物截留量、填洼量、补充土壤毛管水量和蒸发量
11. 流域汇流过程主要包括（　　）。
    A. 坡面漫流和坡地汇流　　　B. 河网汇流和河槽集流
    C. 坡地汇流和河网汇流　　　D. 坡面漫流和河网汇流
12. 某闭合流域多年平均降雨量为 950mm，多年平均径流深为 450mm，则多年平均年蒸发量为（　　）。
    A. 450mm　　B. 500mm　　C. 950mm　　D. 1400mm
13. 某流域面积为 500km^2，多年平均流量为 7.5m^3/s，换算成多年平均径流深为（　　）。
    A. 887.7mm　　B. 500mm　　C. 473mm　　D. 805mm
14. 某流域面积为 1000km^2，多年平均降雨量为 1050mm，多年平均流量为 15m^3/s，该流域多年平均的径流系数为（　　）。
    A. 0.55　　B. 0.45　　C. 0.65　　D. 0.68
15. 某水文站控制面积为 680km^2，多年平均年径流模数为 10L/(s·km^2)，则换算成年径流深为（　　）。
    A. 315.4mm　　B. 587.5mm　　C. 463.8mm　　D. 408.5mm
16. 某闭合流域的面积为 1000km^2，多年平均降雨量为 1050mm，多年平均蒸发量为 576mm，则多年平均流量为（　　）。
    A. 150m^3/s　　B. 15m^3/s　　C. 74m^3/s　　D. 18m^3/s
17. 某流域多年平均降雨量为 800mm，多年平均径流深为 400mm，则该流域多年平均径流系数为（　　）。
    A. 0.47　　B. 0.50　　C. 0.65　　D. 0.35

三、简答题
1. 降雨的类型和各自特点是什么？

2. 土壤蒸发和土壤下渗各自的主要影响因素是什么？
3. 流域的降水、蒸发、下渗之间的相互关系是什么？它们在径流形成过程中所起的作用是什么？
4. 形成降水的充分必要条件是什么？降水按成因分为几类？
5. 试分析流域上过度砍伐树木和围湖造田对河川径流的影响
6. 下渗的变化规律是怎样的？

四、计算题

1. 某水文站控制面积 $F=121000\text{km}^2$，多年平均年降水量为 767mm，多年平均流 $Q=822\text{m}^3/\text{s}$，试求 W、y、M、α。

2. 用数方格法求得某流域在图中的面积为 500cm^2，图的比例为 1:1000000，试求该流域的实际面积。

3. 已知某河从河源到河口总长为 3000m，其纵断面如图 1-18 所示，A、B、C、D、E 各点的地面高程分别为 50m、25m、20m、15m、13m，各河段长度分别为 $l_1=500\text{m}$，$l_2=800\text{m}$，$l_3=1000\text{m}$，$l_4=1500\text{m}$，试求该河段 l_3 的纵比降。

4. 某流域雨量站分布如图 1-19 所示，设有 5 个雨量站，其上有一次降雨，他们的雨量依次为 260mm、280mm、290mm、300mm、320mm，各雨量站的面积为 200km^2、270km^2、290km^2、310km^2、350km^2，并用算术平均法和泰森多边形法计算该流域平均降雨量。

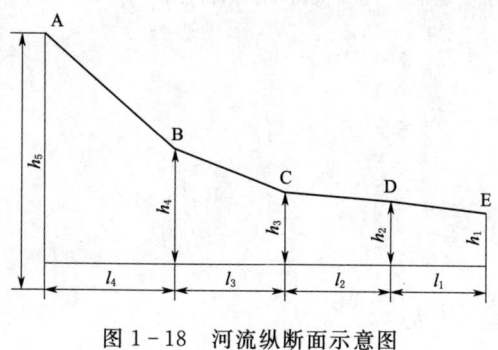

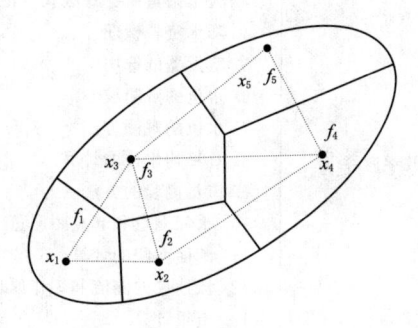

图 1-18 河流纵断面示意图

图 1-19 雨量站分布图

项目二 水文测验

项目任务书

项目名称		水文测验	参考学时	28
学习型工作任务		任务2.1 水文测站与站网		2
		任务2.2 降水的观测		4
		任务2.3 水面蒸发观测		4
		任务2.4 水位观测		4
		任务2.5 流量测验		6
		任务2.6 泥沙测验		4
		任务2.7 水文资料的间接收集		4
项目任务		掌握水文要素的观测方法，能熟练地使用观测仪器进行水文要素的观测		
教学内容		1. 水文测站与水文站网 2. 水文站网的规划与调整 3. 人工雨量筒、虹吸式自记雨量、翻斗式雨量计观测降水量的应用 4. 降水资料整理 5. 蒸发器的选用 6. 水位的观测设备 7. 水位的观测方法 8. 日平均水位的计算 9. 流量测验的方法 10. 水深测量和起点距测量 11. 断面面积的计算 12. 流速仪的测流和工作原理 13. 流量计算 14. 泥沙基本知识 15. 泥沙资料整编		
教学目标	知识	1. 掌握水文测站布设的工作 2. 掌握降水观测和数据处理工作 3. 熟悉水面蒸发观测及数据处理工作 4. 掌握水位的观测和数据处理工作 5. 掌握流量测验的相关工作内容 6. 掌握泥沙的观测和数据处理工作 7. 掌握水文要素的间接观测方法		
	技能	1. 具有进行降水观测的工作能力 2. 具有进行降水的数据处理能力 3. 具有进行水面蒸发的观测工作能力 4. 具有进行蒸发的数据处理能力 5. 具有进行水位的观测工作能力 6. 具有进行水位的数据处理能力		

续表

项目名称		水文测验	参考学时	28
教学目标	技能	7. 具有运用流速仪等相关仪器进行流量测验工作能力 8. 具有进行泥沙的观测工作能力 9. 具有进行泥沙数据的处理能力 10. 具有掌握水文要素的间接观测方法能力		
	素养	1. 具有良好的职业道德 2. 具有团队协作精神 3. 具有严谨认真，精益求精，求实创新的工作作风 4. 具有吃苦耐劳、乐于奉献的敬业精神 5. 具有理论联系实际分析问题并解决问题的能力 6. 具有诚实守信态度		
教学实施		结合图文资料。展示＋理论教学，实地观测		
项目成果		1. 认识自记式雨量计 2. 会按照程序使用自记式雨量计 3. 学会蒸发的观测及资料整编 4. 会进行水位观测 5. 会计算日平均水位 6. 会用流速仪进行流量观测 7. 会计算流量 8. 会进行泥沙观测 9. 会进行泥沙资料整编		
技术规范		GB/T 50095—2014《水文基本术语和符号标准》 SL/T 247—2020《水文资料整编规范》 SL 61—2015《水文自动测报系统技术规范》 SL 42—92《河流泥沙颗粒分析规程》 GB 50179—2015《河流流量测验规范》 SL 21—2015《降水量观测规范》 SL 630—2013《水面蒸发观测规范》 GB/T 50138—2010《水位观测标准》		

任务2.1 水文测站与站网

学习指导

目标：1. 掌握水文测站的定义及分类。

2. 掌握水文站网的定义及布站原则。

3. 掌握设立水文测站的相关工作内容。

重点：1. 水文测站。

2. 水文站网。

3. 选择测验河段。

4. 布设观测断面。

2.1.1 水文测站

想一想：我们平时熟知的水文测站可以分为哪几类？

2.1.1.1 水文测站的分类

水文测站是在河流上或流域内设立的，按一定技术标准经常收集和提供水文要素的各种水文观测现场的总称。按目的和作用分为基本站、实验站、专用站和辅助站。

基本站是为综合需要的公用目的，经统一规划而设立的水文测站。基本站应保持相对稳定，在规定的时期内连续进行观测，收集的资料应刊入水文年鉴或存入数据库长期保存。

实验站是为深入研究某些专门问题而设立的一个或一组水文测站，实验站也可兼作基本站。

专用站是为特定的目的而设立的水文测站。不具备或不完全具备基本站的特点。

辅助站是为了帮助某些基本站正确控制水文情势变化而设立的一个或一组站点。辅助站是基本站的补充，弥补基本站观测资料的不足。计算站网密度时，辅助站不参加统计。

基本水文站按观测项目可分为流量站、水位站、泥沙站、雨量站、水面蒸发站、水质站、地下水观测井等。其中流量站（通常称作水文站）均应观测水位，有的还兼测泥沙、降水量、水面蒸发量及水质等；水位站也可兼测降水量、水面蒸发量。

2.1.1.2 水文测站的布设

建立水文测站包括选择测验河段和布设观测断面。

在河流上设立水文测站时，平原地区应尽量选择河道顺直、稳定、水流集中，便于布设测验的河段，且尽量避开变动回水、急剧冲淤变化、分流、斜流、严重漫滩等以及妨碍测验工作的地貌、地物。结冰河流还应避开容易发生冰塞、冰坝的地方。山区河流应在有石梁、急滩、卡口、弯道上游附近规整河段上选站。

水文测站一般应布设基线、水准点和各种断面，即基本水尺断面、流速仪测流断面、浮标测流断面、比降断面。基本水尺断面上设立基本水尺，用来进行水位观测。测流断面应与基本水尺断面重合，且与断面平均流向垂直。若不能重合时，亦不能相距过远。浮标测流断面有上、中、下三个断面，一般中断面应与流速仪测流断面重合。上、下断面之间的间距不宜太短，其距离值应为断面最大流速值的50～80倍。比降断面设立比降水尺，用来观测河流的水面比降和分析河床的糙率。上、下比降断面间的河底和水面比降，不应有明显的转折，其间距应使得所测比降的误差能在±15%以内。

水准点分为基本水准点和校核水准点，均应设在基岩或稳定的永久性建筑物上，也可埋设于土中的石柱或混凝土桩上。基本水准点是测定测站上各种高程的基本依据，校核水准点经常用来校核水尺零点高程。基线通常与测流断面垂直，起点在测流断面线上。其用途是用经纬仪或六分仪测角交会法推求垂线在断面上的位置。基线的长度视河基线宽B而定，一般应为$0.6B$。当受地形限制的情况下，基线长度最短也应为$0.3B$。基线长度的丈量误差不得大于1/1000，如图2-1所示。

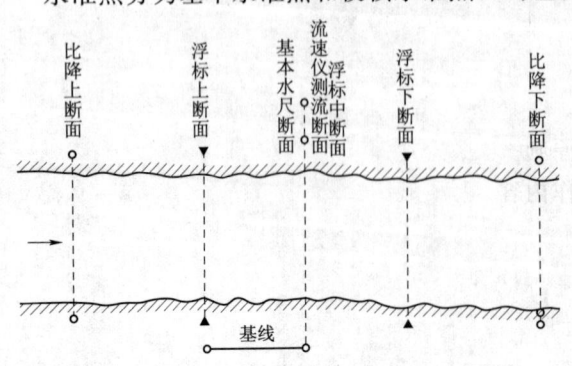

图2-1 水文测站基线与断面布设示意图

2.1.2 水文站网

想一想：水文站网的作用是什么？

2.1.2.1 水文站网及其作用

水文站网是在一定地区，按一定原则，用适当数量的各类水文测站构成的水文资料收集系统。由基本站组成的站网，称为基本水文站网。

把收集某一项资料的水文测站组合在一起，则构成该项目的站网。如流量站网，水位站网，泥沙站网，雨量站网，水面蒸发量站网，水质站网，地下水观测井网等。通常所称的水文站网，就是这些单项观测站网的总称，有时也简称为"站网"。

2.1.2.2 水文站网的规划与调整

水文站网规划是制定一个地区（流域）水文测站总体布局而进行的各项工作的总称。其基本内容有：进行水文分区，确定站网密度，选定布站位置，拟定设站年限，各类站网的协调配套，编制经费预算，制定实施计划。

水文站网规划的主要原则是根据需要和可能，着眼于依靠站网的结构，发挥站网的整体功能。提高站网产出的社会效益和经济效益。

制定水文站网规划或调整方案应根据具体情况，采用不同的方法，相互比较和综合论证；同时，要保持水文站网的相对稳定。

水文站网的调整，是水文站网管理工作的主要内容之一。水文站网的管理部门，应当在使用水文资料解决生产、科研问题的实践中，在经济水平、科学技术、测验手段日益提高和对水文规律不断加深认识的过程中，定期地或适时地分析检验站网存在的问题，进行站网调整。

分析检验站网存在的问题主要有：测站位置是否合适，测站河段是否满足要求，测站间配套是否齐全等。

任务 2.2 降水的观测

学习指导

目标：1. 掌握雨量器的使用方法。
2. 掌握虹吸式自记雨量计观测降水量的方法。
3. 掌握翻斗式雨量计观测降水量的方法。

重点：1. 虹吸式自记雨量计。
2. 翻斗式雨量计。

2.2.1 降水观测设备

想一想：观测降水有哪些设备？

2.2.1.1 雨量器

1. 结构

雨量器的构造如图 2-2 所示，由承雨器、漏斗、雨量筒、储水瓶组成。承雨器口径 20cm，设置时器口保持水平，距地面 70cm。雨量观测一般采用每日定时观测，时段采用两段制，即 8 时及 20 时，雨季则视雨情增加观测次数。

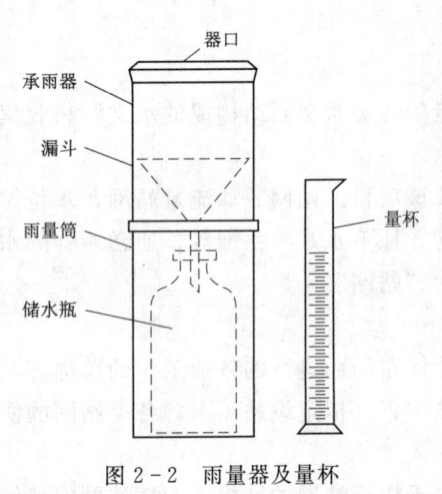

降雨和降雪是降水的主要形式，观测降雨时，将储水瓶中的水取出，倒入特制的雨量杯，计量观测时段内的降雨深，单位为 mm。观测降雪时，取出雨量筒中的漏斗和储水瓶，仅用外筒作为承雪器。雪经融化后，用雨量杯量测降雪深。

2. 安装

安装前，应检查确认雨量器各部分完整无损。暂时不用的仪器备件，应妥善保管。雨量器要固定安置于埋入土中的圆形木柱或混凝土基柱上。基柱埋入土中的深度要能保证雨量器安置牢固，在暴风雨中不发生抖动或倾斜。基柱顶部要平整，承雨器口应水平。要使用特制的带圆环的铁架套住雨量器，铁架脚用螺钉或螺栓固定在基柱上，保证雨量器的安装位置不变，还要便于观测时替换雨量筒。雨量器的安装高度，以承雨器口在水平状态下至观测场地面的距离计，一般为 0.7m。

图 2-2 雨量器及量杯

2.2.1.2 自记式雨量计

按传感方式分，有虹吸式、翻斗式、称重式等多种。

1. 虹吸式自记雨量计

虹吸式雨量计使用历史悠久，是我国目前使用最普遍的雨量自记仪器。在小雨情况下，测量精度较高，性能也较稳定。由于使用年代长，多数测站对仪器的维护、检修和数据修正都取得了一定的经验，SL 21—2015《降水量观测规范》也对该仪器作了详细的说明与规定。但由于其原理上的限制，不易将降水量转换成可供处理的电信号输出，因而不可能远距离传输，也不能完成无纸化自动记录以及进一步的数据处理，客观上限制了虹吸式雨量计的发展。

(1) 工作原理。虹吸式雨量计是利用虹吸原理对雨量进行连续测量，降水由盛水器取样收集，经大、小漏斗和进水管进入浮子室，持续的降水引起浮子室内水位升高，浮子室内的浮子亦因受浮力作用而随之升高，并带动浮子杆上的记录笔在记录纸上运动，作出相应记录。当降水量累计达 10mm 时，浮子室内水位恰好到达虹吸管弯头处，启动虹吸，浮子室内的雨水从虹吸管流出，排空浮子室内降水。在虹吸过程中，浮子随浮子室内的水位下降而下降，虹吸结束时，浮子降落到起始位置。若继续降水，则浮子室中浮子重新升高，再虹吸排水，从而保持循环工作。雨量计中的自记钟通过传动机构带动记录纸筒旋转，从而使记录笔在记录纸上作出相应的时间记录。根据记录曲线，可以判断降水的起讫时间、降水强度和降水量。

(2) 结构与组成。虹吸式雨量计主要由承水部分、虹吸部分和自记部分组成，如图 2-3 所示。

承水部分由一个内径为 200mm 的承水器口和大、小漏斗组成。虹吸部分包括浮子室、浮子、虹吸管等。自记部分主要由自记钟、记录纸、记录笔及相应的传动部件组成。由于虹吸式雨量计的记录是利用浮子室水位上升，引起虹吸现象的发生，排空浮子室内降水，使记录笔下降,从而反复记录降水量,所以其典型的记录曲线如图 2-4 所示。

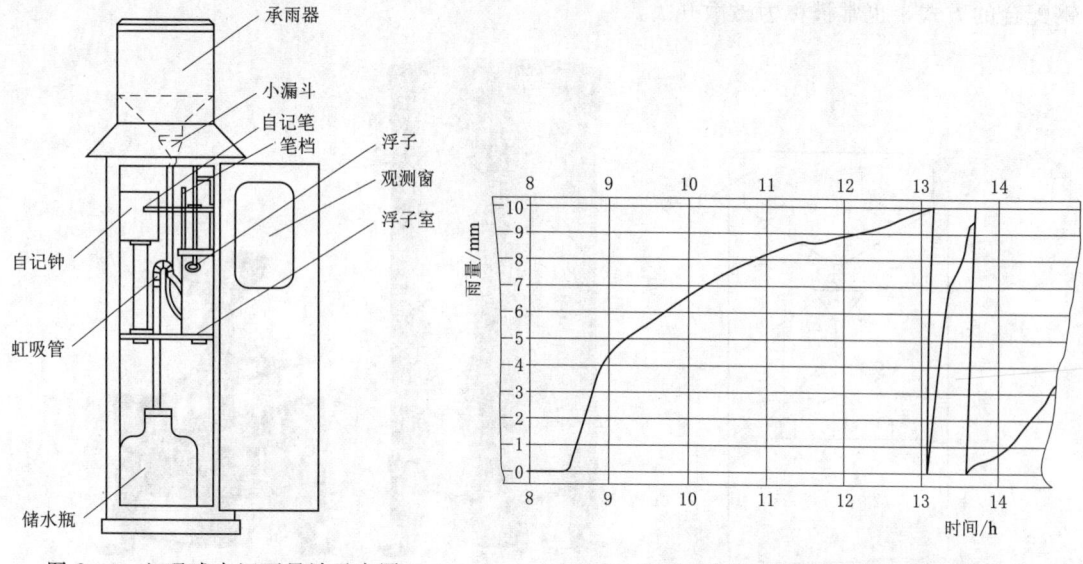

图 2-3 虹吸式自记雨量计示意图

图 2-4 虹吸式雨量计典型的记录曲线

(3) 特点和应用。虹吸式雨量计是第一种能实现长期自记的雨量计,但由于受工作原理的限制,较难实现无纸化记录,因此不易将降水量转换成可供处理的数字信号,不能满足自动测报中自动报汛的要求。

(4) 安装与维护。

1) 安装。新安装在观测场的雨量仪器,应按照有关规定和使用说明书认真检查仪器各部件安装是否正确。对虹吸式雨量传感器,应进行示值标定、虹吸管位置的调整、零点和虹吸点稳定性检查。

2) 维护。应注意保护仪器,防止碰撞。保护器身稳定,器口水平不变形。无人驻守的降水量站,应对仪器采取特殊安全防护措施。

应保持仪器内外清洁,及时清除承雨器中的树叶、泥沙、昆虫等杂物,保持传感器、承雨器汇流畅通,以防堵塞。

2. 翻斗式雨量计

(1) 工作原理。翻斗式雨量计可分为单翻斗雨量计和双翻斗雨量计。绝大部分翻斗式雨量计都是单翻斗的,只有雨量分辨力为 0.1mm 时,因为要控制雨量计量误差,才使用双翻斗形式。用于水文自动测报系统的雨量计很少要求使用 0.1mm 分辨力的雨量计,因此,双翻斗雨量计也就很少使用。

单翻斗雨量计如图 2-5 所示。雨量翻斗是一种机械双稳态机构,由于机械平衡和定位作用,它只能处于两种倾斜状态,如图中实线和虚线位置。降水从承雨口进入雨量计,通过进水漏斗流入翻斗的某一侧斗内。当流入雨水量达到某一要求值时,水的重量以及其重心位置使得整个翻斗失去原有平衡状态,向一侧翻转。翻斗翻转后,被调节螺钉挡住,停在虚线位置。这时一侧斗内雨水倒出翻斗,另一侧空斗位于进水漏斗下方,承接雨水,继续进行计量。当这一空斗中流入雨水量达到某一要求值时,翻斗又翻转,这一计量过程连续进行,完成对连续降水过程的计量。

图 2-6 所示为典型的翻斗式雨量计。翻斗式雨量计的信号产生方式是利用舌簧管和磁钢配合的方式，也常被称为磁敏开关。

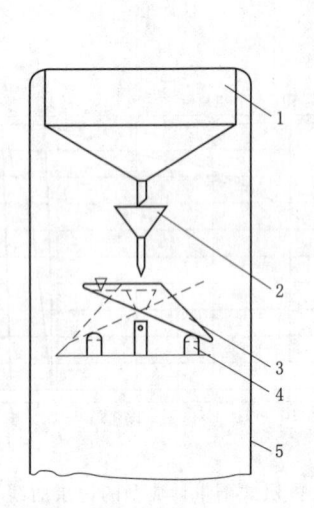

图 2-5　单翻斗雨量计
1—承雨口；2—进水漏斗；3—翻斗；
4—调节螺钉；5—雨量筒身

图 2-6　翻斗式雨量计

舌簧管作为信号接点的优点是接点密封，不易氧化、没有磨损、接触可靠、信号波形光滑，有利于信号接收处理，对于电子计数器尤为合适，被广泛用于翻斗式雨量计。

单翻斗雨量计比较简单，但它会有较明显的翻斗翻转误差。翻斗在翻转过程中，虽然时间是极其短促的，但总需要一定的时间。在翻转的前半部分，即翻斗从开始翻转到翻斗中间隔板越过中心线的 Δt 时间内，进水漏斗仍然向翻斗内注水。这部分翻转过程中注入的雨量，就会随着降水强度不同而产生不同的计量误差。

(2) 结构与组成。翻斗式雨量计由筒身、底座、内部翻斗结构三大部分组成。筒身由具有规定直径、高度的圆形外壳及承雨口组成。筒身和内部结构都安装在底座上，底座支承整个仪器，并可安装在地面基座上。我国使用较多的是雨量分辨力为 1mm 的单翻斗雨量计。

降水进入筒身上部承雨口，首先经过防虫网，过滤清除污物，然后进入翻斗。翻斗一般由金属或塑料制成，支承在刚玉轴承上。当斗内水量达到规定量时，翻斗即自行翻转。

翻斗下方左右各有 1 个定位螺钉，调节其高度，可改变翻斗倾斜角度，从而改变翻斗每一次的翻转水量。翻斗上部装有磁钢，翻斗在翻转过程中，磁钢与干式舌簧管发生相对运动，从而使干式舌簧管接点状态改变，可作为电信号输出。仪器内部装有圆水泡，依靠 3 个底脚螺丝调平，可使圆水泡居中，表示仪器已呈水平状态，使翻斗处于正常工作位置。

翻斗式雨量计的输出是干簧管片的机械接触通断状态，接出 2 根线形成开关量输出。一次干簧管通断信号代表一次翻斗翻转，就代表一个分辨力的雨量。相应的记录器和数据处理设备接收处理此开关信号。翻斗式雨量计本身不需要电源，但使用时要产生、处理、接收信号、必须要有电源。

(3) 特点和应用。翻斗式雨量计是雨量自动测量的首选仪器。它具有如下优点。

1) 结构简单，易于使用。翻斗雨量计是全机械结构产品，工作原理简单直观，很容易理解掌握，方便使用，也便于推广。

2) 性能稳定，满足规范要求。我国的遥测雨量计要求是根据翻斗式雨量计的性能来确定的，其技术性能能满足雨量观测规范和水情自动测报系统对遥测雨量计的要求。

3) 信号输出简单，适合自动化、数字化处理。它输出的是触点开关状态，很容易被各种自动化设备接收处理。

4) 价格低廉，易于维护。翻斗式雨量计可以应用于绝大多数场合。因结构上的原因，这类传感器的可动部件翻斗必须和雨水接触，整个仪器更是暴露在风雨之中，夹带尘土的雨水，或是沙尘影响，将会影响翻斗雨量计的正常工作，或是降低其雨量测量准确性。

此外，利用气象雷达和气象卫星可预报降水量，称为降水遥测技术。气象雷达通过云、雨、雪等对储水瓶无线电波的反射现象来反映不同性质的降水。气象卫星拍摄高分辨率数字云图，通过云图的亮度等特征反映降水情况。降水遥测技术已在全球广泛应用，大大提高了降水量的测量精度。

(4) 安装与维护。

1) 新安装在观测场的翻斗式雨量计，应按照有关规定和使用说明书认真检查仪器各部件安装是否正确。对传感器人工注水，观察相应显示记录，检查仪器运转是否正常。若显示记录器为固态存贮器，还应进行时间校对，检查降水量数据读出功能是否符合要求。对翻斗式雨量传感器，分别以大约 $0.5mm/min$、$2.0mm/min$、$4.0mm/min$ 的模拟降水强度，用量雨杯向承雨器注入清水（分辨力为 $0.1mm$、$0.2mm$ 的仪器注入量均为 $10mm$，分辨力为 $0.5mm$、$1.0mm$ 的仪器注入量分别为 $12.5mm$ 和 $25mm$），将显示记录值与排水量比较，其计量误差应在允许范围内。若超过其允许值，则应按仪器说明书的要求步骤，调节翻斗定位螺钉，改变翻斗翻转基点，直至合格。

经过运转检查和调试合格的仪器，试用 $7d$ 左右，证明仪器各部分性能合乎要求和运转正常后，才能正式投入使用。固态存贮器正式使用前，需对其内存贮的试验数据予以清除，对划线模拟记录的试验数据予以注明；在试用期内，检查时钟的走时误差是否符合要求，若仪器有校时功能，应检查校时功能是否正常。

停止使用的自记雨量计，在恢复使用前，应按照上述要求，进行注水运行试验检查。

每年应用分度值不大于 $0.1mm$ 的游标卡尺测量观察场内各个仪器的承雨器口直径 $1\sim2$ 次。检查时，应从 5 个不同方向测量器口直径。

每年应用水准器或水平尺进行 $1\sim2$ 次检查承雨器口平面是否水平。

凡是检查不合格的仪器，应及时调整。无法调整的仪器，应送回生产厂家返修。

2) 维护。应注意保护仪器，防止碰撞。保护器身稳定，器口水平不变形。无人驻守的降水量站，应对仪器采取特殊安全防护措施。

应保持仪器内外清洁，及时清除承雨器中的树叶、泥沙、昆虫等杂物，保持传感器、承雨器汇流畅通，以防堵塞。

传感器与显示记录器间有电缆连接的仪器，应定期检查插座是否密封防水，电缆固定是否牢靠。并检查电源供电状况，及时更换电量不足的蓄电池。

多风沙地区在无雨或少雨季节，可将承雨器加盖，但要注意在降水前及时将盖打开。

在结冰期间仪器停用时，应将传感器内积水排空，全面检查养护仪器，器口加盖，用塑料布包扎器身，也可将传感器取回室内保存。

长期自记式雨量计的检查和维护工作，应在每次巡回检查和数据收集时，根据实际情况进行。

每次对仪器进行调试或检查都应有详细的记录，以备查考。

2.2.2 降水的观测

想一想：降水量的数值是如何得知的？

2.2.2.1 虹吸式自记雨量计观测降水量

1. 观测时间

每日8时观测一次，有降水之日应在20时巡视仪器运行情况，暴雨时适当增加巡视次数，以便及时发现和排除故障，防止漏记降水过程。

2. 观测程序

（1）观测前的准备。在记录纸正面填写观测日期和月份，背面印上降水量观测记录统计表。洗净量雨杯和备用储水器。

（2）每日8时观测员提前到自记式雨量计处，当时钟的时针运转至8时正点时，立即对着记录笔尖所在位置，在记录纸零线上划一短垂线，或轻轻上下移动自记笔尖划一短线，作为检查自记钟快慢的时间记号。

（3）用笔挡将自记笔拨离纸面，换装记录纸。给笔尖加墨水，上紧自记钟发条，转动钟筒，拨回笔挡对时，对准记录笔开始记录时间，划时间记号。有降水之日，应在20时巡视仪器时，划注20时记录笔尖所在位置的时间记号。

（4）换纸时无雨或仅降小雨，应在换纸前，慢慢注入一定量清水，使其发生人工虹吸，检查注入量与记录量之差是否在±0.05mm以内，虹吸历时是否小于14s，虹吸作用是否正常，检查或调整合格后才能换纸。

（5）自然虹吸水量观测。

1）每日8时观测时，若有自然虹吸水量，应更换储水器，然后在室内用量雨杯测量储水器内降水，并记载在该日水量观测记录统计表中。

2）暴雨时，估计降水量有可能溢出储水器时，应及时用备用储水器更换。

3. 更换记录纸

（1）换装在钟筒上的记录纸，其底边必须与钟筒下缘对齐，纸面平整，纸头纸尾的纵横坐标衔接。

（2）连续无雨或降水量小于5mm之日，一般不换纸，可在8时观测时，向承雨器注入清水，使笔尖升高至整毫米处开始记录，但每张记录纸连续使用日数一般不超过5d，并应在各日记录线的末端注明日期，降水量记录发生自然虹吸之日，应换纸。

（3）在8时换纸时，若遇大雨，可等到雨小或雨停时换纸。若记录笔尖已到达记录纸末端，雨强还是很大，则应拨开笔挡，转动钟筒，转动笔尖越过压纸条，将笔尖对准时间坐标线继续记录，等雨强小时才换纸。

4. 其他

能保证虹吸式自记雨量计长期正常运转的雨量站，可停用雨量器，但有下列情况之一者，需使用雨量器观测降水量。

（1）少雨季节和固态降水期。

(2) 当自记式雨量计发生故障不能迅速排除时,用雨量器观测降水量,观测段次按《测站任务书》要求进行。

(3) 需要同时用雨量器进行对比观测时,可按两段次观测。

(4) 需要根据雨量器观测值报汛时,观测段次应符合报汛要求。

用其他型式自记式雨量计观测降水量均同此条。

5. 雨量记录的检查

(1) 正常的虹吸式雨量计的雨量记录线应是累积记录到 10mm 时即发生虹吸（允许误差±0.05mm）,虹吸终止点恰好落到记录纸的零线上,虹吸线与时间坐标线平行,记录线粗细适当、清晰、连续光滑无跳动现象,无雨时必须呈水平线。

(2) 记录雨量误差应符合 SL 21—2015《降水量观测规范》的要求。

(3) 每日时间误差应符合 SL 21—2015《降水量观测规范》的要求。

若检查出不正常的记录线或时间超差,应分析查找故障原因,并进行排除。

6. 观测注意事项

(1) 每日 8 时观测（或其他换纸时间）对准北京时间开始记录时,应先顺时针后逆时针方向旋转自记钟筒,以避免钟筒的输出齿轮和钟筒支撑杆上的固定齿轮的配合产生间隙,给走时带来误差。

(2) 降水过程中巡视仪器时,如发现虹吸不正常,在 10mm 处出现平头或波动线,则将笔尖拔离纸面,用手握住笔架部件向下压,迫使仪器发生虹吸,虹吸终止后,使笔尖对准时间和零线的交点继续记录,待雨停后才对仪器进行检查和调整。

(3) 自记纸应平放在干燥清洁的橱柜中保存。不应使用潮湿、脏污或纸边发毛的记录纸。

2.2.2.2 翻斗式自记雨量计观测降雨量

观测时间与虹吸式自记雨量计相同。

1. 观测程序

(1) 观测前的准备。在记录纸正面填写观测日期和月份,背面印上降水量观测记录统计表（表式见 SL 21—2015《降水量观测规范》）,洗净备用量雨杯和储水器。

(2) 观测时的记录。每日 8 时观测前,观测员提前到观测场巡视传感器工作是否正常,承雨器口内如有虫、草等杂物应及时清除,随即到室内记录器处,当时钟的时针运转至 8 时正点时,立即对准记录笔尖所在位置,在记录纸零线上划时间记号,然后更换记录纸,并对准记录笔开始记录的时间划时间记号。有降水之日,应在 20 时巡视仪器时,划注时间记号。

(3) 更换记录纸。换纸时无雨,应在换纸前,慢慢注入一定量清水,检查仪器运转是否正常,若有故障,先进行排除,然后换纸。

(4) 计数器复零。有必要对记录器和计数器对比观测时,有降水之日,应在 8 时读计数器上显示的日降水量,然后按动按钮,将计数器字盘上显示的五个数字全部回复到零。如只为报汛需要,则按报汛要求时段读记,每次观读后,应将计数器全部复零。

(5) 自然虹吸水量观测。

1) 每日 8 时观测时,若有自然虹吸水量,应更换储水器,然后在室内用量雨杯测量储水器内降水,并记载在该日降水量观测记录统计表中。

2) 暴雨时,估计降水量有可能溢出储水器时,应及时用备用储水器更换。

2. 更换记录纸

(1) 换纸时间和换装记录纸注意事项同虹吸式自记雨量计观测降水量。

(2) 换纸时若无雨，应在换纸前拧动笔位调整旋钮（即履带轮），将笔尖粗调到9.0～9.5mm处，按动底板上的回零按钮，细心把笔尖调至零线上，然后换纸。

3. 雨量记录的检查

(1) 正常的翻斗式雨量计的记录笔跳动100次，即上升到10mm（分辨力为0.2mm者为20mm），同步齿轮履带推条与记录笔脱开，靠笔架滑动套管自身重力，记录笔快速下落到记录纸的零线上，下降线与时间坐标线平行。记录笔无漏跳、连跳或一次跳两小格的现象，呈0.1mm（或0.2mm）一个阶梯形或连续（雨强大时）的清晰迹线，无雨时必须呈水平线。

(2) 记录笔每跳一次满量程，允许有±1次的误差，即记录笔跳动99次或101次，与推条脱开，视为正常。

(3) 记录器（或计数器）记录的降水量与自然排水量的差值，符合SL 21—2015《降水量观测规范》的要求。

4. 观测注意事项

(1) 要保持翻斗内壁清洁无油污，翻斗内如有脏物，可用水冲洗，禁止用手或其他物体抹拭。

(2) 计数翻斗与计量翻斗在无雨时应保持同倾于一侧，以便有雨时计数翻斗与计量翻斗同时启动，第一斗即送出脉冲信号。

(3) 要保持基点长期不变，调节翻斗容量的两对调节定位螺钉的锁紧螺帽应拧紧。观测检查时，如发现任何一只有松动现象，应注水检查仪器基点是否正确。

(4) 定期检查干电池电压，如电压低于允许值，应更换全部电池，以保证仪器正常工作。

2.2.3 降水量资料整编

想一想：降水资料是如何整编的？

2.2.3.1 一般规定

1. 整理工作内容

(1) 审核原始记录，在自记记录的时间误差和降水量误差超过规定时，分别进行时间订正和降水量订正，有故障时进行故障期的降水量处理。

(2) 统计日、月降水量，在规定期内按月编制降水量摘录表。用自记记录整理者，在自记记录线上统计和注记按规定摘录期间的时段降水量。

(3) 用电子计算机整编的雨量站，根据电算整编的规定，编制降水量电算数据加工表。

(4) 根据指导法，按月或按长期自记周期进行合理性检查。

1) 对照检查指导区域内各雨量站日、月、年降水量、暴雨期的时段降水量以及不正常的记录线。

2) 同时有蒸发观测的站应与蒸发量进行对照检查。

3) 同时用雨量器与自记雨量计进行对比观测的雨量站，相互校对检查。

4) 按月装订人工观测记载簿和日记型记录纸，降水稀少季节，也可数月合并装订。长期记录纸，按每个自记周期逐日折叠，用厚纸板夹夹住，时段始末之日分别贴在厚纸板夹上。

5）指导站负责编写降水量资料整理说明。

2. 整理注意事项

（1）兼用地面雨量器（计）观测的降水量资料，应同时进行整理。

（2）资料整理必须坚持随测、随算、随整理，随分析，以便及时发现观测中的差错和不合理记录，及时进行处理、改正，并备注说明。

（3）对逐日测记仪器的记录资料，于每日8时观测后，随即进行昨日8时至今日8时的资料整理，月初完成上月的资料整理。对长期自记式雨量计或累积雨量器的观测记录，在每次观测更换记录纸或固态存储器后，随即进行资料整理，或将固态存储器的数据进行存盘处理。

（4）降水量观测记载簿、记录纸及整理成果表中的各项目应填写齐全，不得遗漏，不做记载的项目，一般任其空白。资料如有缺测、插补、可疑、改正、不全或合并时，应加注统一规定的整编符号。

（5）各项资料必须保持表面整洁、字迹工整清晰、数据正确，如有影响降水量资料精度或其他特殊情况，应在备注栏说明。

2.2.3.2 日记型自记雨量计记录资料的整理

有降水之日于8时观测更换记录纸和量测自然虹吸量或排水量后，立刻检查核算记录雨量误差和计时误差，若超差应进行订正，然后计算日降水量和摘录时段雨量，月末进行月降水量统计。

1. 时间订正

（1）一日内使用机械钟的记录时间误差超过10min，且对时段雨量有影响时，进行时间订正。

（2）如时差影响暴雨极值和日降水量者，时间误差超过5min，即进行时间订正。

（3）订正方法：以20时、8时观测注记的时间记号为依据，当记号与自记纸上的相应时间坐标不重合时，算出时差，以两记号间的时间数（以小时为单位）除两记号间的时差（以分钟为单位），得每小时的时差数，然后用累积分配的方法订正于需摘录的整点时间上，并用铅笔划出订正后的正点时间坐标线。

2. 虹吸式雨量计记录雨量的订正

（1）记录雨量虹吸订正。

1）当自然虹吸雨量大于记录量，且按每次虹吸平均差值达到0.2mm，或一日内自然虹吸量累积差值大于记录量达2.0mm时，应进行虹吸订正。订正方法是将自然虹吸量与相应记录的累积降水量之差值平均（或者按降水强度大小）分配在每次自然虹吸时的降水量内。

2）自然虹吸雨量应不小于记录量，否则应分析偏小的原因。若偏小不多，可能是蒸发或湿润损失；若偏小较多，应检查储水器是否漏水，或仪器有其他故障等。

（2）虹吸记录线倾斜订正。

1）以放纸时笔尖所在位置为起点，画平行于横坐标的直线，作为基准线。

2）通过基准线上正点时间的各点，作平行于虹吸线的直线，作为时间坐标订正线。

3）时间坐标订正线与记录线交点的纵坐标雨量，即为所求之值。

（3）其他。凡记录线出现下列情况，则以储水器收集的降水量为准，进行订正。

1) 记录线在 10mm 处呈水平线并带有波浪状，此时段记录雨量比实际降水量偏小。

2) 记录笔到 10mm 或 10mm 以上等一段时间后才虹吸，记录线呈平顶状，则从开始平顶处顺趋势延长至与虹吸线上部延长部分相交为止，延长部分的降水量应不大于按储水器水量算得的订正值。

3) 大雨时，记录笔不能很快回到零位，致使一次虹吸时间过长。

4) 器差订正。使用有器差的虹吸式自记雨量计观测时，其记录应进行器差订正。

3. 翻斗式雨量计记录雨量的订正

(1) 降水量订正的前提。记录降水量与自然排水量之差达 ±2% 且达 ±0.2mm，或记录日降水量与自然排水量之差达 ±2.0mm，应进行记录量订正。记录量超差，但计数误差在允许范围以内时，可用计数器显示的时段和日降水量数值。

(2) 记录量的订正。翻斗式雨量计的量测误差随降水强度而变化，有条件的站可进行试验，建立量测误差与降水强度的关系，作为记录雨量超差时判断订正时段的依据之一。无试验依据的站，订正方法如下：

1) 一日内降水强度变化不大，则将差值按小时平均分配到降水时段内，但订正值不足一个分辨力的小时不予订正，而将订正值累积订正到达一个分辨力的小时内。

2) 一日内降水强度相差悬殊，一般将差值订正到降水强度大的时段内。

3) 若根据降水期间巡视记录能认定偏差出现时段，则只订正该时段内雨量。

4. 填制日降水量观测记录统计表

(1) 虹吸式雨量计降水量观测记录统计表见表 2-1。每日观测后，将测得的自然虹吸水量填入表 2-1 (1) 栏，然后根据记录纸查算表中各项数值。如不需进行虹吸量订正，则第 (4) 栏数值即作为该日降水量。

表 2-1　　　　　年　月　日 8 时至　日 8 时降水量观测记录统计表

序号	项　　目	数值/mm
(1)	自然虹吸水量（储水器内水量）	
(2)	自记纸上查得的未虹吸水量	
(3)	自记纸上查得的底水量	
(4)	自记纸上查得的日降水量	
(5)	虹吸订正量 =（1）+（2）-（3）-（4）	
(6)	虹吸订正后的日降水量 =（4）+（6）	
(7)	时钟误差 8 时至 20 时　分、20 时至 8 时　分	
备注		

(2) 翻斗式雨量计降水量观测记录统计表见表 2-2。每日 8 时观测后，将量测到的自然排水量填入表 2-2 内 (1) 栏，然后根据记录纸依序查算表中各项数值，但计数器累计的日降水量，只在记录器发生故障时填入，否则任其空白。

若需计数器和记录器记录值进行比较时，将计数器显示的日降水量（或时段显示量的累计值）填入，并计算出相应的订正量。根据 SL 21—2015《降水量观测规范》第 7.3.4 条的规定，若需要订正时，则表 2-2 内 (1) 栏自然排水量为该日降水量。若不需进行记录量订正，表 2-2 内 (2) 栏或表 2-2 内 (3) 栏的数值，即作为该日降水量。若记录器或计数器出现故障，表中有关各栏记缺测符号，并加备注说明。

表2-2　　　　　　　年　月　日8时至　日8时降水量观测记录统计表

序号	项目	数值/mm
(1)	自然排水量（储水器内水量）	
(2)	记录纸上查得的日降水量	
(3)	计数器误计的日降水量	
(4)	订正量＝(1)－(2) 或 (1)－(3)	
(5)	日降水量	
(6)	时钟误差8时至20时　分、20时至8时　分	
备注		

5. 时段降水量摘录

经过订正后，将要摘录的各时段雨量填记在自记纸相应的时段与记录线的交点附近，如某时段降水量为雹或雪时应加注雹或雪的符号。

任务2.3　水面蒸发观测

学习指导

目标： 1. 了解陆上水面蒸发场的环境条件。
2. 了解E-601型蒸发器的结构和埋设。
3. 了解20cm口径蒸发皿的结构和安装。
4. 了解蒸发器的维护。

重点： 1. 水面蒸发观测内容。
2. 水面蒸发器的观测方法。

2.3.1　水面蒸发场的选择和设置

想一想：蒸发场的选择有哪些要求？

2.3.1.1　蒸发场观测内容

基本蒸发站的基本观测项目是蒸发量和降水量。辅助气象项目的观测是为了探求各地区水面蒸发与气象因子的关系，以利于资料的合理性检查，进行区域蒸发模型的探索、蒸发站网的合理规划，各省（自治区、直辖市）及流域水文领导机构应选择部分不同气候特点的基本蒸发站，观测下列气象辅助项目：

蒸发器中离水0.01m水深处的水温。

蒸发场上离地面1.5m处的气温、湿度和风速。

有条件的站，还应观测风向、日照、地温和气压等。

2.3.1.2　蒸发场的环境条件

1. 蒸发场的选择

（1）选择蒸发场，首先必须考虑其区域代表性。场地附近的下垫面条件和气象特点，应能代表和接近该站控制区的一般情况，反映控制区的气象特点，避免局部地形影响。必要时，可脱离水文站建立蒸发场。

（2）蒸发场应避免设在陡坡、洼地和有泉水溢出的地段，或邻近有丛林、铁路、公路和大工矿的地方。在附近有城市和工矿区时，观测场应选在城市或工矿区最多风向的上风向。

（3）陆上水面蒸发场离较大水体（水库、湖泊、海洋等）最高水位线的水平距离应大于 100m。

（4）选择场地应考虑用水方便。水源的水质应符合观测用水要求。

2. 关于蒸发场四周障碍物的要求

蒸发场四周障碍物的限制蒸发场四周必须空旷平坦，以保证气流畅通。观测场附近的丘岗、建筑物、树木、篱笆等障碍物所造成的遮挡率应小于 10%。

凡新建蒸发场必须符合上述要求，原有蒸发场不符合上述要求的，应采取措施加以改善或搬迁。如受条件限制，无法改善或搬迁，其遮挡率小于 25% 的，仍可在原场地观测。

必须实测障碍物情况，并在每年的逐日蒸发量表的附注栏内，将遮挡率加以说明。凡障碍物遮挡率大于 25% 的，必须采取措施加以改善或搬迁。

2.3.1.3 蒸发场的设置和维护

1. 蒸发场地的要求

（1）场地大小应根据各站的观测项目和仪器情况而定。设有气象辅助项目的场地应不小于 16m（东西向）×20m（南北向）；没有气象辅助项目的场地应不小 12m×12m。

（2）为保护场内仪器设备，场地四周应设高约 1.2m 的围栏，并在北面安设小门。为减少围栏对场内气流的影响，围栏尽量用钢筋或铁纱网制作。

（3）为保护场地自然状态，场内应铺设 0.3～0.5m 宽的小路，进场时只准在路上行走。

（4）除沼泽地区外，为避免场内产生积水而影响观测，应采取必要的排水措施。

（5）在风沙严重的地区，可在风沙的主要来路上设置拦沙障。拦沙障可用林秸等做成矮篱笆或栽植矮小灌木丛。拦沙障应注意不影响场地气流畅通，其高度和距离应符合要求。

2. 仪器安置

仪器的安置应以相互之间不受影响和观测方便为原则。

（1）高的仪器安置在北面，低的仪器顺次安置在南面。

（2）仪器之间距离，南北向不小于 3m，东西向不小于 4m，与围栏距离不小于 3m。

3. 陆上水面蒸发场的维护

（1）必须经常保持场地清洁，及时清除树叶、纸屑等垃圾，清除或剪短场内杂草，草高不超过 20cm。不准在场内存放无关物件和晾晒东西以及种植其他农作物。

（2）经常保持围栏完整、牢固。发现有损坏时，应及时修整。

（3）在暴雨季节，必须经常疏通排水沟，防止场地积水。在冬季有积雪的地区，一般应保持积雪的自然状态。

（4）经常检查场内仪器设备安装是否牢固，是否保持垂直水平状态。发现问题应及时整修。

（5）设有风障的站，应经常检修风障。

2.3.2 蒸发器的认识与使用

想一想：观测蒸发有哪些仪器？

任务2.3 水面蒸发观测

2.3.2.1 蒸发器的选用和对比观测

1. 蒸发器的选用

(1) 观测水面蒸发的标准仪器是改进后的 E-601 型（以下简称 E-601 型）蒸发器。凡属国家基本站网的站，都必须采用这一蒸发器进行观测。

(2) 在稳定封冻期较长的地区，蒸发器原则上仍以 E-601 型蒸发器为主，但若满足下列条件，经省（自治区、直辖市）流域水文领导机关审批，也可选用其他型的蒸发器。

1) 以 E-601 型蒸发器为准，选用的蒸发器，观测冰期一次蒸发总量，与标准蒸发器相比：冰期一次蒸发总量偏差不超过±10%。

2) 在类似气候区，至少有两个站进行比测。

3) 新、旧仪器有3年以上的比测资料。

(3) 在观测时期内，日（或旬）蒸发量，可采用20cm口径蒸发皿观测。

(4) 蒸发器必须由取得该仪器生产许可证的正规工厂生产。

(5) 为保证非冰期蒸发器型式的统一，未经水利部批准，不得使用《水面蒸发观测规范》(SL 630—2013) 规定以外的仪器。

2. 蒸发器的同步观测

凡新改用 E-601 型蒸发器的站，都必须执行新、旧蒸发器同步观测一年以上。当相关关系复杂时，同步观测期应适当长些，以求得两器的折算关系。比测期间两种仪器资料同时刊印。

2.3.2.2 E-601型蒸发器的结构和埋设

1. E-601 型蒸发器的结构

E-601 型蒸发器，主要由蒸发桶、水圈、测针和溢流桶四个部分组成。在无暴雨地区，可不设溢流桶。

(1) 蒸发桶：蒸发器的主体部分，是一个器口面积为 3000cm^2，具有圆锥底的圆柱桶，用31mm厚的钢板焊制而成。孔口外侧焊有溢流嘴，套上溢流管，与溢流桶相连通。为了防止锈蚀和减少太阳辐射影响，蒸发桶内和桶外地面以上部分均需涂抹经久耐用、光洁度高的白色油漆，外部地下部分应涂抹防锈漆。

(2) 水圈：装置在蒸发桶外围，由四个形状和大小都相同的弧形水槽组成。水槽宽为 20.0cm，内外壁高度分别为 13.7cm 和 15.0cm。四个水槽内壁所组成的圆应与蒸发桶外壁相吻合。每个水槽的外壁上开有排水孔，孔口下缘距槽底9.0cm。为防止水槽变形，在每个水槽底与内外壁间均匀设置两道三角形撑片。水槽内外壁也应按蒸发桶的要求涂抹白色油漆。

(3) 测针：是专用于测量蒸发器内水面高度的部件，应用螺旋测微器的原理制成。测针插杆的杆径与蒸发桶上测针座插孔孔径相吻合。为避免因视觉产生的误差，可采用针尖接触水面即发出音响的 ZHD 型电测针。测针上还应设置静水器。

(4) 溢流桶：是承接因降暴雨而由蒸发桶溢出水量的圆柱形盛水器。可用镀锌铁皮或其他不吸水的材料制成。桶的横截面积以 300cm^2 为宜。溢流桶应放置在带盖的套箱内。

2. E-601 型蒸发器的埋设

E-601 型蒸发器，如图 2-7 所示。埋设的具体要求如下：

(1) 蒸发器口高出地面 30.0cm，并保持水平。埋设时可用水准仪检验，器口高差应小于 0.2cm。

（2）水圈应紧靠蒸发桶，蒸发桶的外壁与水圈内壁的间隙应小于 0.5cm。水圈的排水孔底和蒸发桶的溢流孔底，应在同一水平面上。

（3）蒸发器四周设一宽 50cm（包括防坍墙在内）、高 22.5cm 的土圈。土圈外层的防坍墙用砖顺向平摆干砌而成。在土圈的北面留一小于 40cm 的观测缺口。蒸发桶的测针座应位于观测缺口处。

图 2-7 E-601 型蒸发器

（4）埋设仪器时应力求少扰动原土，坑壁与桶壁的间隙用原土回填捣实。溢流桶应设在土圈外带盖的套箱内，用胶管将蒸发桶上的溢流嘴与溢流桶相接。安装时，必须注意防止蒸发桶外的雨水顺着胶管表面流入溢流桶。

（5）为满足冰期观测一次蒸发总量的需要，在稳定封冻期，蒸发桶外需设套桶，套筒的内径稍大于蒸发桶的外径，桶器壁间隙应小于 0.5cm；套筒的高度应稍小于蒸发桶。使其套在蒸发桶口缘加厚的下面，两筒底恰好接触。为防止两桶间隙的空气与外界直接对流，应在套筒口加橡胶垫圈或用麻、棉塞紧。为观测方便，需在口缘 4 个方向设起吊用的铁环。

2.3.2.3 20cm 口径蒸发皿

1. 结构

20cm 口径蒸发皿见图 2-8，为一壁厚 0.5mm 的铜质桶状器皿。其内径为 20cm、高约 10cm。口缘镶有 8mm 厚内直外斜的刀刃形铜圈，器口要求正圆。口缘下设一倒水小嘴。

2. 安装

在场内预定的位置上，埋设一直径为 20cm 的圆木柱，顶四周安装一铁质圈架，将蒸发皿安放其中。蒸发皿应保持水平，距地面高度为 70cm，木柱的入土部分应涂刷沥青防腐。木柱地上部分和铁质圈架均应涂刷白漆。

2.3.2.4 蒸发器的维护

1. E-601 型蒸发器

（1）E-601 型蒸发器每年至少进行一次渗漏检验。不冻地区可在年底蒸发量较小时进行。封冻地区可在解冻后进行。在平时（特别是结冰期）也应注意观察有无渗漏现象。

图 2-8 20cm 口径蒸发皿

如发现某一时段蒸发量明显偏大，而又没有其他原因时，应挖出检查。如有渗漏现象，应立即更换备用蒸发器，并查明或分析开始渗漏日期。根据渗漏强度决定资料的修正或取舍，并在记载簿中注明。

（2）要特别注意保护测针座不受碰撞和挤压。如发现测针遭碰撞时，应在记载簿中注明日期和变动程度。

（3）测针每次使用后（特别是雨天），均应用软布擦干放入盒内，拿到室内存放。还应注意检查音响器中的电池是否腐烂，线路是否完好。

（4）经常检查蒸发器的埋设情况，发现蒸发器下沉倾斜，水圈位置不准，防坍墙破坏等情况时，应及时修整。

（5）经常检查器壁油漆是否剥落、生锈。一经发现，应及时更换蒸发器，将已锈的蒸发器除锈和重新油漆后备用。

2. 20cm 口径蒸发皿

(1) 经常检查蒸发皿是否完好，有无裂痕或口缘变形，发现问题应及时修理。

(2) 经常保持皿体洁净，每月用洗涤剂彻底洗刷一次；以保持皿体原有色泽。

(3) 经常检查放置蒸发皿的木柱和圈架是否牢固，并及时修整。

2.3.3 水面蒸发的观测

想一想：观测蒸发的方法是什么？

2.3.3.1 观测

1. 观测时间和次数

水面蒸发量于每日 8 时观测一次，辅助气象项目于每日 8 时、14 时、20 时分别观测一次。雨量观测应在蒸发量观测的同时进行。炎热干燥的日子，应在降水停止后立即进行观测。

2. 观测程序

在每次观测前，必须巡视观测场，检查仪器设备。如发现不正常情况，应在观测之前予以解决。若某一仪器不能在观测前恢复正常状态，则须立即更换仪器，并将情况记在观测记载簿内。在没有备用仪器更换时，除尽可能采取临时补救措施外，还应尽快报告上级机关。

(1) 有辅助项目的陆上水面蒸发场的观测程序。

1) 在正点前 20min，巡视观测场，检查所用仪器，尤其要注意检查湿球温度球表部的湿润状态。发现问题及时处理，以保证正常观测。

2) 正点前 10min，将风速表安装于风速表支架上，并将水温表置于蒸发器内。

3) 正点前 3~5min，测读蒸发器内水温，接着测定蒸发器水面高度和溢流水量，并在需要加（汲）水时进行加（汲）水，测记加（汲）水后的水面高度。

4) 正点测记干、湿球及最高、最低温度，毛发湿度表读数，换温、湿自记纸。

5) 观测蒸发量的同时测记降水量，换降水自记纸。

6) 降水观测后进行风速测记。无降水时，可在温、湿度观测后立即进行。

当 14 时、20 时只进行辅助项目观测时，可按上述程序适当调整。但仍需提前 20min 进行观测场巡视。

(2) 没有辅助项目的陆上水面蒸发场的观测程序。

在正点前 10min 到达蒸发场，检查仪器设备是否正常，正点测记蒸发量，记录降水量和溢流水量。

各站的观测程序，可根据本站的观测项目和人员情况适当调整。一个站的观测程序一经确定，就不宜改变。

(3) 有下列情况的应进行加测或改变观测时间。

1) 为避免暴雨对观测蒸发量的影响，预计要降暴雨时，应在降暴雨前加测蒸发器内水面高度，并检查溢流装置是否正常。如无溢流设施，则应从蒸发器内汲出一定水量，并测记汲出水量和汲水后的水面高度。如加测后 2h 内仍未降水，则应在实际开始降水时再加测一次水面高度。如未预计到降暴雨，降水前未加测，则就在降水开始时立即加测一次水面高度。降水停止或转为小雨时，应立即加测器内水面高度，并测记降水量和溢流水量。

2) 特大暴雨时，估计降水量已接近充满溢流桶时，应加测溢流水量。

3) 若观测正点时正在降暴雨，蒸发量的测记可推迟到雨停或转为小雨时进行。但辅助项目和降水量仍按时进行观测。

2.3.3.2 E-601型蒸发器的观测方法和要求

1. 观测方法

（1）将测针插到测针座的插孔内，使测针底盘紧靠测针座表面，将音响器的极片放入蒸发器的水中。先把针尖调离水面，将静水器调到恰好露出水面，如遇较大的风，应将静水器上的盖板盖上。待静水器内水面平静后，即可旋转测针顶部的刻度圆盘，使测针向下移动。听到讯号后、将刻度圆盘向反向慢慢转动，直至音响停止后再向正向缓慢旋转刻度盘，第二次听到讯号后立即停止转动并读数。每次观测应测读两次。在第一次测读后，应将测针旋转90°~180°后再读第二次。要求读至0.1mm，两次读数差不大于0.2mm，即可取其平均值。否则应即检查测针座是否水平，待调平后重新进行两次读数。

（2）在测记水面高度后，应目测针尖或水面标志线露出或没入水面是否超过1.0cm。超过时应向桶内加水或汲水，使水面与针尖（或水面标志线）齐平。

每次调整水面后，都应按上述要求测读调整后的水面高度两次，并记入记载簿中，作为次日计算蒸发量的起点。如器内有污物或小动物时，应在测记蒸发量后捞出，然后再进行加水或汲水。并将情况记于附注栏。

（3）风沙严重地区，风沙量对蒸发量影响明显时，可设置与蒸发器同口径、同高度的集沙器，收集沙量，然后进行订正。

（4）遇降水溢流时，应测记溢流量。溢流量可用台秤称重、量杯量读或量尺测读。经折算成与E-601型蒸发器相应的毫米数，其精度应满足0.1mm的要求。

2. 观测用水要求

（1）蒸发器的用水应取用能代表当地自然水体的水，水质一般要求为淡水。如当地的水源含有盐碱，为符合当地水体的水质情况，亦可使用；在取用地表水有困难的地区，可使用能供饮用的井水；当用水含有泥沙或其他杂质时，应待沉淀后使用。

（2）蒸发器中的水，要经常保持清洁，应随时捞取漂浮物，发现器内水体变色，有味或器壁上出现青苔时，即应换水。换水应在观测后进行。换水后应按 SL 630—2013《水面蒸发观测规范》的规定测记水面高度。换入的水体水温应与换前的水温相近。为此，换水前一两天就应将水盛放在场内的备用盛水器内。

（3）水圈内的水，也要大体保持清洁。

2.3.3.3 20cm口径蒸发皿的观测方法和要求

（1）20cm口径蒸发皿的蒸发量可用专用台秤测定。如无专用台秤，也可用其他台秤，但其感量必须满足测至0.1mm的要求。

台秤应在使用前进行一次检验，以后每月检验一次。检验时，先将台秤放平，并调好零点，接着用雨量杯量取20mm清水放入蒸发皿内，置于台秤上秤重，比较量杯读数与称重结果是否一致，接着再向皿内加0.1mm清水，看其感量是否达到0.1mm，发现问题应进行修理和重新检定。

（2）蒸发皿的原状水量为20mm，每次观测后应补足20mm，补入的水温应接近0℃。

（3）如皿内冰面有沙尘，应用干毛刷扫净后再称重；如有沙尘冻入冰层，须在称重后用水将沙尘洗去后再补足20mm水量。

(4) 每旬应换水一次。换水前一天应用备用蒸发皿加上 20mm 清水加盖后置于观测场内。待第 2 天原皿观测后，将备用皿补足 20mm 水替换原蒸发皿。

2.3.4 蒸发资料的计算和整理

想一想：蒸发资料如何整理？

2.3.4.1 一般要求

1. 原始记录的填写要求

(1) 从原始记录到各项统计、分析图表，都必须保证数据、符号正确，内容完整。凡在观测中因特殊原因造成数据不准或可能不准的和在整理分析中发现有问题、而又无法改正的数据，应加可疑符号，并在附注栏说明情况。各项计算和统计均应按有关规定进行，防止出现方法错误。严格坚持一算二校制度，保证成果无误。

(2) 各原始记载及统计表（簿）的有关项目：（包括封面、封里）必须填全。

(3) 各项资料应保持清洁，数字、符号、文字要书写工整清晰。原始记载一律用硬质铅笔。记错时，应划去重写。不得涂、擦、刮、贴或重新抄录。由于某种原甲（如落水、污损）造成资料难以长期保存而必须抄录时，除认真做好二校外，还必须保存原始件。

2. 资料整理必须坚持"四随"

为及时发现观测中的错误和不合理现象，资料整理必须坚持"随测、随算、随整理、随分析"的"四随"要求。具体要求如下：

(1) 蒸发量应在现场观测后及时计算出来，并与前几天的蒸发量对照是否合理。当发现特大或特小的不合理现象时，应分析其原因，并在加（汲）水前立即重测或加注说明。

(2) 辅助气象项目的观测资料应在当天完成计算，并将数据点绘在逐月综合过程线上，检查各要素与蒸发量的变化是否合理，发现问题应及时处理。

(3) 全月资料，应于下月上旬完成计算、填表、绘图及合理性检查和订正插补工作。

(4) 全年资料，应于次年一月份完成全部整理任务。

2.3.4.2 逐月资料的整理

蒸发资料应坚持逐月在站整理，北方地区 E-601 型蒸发器封冻期一次总量的成果，可在解冻后整理。

1. 综合过程线的绘制

(1) 综合过程线每月一张，按月绘制。图中应结合蒸发量、降水量、水汽压差、气温、风速等日量或平均值。如果有几种蒸发器同时观测，应合绘于一张图中。没有辅助项目的站，可绘蒸发量、降水量过程，有岸上气温和目估风力的站，将岸上气温、目估风力绘上。

(2) 过程线用普通坐标纸绘制。蒸发量和降水量以同一坐标为零点；柱状向上表示蒸发量，向下表示降水量。不同类型蒸发器的蒸发量和降水量用同一零点、同一比例尺，不同图例绘制。

2. 资料合理性检查

(1) 通过有关图表检查发现问题。

1) 用本站综合过程线，对照检查其变化是否合理，有否突大突小现象，各要素起伏是否正常。特别注意不同蒸发器、雨量器的观测值是否合理。

2) 绘蒸发量和水汽压差的比值与风速相关或气温与蒸发量相关图，检查其点据分布是否合理。

3）在条件许可时，可利用邻站的有关图表进行合理性检查。

上述各种图表要有机地结合起来运用，看各种图表分布的问题是否一致、有无矛盾，初步确定有问题的数据。检查时还须利用历年的有关图表。

（2）处理问题。对不合理的观测值，原因确切的应予订正或利用上述图表进行插补，并加注说明；原因不明的，不作订正，在资料中说明。

（3）缺测资料的插补。由于某种原因造成资料残缺时，可用上述图表分析后插补，但必须慎重。因为影响蒸发的因素复杂，必须采用多种手段进行，互相校对，使插补值合理。

3. 进行旬、月统计，编制资料说明

（1）经合理性检查、资料订正和插补后，即可进行旬、月统计。缺测不能插补的，旬、月值均应加括号。如能判定所缺的资料确实不影响最大、最小值时，其最大、最小值不加括号。

（2）全月资料整理完成后，应编制本月的资料说明。其内容包括：

1）观测中存在的问题及情况（包括有关仪器、观测方法及场地状况等各方面）。

2）通过资料整理分析发现的问题及处理情况。

3）整理后的成果，准确度的说明。

任务 2.4 水 位 观 测

学习指导

目标：1. 掌握水位的概念，理解水位的作用。

2. 了解影响水位变化的因素。

3. 掌握基面的定义。

4. 了解水位的间接观测设备。

5. 熟悉水位的直接观测设备。

6. 掌握水位观测的方法。

重点：1. 水位。

2. 影响水位变化的因素。

3. 水位的直接观测设备。

4. 水位的间接观测设备。

5. 水位观测的方法。

6. 日平均水位的计算。

2.4.1 水位观测基本概念

想一想：水位是指什么？

2.4.1.1 水位的概念及作用

水位是指河流或其他水体的自由水面相对于某一基面的高程，单位以米（m）表示。

水位是反映水体、水流变化的重要标志，是水文测验中最基本的观测要素，是水文测站常规的观测项目。水位观测资料可以直接应用于堤防、水库、电站、堰闸、浇灌、排涝、航道、桥梁等工程的规划、设计、施工等过程中。水位是防汛抗旱斗争中的主要依据，水位资料是水库、堤防等防汛的重要资料，是防汛抢险的主要依据，是掌握水文情况和进行水文预报的依据。同时水位也是推算其他水文要素并掌握其变化过程的间接资料。在水文测验中，常用水位直接或间接地推算其他水文要素，如由水位通过水位流量关系，推求流量，通过流量推算输沙率，由水位计算水面比降等，从而确定其他水文要素的变化特征。

在水位的观测中，要认真贯彻 GB/T 50138—2010《水位观测标准》，发现问题及时排除，使观测数据准确可靠。同时还要保证水位资料的连续性，不漏测洪峰和洪峰的起涨点，对于暴涨暴落的洪水，应更加注意。

2.4.1.2　影响水位变化的因素

水位的变化主要取决于水体自身水量的变化，约束水体条件的改变，以及水体受干扰的影响等因素。

在水体自身水量的变化方面，江河、渠道来水量的变化，水库、湖泊引入、引出水量的变化和蒸发、渗漏等使总水量发生变化，使水位发生相应的涨落变化。

在约束水体条件的改变方面，河道的冲淤和水库、湖泊的淤积，改变了河、湖、水库底部的平均高程；闸门的开启与关闭引起水位的变化；河道内水生植物生长、死亡使河道糙率发生变化导致水位变化。另外，有些特殊情况，如堤防的溃决，洪水的分洪，以及北方河流结冰、冰塞、冰坝的产生与消亡，河流的封冻与开河等，都会导致水位的急剧变化。

水体的相互干扰影响也会使水位发生变化，如河口汇流处的水流之间会发生相互顶托，水库蓄水产生回水影响，使水库末端的水位抬升，潮汐、风浪的干扰同样影响水位的变化。

2.4.1.3　基面

水位是水体（如河流、湖泊、水库、沼泽等）的自由水面相对于某一基面的高程。一般都以一个基本水准面为起始面，这个基本水准面又称为基面。由于基本水准面的选择不同，其高程也不同，在测量工作中一般均以大地水准面作为高程基准面。大地水准面是平均海水面及其在全球延伸的水准面，在理论上讲，它是一个连续闭合曲面。但在实际中无法获得这样一个全球统一的大地水准面，各国只能以某一海滨地点的特征海水位为准。这样的基准面也称绝对基面，另外，水文测验中除使用绝对基本面外还设有假定基面、测站基面、冻结基面等。

1. 绝对基面

一般是以某一海滨地点的特征海水面为准，这个特征海水面的高程定为 0.000m，目前我国使用的有大连、大沽、黄海、废黄河口、吴淞、珠江等基面。若将水文测站的基本水准点与国家水准网所设的水准点接测后，则该站的水准点高程就可以根据引据水准点用某一绝对基面以上的高程数来表示。

2. 假定基面

若水文测站附近没有国家水准网，其水准点高程暂时无法与全流域统一引据的某一绝对基面高程相连接，可以暂时假定一个水准基面，作为本站水位或高程起算的基准面。如暂时假定该水准点高程为 100.000m，则该站的假定基面就在该基本水准点垂直向下 100m 处的水准面上。

3. 测站基面

测站基面是假定基面的一种，它适用于通航的河道上，一般将其确定在测站河库最低点以下 0.5～1.0m 的水面上，对水深较大的河流，测站基面可选在历年最低水位以下 0.5～

1.0m 的水面处，如图 2-9 所示。

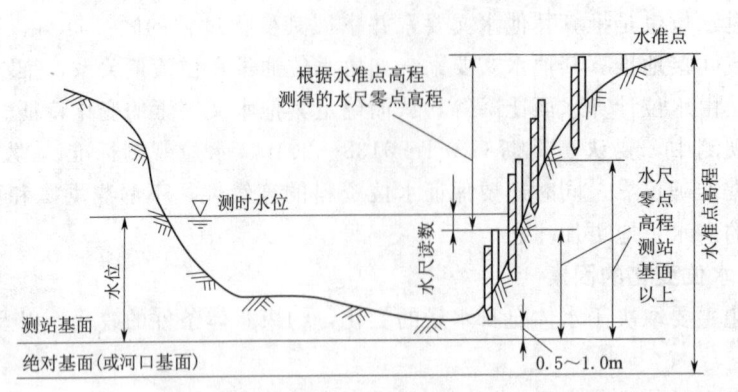

图 2-9 基面示意图

同样，当与国家水准点接测后，即可算出测站基面与绝对基面的高差，从而可将测站基面表示的水位换算成以绝对基面表示的水位。

用测站基面表示的水位，可直接反映航道水深，但在冲淤河流，测站基面位置很难确定，而且不便于同一河流上下游站的水位进行比较，这也是使用测站基面时应注意的问题。

4. 冻结基面

冻结基面也是水文测站专用的一种固定基面。一般是将测站第一次使用的基面固定下来，作为冻结基面。

使用测站基面的优点是水位数字比较简单（一般不超过 10m）；使用冻结基面的优点是使测站的水位资料与历史资料相连续。有条件的测站应使用同样的基面，以便水位资料在防汛和水利建设、工程管理中使用。

2.4.2 水位观测设备的介绍

想一想：水位有哪些观测设备？

水位的观测设备可分为直接观测设备和间接观测设备两种，直接观测设备是传统式的水尺，人工直接读取水尺读数加水尺零点高程即得水位。它设备简单，使用方便，但工作量大，需人值守。间接观测设备是利用电子、机械、压力等感应作用，间接反映水位变化。设备构造复杂，技术要求高，不须人值守，工作量小，可以实现自记，是实现水位观测自动化的重要条件。

2.4.2.1 直接观测设备

1. 水尺的种类

水尺分直立式、倾斜式、矮桩式和悬锤式四种。其中直立式水尺应用最普遍，其他 3 种，则根据地形和需要选定。

（1）直立式水尺。直立式水尺由水尺靠桩和水尺板组成，如图 2-10 所示。一般沿水位观测断面设置一组水尺桩，同一组的各支水尺设置在同一断面线上。使用时将水尺板固定在水尺靠桩上，构成直立水尺。水尺靠桩可采用木桩、钢管、钢筋混凝土等材料制成，水尺靠桩要求牢固，打入河底，避免发生下沉。水尺靠桩布设范围应高于测站历年最高水位、低于测站历年最低水位 0.5m。水尺板通常是长 1m，宽 8~10cm 的搪瓷板、木板或合成材料制成。水尺的刻度必须清晰，数字清楚，且数字的下边缘应放在靠近相应的刻度处。水尺的刻度一般是 1cm，误差不大于 0.5mm。相邻两水尺之间的水位要有一定的重合，重合范围一般要求在 0.1～0.2m，当风浪大时，重合部分应增大，以保证水位的连续观读。

水尺板安装后，需用四等以上水准测量的方法测定每支水尺的零点高程。在读得水尺板上的水位数值后加上该水尺的零点高程就是要观测的水位值。

（2）倾斜式水尺。当测验河段内，岸边有规则平整的斜坡时，可采用此种水尺，如图 2-11 所示。此时，可以在平整的斜坡上（在岩石或水工建筑物的斜面上），直接涂绘水尺刻度。

图 2-10　直立式水尺　　　　图 2-11　倾斜式水尺

同直立式水尺相比，倾斜式水尺具有耐久、不易冲毁，水尺零点高程不易变动等优点，缺点是要求条件比较严格，多沙河流上，水尺刻度容易被淤泥遮盖。

（3）矮桩式水尺。当受航运、流冰、浮运影响严重，不宜设立直立式水尺和倾斜式水尺的测站，可改用矮桩式水尺，如图 2-12 所示。矮桩式水尺由矮桩及测尺组成。矮桩的入土深度与直立式水尺的靠桩相同，桩顶一般高出河床线 5.0～20cm，桩顶加直径为 2～3cm 的金属圆钉，以便放置测尺。两相邻桩顶高差宜在 0.4～0.8m，平坦岸坡宜在 0.2～0.4m，测尺一般用硬质木料做成。为减少壅水，测尺截面可做成菱形。观测水位时，将测尺垂直放于桩顶，读取测尺读数，加桩顶高程即得水位。

（4）悬锤式水尺。悬锤式水尺如图 2-13 所示。通常设置在坚固的陡岸、桥梁或水工建筑物上。它也大量被用于地下水位和大坝渗流水位的测量。由一条带有重锤的测绳或链所构成的水尺。它用于从水面以上某一已知高程的固定点测量离水面的竖直高差来计算水位。悬锤的重量应能拉直悬索，悬索的伸缩性应当很小，在使用过程中，应定期检查测索引出的有效长度与计数器或刻度盘的一致性，其误差不超过 ±1cm。

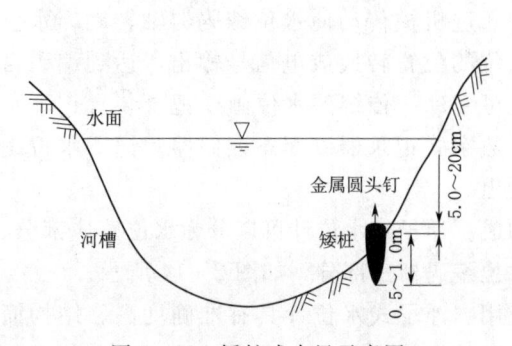

图 2-12　矮桩式水尺示意图　　　　图 2-13　悬锤式水尺示意图

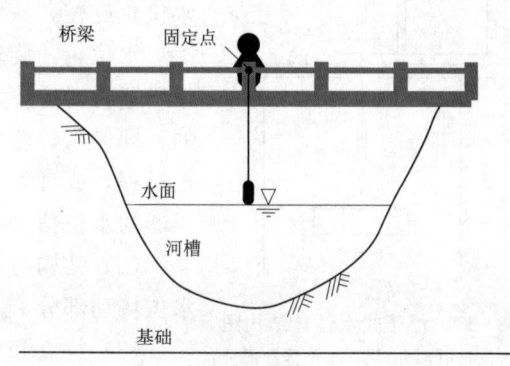

2. 水尺的布置和零点高程的测量

水尺设置的位置必须便于观测人员接近，直接观读水位，并应避开涡流、回流、漂浮物等影响。在风浪较大的地区必要时应采用静水设施。

水尺布设范围，应高于测站历年最高、低于测站历年最低水位0.5m。

同一组的各支基本水尺，应设置在同一断面线上。当因地形限制或其他原因必须离开同一断面线时，其最上游与最下游一支水尺之间的同时水位差不应超过1cm。

同一组的各支比降水尺，当不能设置在同一断面线上时，偏离断面线的距离不能超过5m，同时任何两支水尺的顺流向距离不得超过上、下比降断面距离的1/200。

水尺设立后，立即测定其零点高程，以便即时观测水位。使用期间水尺零点高程的校测次数，以能完全掌握水尺的变动情况，准确取得水位资料为原则。一般情况下，汛前应将所有水尺校测一次，汛后校测汛期中使用过水尺，汛期及平时发现水尺有变动迹象时，应随时校测；河流结冰的测站，应在冰期前后，校测使用过的水尺；受航运、浮运、漂浮物影响的测站，在受影响期间，应增加对使用水尺的校测次数，如水尺被撞，应立即校测；冲淤变化测站，应在河床每次发生显著变化后，校测影响范围内水尺。

在校测水尺时，用单程仪器站数 n 作为计算往返测量不符值的控制指标，往返测量同一支水尺，零点高程允许不符值，或虽超过允许不符值，但对一般水尺小于10mm或对比降水尺小于5mm，可采用校测前的高程。否则，采用校测后的高程，并及时查明水尺变动的原因及日期，以确定水位的改正方法。

2.4.2.2 间接观测设备

间接观测设备主要由感应器、传感器与记录装置三部分组成。感应水位的方式有浮筒式、水压式、超声波式等多种类型。按传感距离可分为就地自记式与远传、遥测自记式两种。按水位记录形式可分为记录纸曲线式、打字记录式、固态模块记录等。以下主要介绍几种常用的间接观测设备。

1. 浮子式水位计

浮子式水位计是最早使用的水位计，配上纸带记录部分构成了多种浮子式自记水位计，目前仍是我国最主要的水位自记仪器。

（1）工作原理。浮子式水位计的工作原理是浮子感应水位。浮子漂浮在水位井内，随水位升降而升降，浮子上的悬索绕过水位轮悬挂一平衡锤，由平衡锤自动控制悬索的位移和张紧。悬索在水位升降时带动水位轮旋转，从而将水位的升降转换为水位轮的旋转。

水位轮的旋转通过机械传动使水位编码器轴转动，水位编码器将对应于水位的位置转换成电信号输出，达到编码目的。同时水位轮也可带动一传统的水位画线记录装置记下水位过程，或者就用数字式记录器（固态存储器）记下水位编码器的水位信号输出。

（2）结构与构成。浮子式水位计可以分为水位感应部分、水位传动部分、水位编码器三部分，如图2－14所示。

（3）特点和应用。浮子式水位计具有准确度高、结构简单、稳定可靠、易于使用的优点。

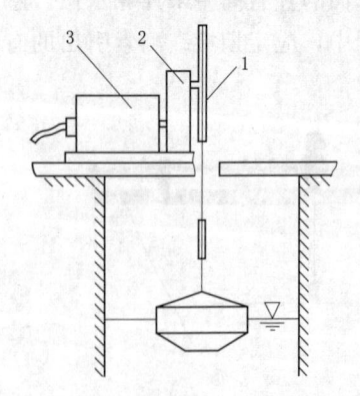

图2－14 浮子式水位计结构图
1—水位感应部分；2—水位传动部分；3—水位编码器

使用浮子式水位计，必须建设水位测井，前期的土建工程投资较大，这是这类水位计的一个缺点。实际上，大部分水文测站都建有水位测井，只有在不能或难以建井的水位测站才会有应用上的困难。

因此，在建设水文自动测报系统中，最优先采用的是浮子式机械编码水位计，1cm 的水位分辨力已能满足水位测量要求。在水位准确度要求较高、水位较小因而浮子必须较水小的场合可以选用浮子式光电编码水位计。

2. 雷达水位计

（1）工作原理。雷达发射接收的是微波，所以雷达水位计也称为微波水位计。

与超声波相比较，在空气中传播时，在可能的气温变化范围内，微波在空气中的传播速度可以被认为是不变的。这就使雷达水位计无须温度修正，大大提高了水位测量准确度。

（2）结构与组成。雷达水位计基本上都是一体化结构的，外形如图 2-15 所示。内部包括微波发射接收天线、发送接收控制部分、记录部分以及通信输出接口，还有电缆连接和供电电源。

（3）特点和应用。雷达水位计既不接触水体，又不受空气环境影响，优点很明显。它可以用于各种水质和含沙量水体的水位测量，准确度很高，而不受温度和湿度影响，可以在雾天测量。水位测量范围基本没有盲区，功耗较小便于电源的设置。空中的雨滴、雪花和水面漂浮物会影响它的测量，这是它的缺点。

图 2-15 雷达水位计外形图

3. 激光水位计

（1）工作原理。激光水位计的工作原理与雷达水位计完全相同，但发射接收的是激光光波。工作时，安装在水面上方的仪器定时向水面发射激光脉冲，通过接收水面对激光的反射，测出激光的传输时间，进而推求水位。

（2）仪器结构与组成。激光水位计基本上是一体化结构，与雷达水位计相同。内部包括激光发射接收部分、发送接收控制部分、信号处理输出部分等。

（3）特点和应用。激光水位计是一种无测井的非接触式水位计，具有量程大、准确性好的优点，但因对环境要求较高，应用并不普遍。

激光发射到水面后，很容易被水体吸收，反射信号很弱，这就使得多数激光水位计很难简单地安装在水面上方测量水位。有些仪器明确要求最好在水面上设一反射物体，才能增强激光反射信号，测得水位。反射体可以是漂浮在水面上的任何具有反射平面的固体，这样的物体不难找到，但要使它固定地漂浮在仪器下方的水面上就极其困难了，有时甚至是做不到的。

激光水位计的其他特点和应用要求与雷达水位计相同，它的价格也较贵，使用中更易受雨、雪影响。

2.4.3 水位观测方法与应用

想一想：水位的观测方法有哪些？

2.4.3.1 水位的观测方法

1. 用水尺观读水位

水位基本定时观测时间为北京标准时间 8 时，在西部地区，冬季 8 时观测有困难或枯水期 8 时代表性不好的测站，根据具体情况，经实测资料分析，主管领导机关批准，可改在其他代表性好的时间定时观测。

水位的观读精度一般记至1cm,当上下比降断面水位差小于0.20m时,比降水位应读记至0.5cm。水位每日观测次数以能测得完整的水位变化过程、满足日平均水位计算、极值水位挑选、流量推求和水情测报的要求为原则。

水位平稳时,一日内可只在8时观测一次,稳定的封冻期没有冰塞现象且水位平稳时,可每2~5d观测一次,月初、月末两天必须观测。

水位有缓慢变化时,每日8时、20时观测两次外,枯水期20时观测确有困难的站,可提前至其他时间观测。

水位变化较大或出现较缓慢的峰谷时,每日2时、8时、14时、20时观测4次。

洪水期或水位变化急剧时期可每1~6h观测1次,当水位暴涨暴落时,应根据需要增为每半小时或若干分钟观测1次,应测得各次峰、谷和完整的水位变化过程。

结冰、流冰和发生冰凌堆积、冰塞的时期应增加测次,应测得完整的水位变化过程。

由于水位涨落,水位将要由一支水尺淹没到另一支相邻水尺时,应同时读取两支水尺上的读数,一并记入记载簿内,并立即算出水位值进行比较。其差值若在允许范围内时,应取二者的平均值作为该时观测的水位。否则,应及时校测水尺,并查明不符原因。

2. 用自记式水位计观测水位

(1) 自记式水位计的检查和使用。在安装自记式水位计之前或换记录纸时,应检查水位轮感应水位的灵敏性和走时机构的工作是否正常。电源要充足,记录笔、墨水应适度。换纸后,应上紧自记钟,将自记笔尖调整到当时的准确时间和水位坐标上,观察1~5min,待一切正常后方可离开,当出现故障时应及时排除。

自记式水位计应按记录周期定时换纸,并应注明换纸时间与校核水位。当换纸恰逢水位急剧变化或高、低潮时,可适当延迟换纸时间。

对自记式水位计应定时进行校测和检查:使用日记式自记水位计时,每日8时定时校测一次;资料用于潮汐预报的潮水位站应每日8时、20时校测两次;当一日内水位变化较大时,应根据水位变化情况增加校测次数。使用长周期自记式水位计时对周记和双周记式自记水位计应每7d校测一次,对其他长期自记式水位计应在使用初期根据需要加强校测,待运行稳定后,可根据情况适当减少校测次数。

校测水位时,应在自记纸的时间坐标上划一短线。需要测记附属项目的站,应在观测校核水尺水位的同时观测附属项目。

(2) 水位计的比测。自记式水位计应与校核水尺进行一段时期的比测,比测合格后,方可正式使用。比测时,可将水位变幅分为几段,每段比测次数应在30次以上,测次应在涨落水段均匀分布,并应包括水位平稳,变化急剧等情况下的比测值。长期自记水位计应取得一个月以上连续完整的比测记录。

2.4.3.2 日平均水位计算

日平均水位是指在某一水位观测点一日内水位的平均值。其推求原理是,将一日内水位变化的不规则梯形面积,概化为矩形面积,其高即日平均水位。具体计算时,视水位变化情况分面积包围法和算术平均法两种。

1. 面积包围法

面积包围法,它适用于水位变化剧烈且不是等时距观测的时期。计算时可将1d内0~

24 时的折线水位过程线下之面积除以 1d 内的时数得之。面积包围法求日平均水位示意图如图 2-16 所示,面积包围法计算日平均水位可按下式计算:

$$Z = 1/48[Z_0 a + Z_1(a+b) + Z_2(b+c) + \cdots + Z_{n-1}(m+n) + Z_n n] \tag{2-1}$$

式中　Z_0、Z_1、$\cdots$、Z_n——各时刻水位观测值;

a、b、c、$\cdots$、m、n——相邻两次观测时距。

2. 算术平均法

当一日内水位变化不大,或虽变化较大但系等时距观测或摘录时,可用此法(当采用计算机整编资料时应按面积包围法进行):

$$\overline{Z_日} = \frac{1}{n}\sum_{i=1}^{n} Z_i \tag{2-2}$$

式中　n——日观测水位的次数。

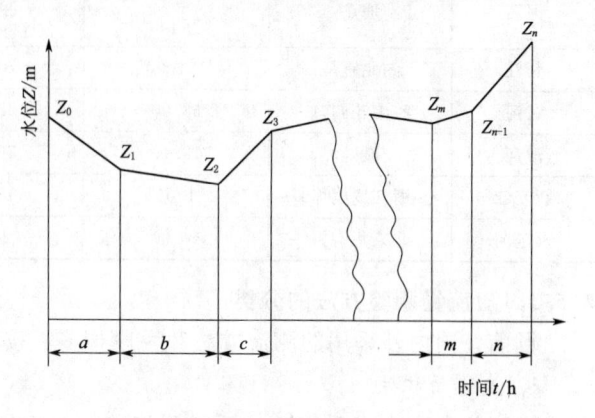

图 2-16　面积包围法求日平均水位示意图

任务 2.5　流　量　测　验

学习指导

目标:1. 了解流量测验的方法及分类。
　　　2. 了解流速仪的分类、测流方法及工作原理。
　　　3. 理解流量分布和流量模型。
　　　4. 掌握水深测量的相关知识。
　　　5. 掌握断面测量内容和基本要求。
　　　6. 掌握流量的计算。

重点:1. 流量测验的方法。
　　　2. 水深测量。
　　　3. 起点距测量。
　　　4. 流速仪的分类及工作原理。
　　　5. 流量计算。

2.5.1　流量测验的认识

想一想:流量是指什么?

流量是单位时间内流过江河某一横断面的水量,单位为 m^3/s。流量是反映水资源和江河、湖泊、水库等水量变化的基本资料,也是河流最重要的水文要素之一。流量测验的目的是取得天然河流以及水利工程调节控制后的各种径流资料。

由表 2-3 可见,天然河流的流量大小悬殊,如我国北方河流旱季常有断流现象,受自然条件和其他因素的影响,使得江河的流量变化错综复杂。为了研究掌握江河流量变化的规律,为国民经济发展服务,必须积累不同地区、不同时间的流量资料。因此,要求在设立的水文站上，根据河流水情变化的特点，采用适当的测流方法进行流量测验。

表 2-3　　　　　　　　　　　　国内部分河流流量资料

河名	地点	流域面积 /万 km²	最大流量 Q_{max} /(m³/s)	最小流量 Q_{min} /(m³/s)	多年平均流量 $\overline{Q}$ /(m³/s)
长江	湖北宜昌	101.00	70600	2770.0	14000.0
黄河	河南花园口	68.00	22000	145.0	1300.0
淮河	安徽蚌埠	12.10	26500	0	852.0
新安江	浙江罗桐埠	1.05	18000	10.7	370.0
永定河	北京卢沟桥	44.00	2450	0	28.2

2.5.1.1　流量测验方法的分类

目前，国内外采用的测流方法和手段很多，按测流的工作原理，可分为下列几种类型：

1. 流速面积法

常用的有流速仪测流法、浮标测流法、航空摄影测流法、遥感测流法、动船法、比降法等。

2. 水力学法

包括量水建筑物测流和水工建筑测流。

3. 化学法

化学法又称溶液法、稀释法、混合法等。

4. 物理法

这类方法有超声波法、电磁法和光学法测流等。

5. 直接法测流

容积法和重量法都属于直接测量流量的方法，适用于流量极小的山涧小沟和实验室模型测流。

实际测流时，在保证资料精度和测验安全的前提下，根据具体情况，因时因地选用不同的测流方法。

2.5.1.2　流速分布

在研究河流中的流速分布主要是研究流速沿水深的变化（即垂线上的流速分布），研究流速在横断面上的变化。研究流速分布对泥沙运动、河床演变等，都有很重要的意义。

天然河道中常见的垂线流速分布曲线如图 2-17 所示，一般水面的流速大于河底，且曲线呈一定形状。只有封冻的河流或受潮汐影响的河流，其曲线呈特殊的形状。由于影响流速曲线形状的因素很多，如糙率、冰冻、水草、风、水深、上下游河道形势等，致使垂线流速分布曲线的形状多种多样。

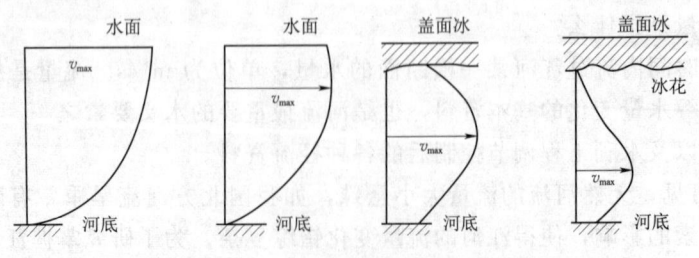

图 2-17　河流的垂线流速分布曲线示意图

2.5.2 断面测量的应用

想一想：断面测量需要测量哪些内容？

断面测量是流量测验工作重要组成部分。断面流量要通过对过水断面面积及流速的测定来间接加以计算，因此，断面测量的精度直接关系到流量成果精度；同时断面资料又为研究部署测流方案，选择资料整编方法提供依据；对于研究分析河床的演变规律，航道或河道的整治，都是必不可少的。

2.5.2.1 断面测量内容和基本要求

1. 断面测量内容

断面是指垂直于河道或水流方向的截面称之横断面（简称断面）。断面与河床的交线，称河床线。

水位线以下与河床线之间所包围的面积，称为水道断面，它随着水位的变化而变动；历史最高洪水位与河床线之间所包围的面积，称为大断面，它包括水上水下两部分。

断面测量的内容是测定河床各点的起点距（即距断面起点桩的水平距离）及其高程。对水上部分各点高程采用四等水准测量；水下部分则是测量各垂线水深并观读测深时的水位。

2. 断面测量基本要求

（1）测量范围。大断面测量应测至历史最高洪水位以上 0.5～1.0m；漫滩较远的河流，可只测至洪水边界；有堤防的河流，应测至堤防背河侧地面为止。

（2）测量时间。大断面测量宜在枯水期单独进行，此时水上部分所占比重大，易于测量，所测精度高。水道断面测量一般与流量测验同时进行。

（3）测量次数。新设测站的基本水尺断面、测流断面、浮标断面、比降断面均应进行大断面测量。设立后对于河床稳定的测站（水位与面积关系点子偏离曲线小于±3%），每年汛期前复测一次；对河床不稳定的站，除每年汛前、汛后施测外，并应在每次较大洪峰后加测（汛后及较大洪峰后，可只测量洪水淹没部分），以了解和掌握断面冲淤变化过程。

（4）精度要求。大断面岸上部分的测量，应采用四等水准测量。施测前应清除杂草及障碍物，可在地形转折点处打入有编号的木桩作为高程的测量点。测量时前后视距不等差不超过 5m；累积差不超过 10m，往返测量的高差不符值在毫米范围内。对地形复杂的测站可低于四等水准测量。

2.5.2.2 水深测量

1. 测深垂线的布设

（1）垂线的布设原则。测深垂线的布设易均匀分布，并应能控制河床变化的转折点，使部分水道断面面积无大补大割情况。当河道有明显漫滩时主槽部分的测深垂线应较滩地为密。

（2）对测深垂线数目的规定。大断面测量水下部分最少测深垂线数目，见表 2-4。

表 2-4　　　　　　　　　　大断面测量最少测深垂线数目

水面宽/m		<5	5	50	100	300	1000	>1000
最少测深垂线数目	窄深河道	5	6	10	12	15	15	15
	宽浅河道			10	15	20	25	>25

注　水面宽与平均水深比值小于 100 为窄深河道，大于 100 为宽浅河道。

对新设站，为取得精密法测深资料，为以后进行垂线精简分析打基础，要求测深垂线数不少于规定数量的一倍。

2. 水深测量方法

根据不同的测深仪器及工作原理，可划分成以下几种形式。

(1) 测深杆、测深锤测深。

1) 测深杆测深。一个刻有读数标志的测杆，杆的下端装个圆盘。适用于水深较浅，流速较小的河流。可用船测或涉水进行。

2) 测深锤测深。用测深锤（铁砣）上在系有读数标志的测绳。该法适用于水库或水深较大但流速小的河流。

(2) 悬索测深。悬索测深，就是用悬索（钢丝绳）悬吊铅鱼，见图 2-18。测定铅鱼自水面下放至河底时，绳索放出的长度。该法适用于水深流急的河流，应用范围广泛，因此它是目前江河断面测深的主要测量方法。

图 2-18 铅鱼

在水深流急时，水下部分的悬索和铅鱼受到水流的冲击而偏向下游，与铅垂线之间产生一个夹角，称为悬索偏角，为减小悬索偏角，铅鱼形状应尽量接近流线型，表面光滑，尾翼大小适宜，要求做到阻力小、定向灵敏，各种附属装置应尽量装入铅鱼体内；同时，要求铅鱼具有足够的重量。铅鱼重量的选择：应根据测深范围内水深、流速的大小而定。对使用测船的站，还应考虑在船舷一侧悬吊铅鱼对测船安全与稳定的影响以及悬吊设备的承载能力等因素。

2.5.2.3 起点距测定

大断面和水道断面的起点距，均以高水时的断面起点桩（一般为设在岸的断面桩）作为起算零点。起点距的测定也就是测量各测深垂线距起点桩的水平距离。

2.5.3 流速观测设备

想一想：测定流速需要什么设备？

2.5.3.1 流速仪

一般常用的流速仪是转子式流速仪。转子式流速仪分为旋杯式和旋桨式。该仪器惯性力矩小，旋轴的摩阻力小，对流速的感应灵敏；结构坚固不易变形；仪器的支承及接触部分装在体壳内，能防止进水进沙，在含沙含盐的水中都能应用；结构简单，使用方便，便于拆装清洗修理；体积小，重量轻，便于携带，测速成本低，便于推广。但是，在水流含沙量较大时转轴加速、漂浮物多时易缠绕等问题难以解决。因此各国正在试验研究采用其他感应器来测速，如超声波测速法、电磁测速法、光学测速法等，这些流速仪都称为非转子式流速仪。

1. 转子式流速仪的工作原理

当流速仪放入水流中，水流作用于流速仪的感应元件（或称转子）时，由于它的迎水面的各部分受到水压力不同而产生压力差，以致形成了一转动力矩，使转子产生转动。旋杯式流速仪上下两只圆锥形杯子所受动水压力大小不同，背水杯所受水压力显然小于迎水杯的压力，所以旋杯盘呈逆时针方向旋转；旋桨式流速仪的桨叶曲面凹凸形状不同，当水流冲击到桨叶上时，所受动水压力也不同，也产生旋转力矩使桨叶转动。

流速仪转子的转速 N 与流速 V 之间存在着一定的线性关系。计算公式为

$$V = K\frac{N}{T} + C \qquad (2-3)$$

式中　V——水流速度，m/s；

　　　N——流速仪在测流 T 历时内的总转数；

　　　T——测速历时（一般不应小于100），s；

　K、C——流速仪常数（出厂时由厂家率定求得）。

经大量试验研究证明其关系相当稳定，可以通过检定水槽的实验确定。利用这一关系，在野外测量中，记录转子的转速，就可计算出水流的流速。

2. 流速仪简介

(1) 旋杯式流速仪。旋杯式流速仪（图 2-19），适用于含沙量较小的河流，转轴是垂直的，结构简单，拆装方便。

旋杯式流速仪由以下 4 部分组成。

1) 感应部分：有 6 个圆锥形旋杯，对称地固定在旋转盘上，安装在垂直的竖轴上，起感应水流作用。

2) 支承系统：将竖轴连同旋杯支承在轭架上，竖轴的下端有一顶窝，其轴承为一顶针，竖轴的全部重量支承在顶针上，由于采用轴尖轴承，减少了摩擦，故能保证转子灵活转动，稳定仪器性能。但由于顶针和顶窝安装在油室内，油室密封不好，在含沙量大，流速急的河流中，油室易进水进沙，影响仪器性能。

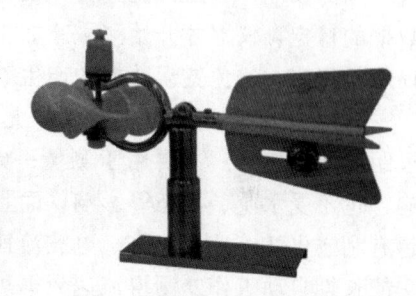

图 2-19　旋杯式流速仪

3) 信号系统：原理是电路闭合一次，输出一个电信号，信号系统是依靠一个齿轮与转轴啮合，利用蜗轮蜗杆原理，转轴转动一圈，拨动一齿，在齿轮旁有一接触丝，每 5 转与触点接触一次，输出一个电信号，触点与仪器外壳相连，接触丝与绝缘接线柱相连，电源线一端接仪器外壳，一端接绝缘柱。

4) 尾翼：是一个十字形舵，起定向、平衡作用。

(2) 旋桨式流速仪。旋桨式流速仪的旋轴是水平的，见图 2-20。旋转轴在球形轴承中转动，比较灵活，有两个桨叶，其中，1 号桨的水力螺距 25cm，适用于低速；2 号桨的水力螺距为 50cm，适用于高速。由旋转部件、身架和尾翼组成。

1) 旋转部件：旋转部件包括感应部分、支承系统和信号系统三部分。螺旋桨安装在水平转轴上，桨叶的回转直径为 120mm。支承系统由转轴和轴承组成，并配有防沙套管，以防泥沙侵入，转轴固定在身架上不动，桨叶随同轴套一起在转轴上灵活转动。信号系统利用闭合电路原理，轴套内侧有螺纹，螺纹与旋转齿轮啮合，桨叶每转动一周，螺纹拨动一齿，旋转齿轮上有 20 个齿，齿轮转动一周，电路闭合一次，输出一个电信号，代表螺旋桨旋转 20 转。

图 2-20　旋桨式流速仪

2) 身架：身架为支承仪器工作和与悬吊设备相连的部件，身架前部与旋转部件的反牙螺丝套合，构成许多曲折通道，形成迷宫，目的在于防止水沙侵入油室，身架中间的垂直孔供为安装转轴使用，上部有两个接线柱，供连接导线，后部有安装尾翼的插孔。

3）尾翼：尾翼是一个水平舵，垂直安装在身架上，作用是确定方向（正对水流）和保持仪器平衡。

（3）电波流速仪。

1）测速原理。电波流速仪是一种利用多普勒原理的测速仪器，可以称为微波多普勒测速仪。电波流速仪使用的是频率高达10GHz的微波波段，可以很好地在空气中传播，衰减较小。因此，使用电波流速仪测量流速时，仪器不必接触水体，即可测得水面流速，属非接触式测量。

2）结构和组成。电波流速仪由探测头、信号处理机、电池3部分组成。探测头上装有发射体和抛物面天线。信号处理机按照预定的设置，控制探测头发射微波，并处理接收到的发射波，计算频移f_p，再根据俯角、方位角计算出水流速度。电波流速仪具有多种自校和自我判断功能。在野外测速时，仪器能自动判反射波是否稳定和有足够强度，如能保证测得数据的稳定，仪器才开始测量。如果反射波太弱或不稳定，不能满足测量要求，仪器会自动提示使用者，避免错误数据的产生。

3）特点和应用。电波流速仪是非接触式流速仪，它的最重要特点是可以不接触水体，远距离测量流体。主要用于测量一定距离外的水面流速，测速时不受水面、水内漂浮物影响，也不受水质、流态等影响，而且流速越快，漂浮物越多，波浪越大，反射信号就越强，越有利于电波流速仪工作。电波流速仪最适用于巡测、桥测，是高洪测流的一种方式。由于它能长期自动工作，测得流速数据可以自动输出，所以如果需要自动测量水面上的点流速，该方式是一种不错的选择。

国外的电波流速仪发展很快，一些产品可以自动测得俯角，也有扫描式的产品，扩大了自动测速的功能。在河流流速测量中，国外也在试用扫描式电波流速仪，可以固定安装在岸上，甚至装置直升机上进行水面流速自动测量。

2.5.3.2 流速仪的安装与保养

正确地使用与保养流速仪，对测速成果质量和仪器的使用寿命都有很大影响，测流人员必须对此给予足够的重视。

1. 测流仪的安装

（1）旋桨式流速仪的安装。

1）打开仪器箱盖，拨开转动部分的压栓，轻轻取出身架部件。

2）拧松身架侧面的固轴螺丝，取出旋桨部件。

3）向身架腔注仪器油，油量为孔高的1/3。

4）将旋转部件插入身架孔中，使前轴套与身架之间保持0.3～0.4mm的间隙。一般只要把旋桨部件插入到底即可。如果间隙太小，有磨边现象，则应把旋桨部件稍拔出一些。待调整正确后，即可把固轴螺丝固紧。固紧螺丝时应注意勿用力过猛，以免顶斜旋轴。

（2）旋杯式流速仪的安装。

1）打开仪器箱盖，手持轭架取出仪器。

2）松开轭架顶螺丝，卸下旋盘固定器。

3）在顶头内注满仪器油，装上顶针，调好旋盘轴向间隙固紧轭架顶螺丝。旋盘轴向间隙为0.03～0.08mm，手感旋盘沿轴向有轻微活动间隙即可。

4）装上尾翼，将平衡锤调节在适当位置固紧，使仪器在水中保持水平。

2. 流速仪养护的一般规则

小心地使用和仔细地养护，可保证流速仪正常地、可靠地工作，并且获得可靠的流量资料，为此应符合下列规定：

（1）仪器及全部附件应完全良好和清洁地保存在仪器箱内，并放置在干燥、通风的房间柜中。

（2）拆卸、清洗及安装仪器以前，必须通晓仪器的结构和拆洗方法。

（3）仪器各部分均不能任意碰撞，旋杯、旋桨、旋轴、轭架等尤须注意。

（4）顶针、顶窝、球轴承等易锈零件，必须经常加仪器油。

（5）仪器油使用 HY—8（8号仪器油），不得任意改用其他黏度的油类。

（6）仪器安装好后，要轻提轻放，防止快速空转，以保证其性能稳定。

（7）仪器工作完毕出水后，应立即就地用干毛巾擦干水分。如仪器上有污物或泥沙，要先用清水冲洗干净，然后擦干。卸成原来的各部件，妥善地安置在仪器箱内指定的位置。旋杯式流速仪要把顶针卸下，转上旋盘固定器。

（8）关闭箱盖时，务必小心，不宜过猛。如遇关闭不平服时，应立即检查内部安放情况，决不可硬压。

（9）仪器长期储藏不用时，易锈部件（如轴承、顶针等）必须涂以黄油保护。

3. 仪器的检查与检定

新领到或检定回来的仪器，应当进行全面检查，特别要注意有无检定公式、检定书号码与仪器号码是否一致、部件是否齐全、旋转是否灵敏、信号是否正常等。

灵敏度的试验，就是将仪器按规定装好后，手持仪器身架，吹动旋桨（旋杯），观察其转动情况。如果启动灵活停止徐缓，没有跳动或突然停止现象，说明灵敏度正常，如发现仪器运转不正常时，应对有关部件进行检查，重新安装或拆洗，必要时做简单修理。如故障较重时，需送交检修站维修。

流速仪使用时间过长或有损坏，为保证流速公式的可靠性，必须进行检定。一般情况下，流速仪发生下列问题之一时应停止使用，进行检定：

（1）旋转不灵。

（2）旋转部件变形。

（3）轴承锈蚀严重或顶针、顶窝有显著磨损。

（4）仪器使用中实测流速超过允许的最大流速范围。

（5）经与性能好的仪器比测，确认误差过大的。

（6）正常使用2~3年的（有效工作时间300h）。

2.5.4 流速仪测流

想一想：流速仪测定流速的方法是什么？

2.5.4.1 基本方法

流速仪测流，在不同情况或要求下，可采用不同的方法。其基本方法，根据精度及操作繁简的差别分为精测法、常测法和简测法。

1. 精测法

精测法是在断面上用较多的垂线，在垂线上用较多的测点，而且测点流速要用消除脉动影响的测量方法。用以研究各级水位下测流断面的水流规律，为精简测流工作提供依据。

2. 常测法

常测法是在保证一定精度的前提下，在较少的垂线、测点上测速的一种方法。此法一般以精测资料为依据，经过精简分析，精度达到要求时，即可作为经常性的测流方法。

3. 简测法

在保证一定精度的前提下，经过精简分析，用尽可能少的垂线、测点测速的方法叫简测法。在水流平缓，断面稳定的渠道上可选用单线法。

2.5.4.2 测线布设

测流断面上测深、测速垂线的数目和位置，直接影响过水断面积和部分平均流速测量精度。因此在拟订测线布设方案时要进行周密的调查研究。

国际标准规定，在比较规则整齐的渠床断面上，任意两条测深垂线的间距，一般不大于渠宽的 1/5，在形状不规则的断面上其间距不得大于渠宽的 1/20。测深垂线应分布均匀，能控制渠床变化的主要转折点。一般渠岸坡脚处、水深最大点、渠底起伏转折点等都应设置测深垂线。

2.5.4.3 断面测量

断面测量包括测线间距（部分宽）测量和水深测量。在测桥上测流时测线间距一般在布置测线时设置固定标志，其间距均事先测出，测流时只需测量水边宽度。缆道测流时，测线间距是由循环索控制，水文绞车计数器显示的，因此计数器的读数与循环索的行进距离之间的比例应率定准确。

水深测量多用悬索或测杆直接观读。用悬索测深时，由于水流的冲击作用，入水后悬索向下游偏斜，一般偏角不大时，将湿绳长度视为水深，若偏角大于 10°时则需修正湿绳长度后才得水深值。

用测杆测水深时，往往有壅水现象，因此要修正壅水影响的水深误差。即在观读水深时，减去壅水高度。在混凝土衬砌的断面上测流，水深测量应注意测杆底盘下面一段尖端的高度，根据分化刻度的起始位置，进行相应的处理。无论使用何种测具测量水深，测量时都应保持垂直状态。

2.5.4.4 流速测量

1. 一点法

施测垂线上一个点的流速，代表垂线的平均流速。测点设在自水面向下计算垂线水深的 6/10 处（即 0.6D）。将流速仪悬吊在该点，实测的流速就是这条垂线的垂线平均流速：

$$V_M = V \qquad (2-4)$$

2. 二点法

测速点设在水面以下 0.2 相对水深及 0.8 相对水深处，两点的测点流速的平均值即为垂线平均流速：

$$V_M = \frac{V_{0.2} + V_{0.8}}{2} \qquad (2-5)$$

3. 三点法

测速点设在水面下 0.2、0.6、0.8 相对水深处，三个测点流速的平均值或加权平均值即为垂线平均流速：

$$V_M = \frac{V_{0.2} + V_{0.6} + V_{0.8}}{3} \qquad (2-6)$$

4. 五点法

测点设在水面（在水面以下 5cm 左右处施测，以不露仪器的旋转部件为准）0.2、0.6、0.8 相对水深处及渠底（离开渠底 2～5cm）。各测点流速的加权平均值即为垂线平均流速：

$$V_M = \frac{V_{0.0} + 3V_{0.2} + 3V_{0.6} + 2V_{0.8} + V_{1.0}}{10} \qquad (2-7)$$

施测中，具体采用几点法，要根据垂线水深来确定。一般地说多点法较少点法更精确一些，但垂线上流速测点的间距，不宜小于流速仪旋桨或旋杯的直径。为了克服流速脉动的影响，每个测点的测速历时均应在 100s 以上。表 2-5 给出了不同水深测速方法的选择参考标准。

表 2-5 不同水深的测速方法

总干渠、干渠、分干渠	水深/m	>3.0	1.0～3.0	0.8～1.0	<0.8
	测速方法	五点法	三点法	二点法	一点法
支渠、斗渠、农渠	水深/m	>1.5	0.5～1.5	0.3～0.5	<0.3
	测速方法	五点法	三点法	二点法	一点法

2.5.4.5 断面流量计算

断面流量计算一般采用平均分割法。计算步骤如下：

（1）计算测点流速。根据施测记录的转数和历时，按流速公式 $V = K\dfrac{N}{T} + C$，计算测点流速。

（2）计算垂线平均流速。根据实测情况，按垂线平均流速的计算方法，求出各测线的垂线平均流速：V_{m1}、V_{m2}…$V_{m(n-1)}$。

（3）计算部分平均流速。部分平均流速就是相邻两条测线的垂线平均流速的平均值：

$$V_i = \frac{1}{2}(V_{m,i-1} + V_{m,i}) \qquad (2-8)$$

岸边部分面积的平均流速可由紧靠岸边一条垂线平均流速乘以岸边流速系数 α 求得。例如 $V_1 = \alpha V_{m,1}$，岸边流速系数 α，与渠道的断面形状、渠岸的糙率、水流条件等有关。合理地选取 α 值，对提高流量施测精度有显著影响。α 值可以通过实测确定。斜坡岸边为 0.7；不平整岸边为 0.8；光滑陡岸为 0.9；死水边为 0.6。

（4）计算部分面积。岸边部分按照三角形计算，中间部分按照梯形计算，若岸边有死水，则部分面积只能算到死水边。

（5）计算部分流量。由每块部分面积乘以该面积上对应的部分平均流速即得部分流量。

（6）计算断面流量、断面面积及断面平均流速。断面流量为断面上各部分流量之和。断面面积为各部分面积之和。断面流量除以断面面积即为断面平均流速。

【**例 2-1**】 某站施测流量，岸边系数 α 取 0.7，按以上方法计算，成果见表 2-6。

表 2-6　　　　　　　　　某站测深测速记载及流量计算表

垂线号数		起点距 /m	水深 /m	流速仪位置		流速记录		流速/(m/s)			测深垂线间			部分流量 /(m³/s)
测深	测速			相对	测点深 /m	历时 T /s	转数 N	测点	垂线 平均	部分 平均	间距 /m	平均 水深 /m	部分 面积 /m²	
左水边		10.0	0							0.69	15	0.5	7.50	5.18
1	1	25.0	1.00	0.6	0.60	125	480	0.99	0.99	1.04	20	1.4	28.00	29.12
2	2	45.0	1.80	0.2	0.36	116	560	1.24	1.10					
				0.8	1.44	128	480	0.97		1.17	20	2.00	40.00	46.80
3	3	65.0	2.21	0.2	0.44	104	560	1.38	1.24					
				0.6	1.33	118	570	1.24		1.14	15	1.90	35.25	40.18
				0.8	1.77	111	480	1.11						
4		80.0	1.60								5	1.35		
5	4	85.0	1.10	0.6	0.66	110	440	1.03	1.03	0.72	18	0.55	9.90	7.13
右水边		103.0	0											
断面流量　128m³/s				断面面积　120.7m²				平均流速　1.06m/s			水面宽　93.0m		平均水深1.30m	

任务2.6　泥　沙　测　验

学习指导

目标：1. 了解泥沙测验的意义。
　　　　2. 掌握河流泥沙的分类。
　　　　3. 熟悉含沙量的测量。
　　　　4. 熟悉输沙率的测量。

重点：1. 河流泥沙的分类。
　　　　2. 悬移质泥沙采样器。
　　　　3. 含沙量。
　　　　4. 输沙率。

2.6.1　泥沙测验的认识

想一想：泥沙有哪几种分类？

1. 泥沙测验的意义

河流中携带不同数量的泥沙，泥沙淤积河道。河床逐年提高，容易造成河流的泛滥和游荡，给河道治理带来很大的困难。黄河因含沙量大，下游泥沙的长期沉积形成了举世闻名闻名的"悬河"，这正是水中含沙量大所致；水库的淤积缩短了工程寿命，降低了工程的防洪、灌溉、发电能力；泥沙还可以加剧水力机械和水工建筑物的磨损，增加维修和工程造价的费用等。泥沙也有其有利的一面，粗颗粒是良好的建筑材料；细颗粒泥沙进行灌溉，可以改良土壤，使盐碱沙荒变为良田；抽水放淤可以加固大堤，从而增强抗洪能力等。

对一个流域或一个地区，为了达到兴利除害的目的，就要了解泥沙的特性、来源、数量及其时空变化，为流域的开发和国民经济建设，提供可靠的依据。为此，必须开展泥沙测验工作，系统地搜集泥沙资料。

2. 河流泥沙的分类

泥沙分类形式很多，这里主要从泥沙测验方面来讲，主要考虑泥沙的运动形式和在河床上的位移。

河流泥沙按其运动形式可分为悬移质、推移质、河床质。悬移质是指悬浮于水中，随水流一起运动的泥沙；推移质是指在河底床表面，以滑动、滚动或跳跃形式前进的泥沙；河床质是组成河床活动层处于相对静止的泥沙。

河流泥沙按在河床中的位置可分为冲泻质和床沙质。冲泻质是悬移质泥沙的一部分，它由更小的泥沙颗粒组成，能长期地悬浮于水中而不沉淀，它在水中的数量多少，与水流的挟沙能力无关，只与流域内的来沙条件有关；床沙质是河床质的一部分，与水力条件有关；当流速大时，可以成为推移质和悬移质，当流速小时，沉积不动成为河床质。

因为泥沙运动受到本身特性和水力条件的影响，各种泥沙之间没有严格的界限。当流速小时，悬移质中一部分粗颗粒可能沉积下来成为推移质或河床质。反之，推移质或河床质中的一部分在水流的作用下悬浮起来起成为悬移质。随着水力条件的不同，它们之间可以相互转化，这也是泥沙治理困难的关键所在。

河流泥沙测验的内容包括悬移质、推移质的数量和颗粒级配，以及河床质的颗粒级配。

3. 河流泥沙的脉动现象

与流速脉动一样，泥沙也存在着脉动现象，而且脉动的强度更大。在水流稳定的情况下，断面内某一点的含沙量是随时间在变化的，它不仅受流速脉动的影响，而且还与泥沙特性等因素有关。横式（属于瞬时式）采样器测得的含沙量有明显的脉动现象，变化过程呈锯齿形。而真空抽气式（属积时式）采样器含沙量变动不太大，长时间的平均值稳定在某一数值上，即时均值是一个定值。

据研究，河流泥沙脉动强度与流速脉动强度及泥沙特性等因素有关，且大于流速脉动计和制造时，必须充分考虑。

2.6.2 悬移质泥沙测验仪器及使用

想一想：悬移质泥沙采样器有什么要求？

2.6.2.1 悬移质泥沙采样器的技术要求

（1）仪器对水流干扰要小。仪器外形应为流线型，器嘴进水口设置在扰动较小处。

（2）尽可能使采样器进口流速与天然流速一致。当河流流速小于 5m/s 和含沙量小于 30kg/m³ 时，管嘴进口流速系数为 0.9~1.1 的保证率应大于 75%，含沙量为 30~100kg/m³ 时，管嘴进口流速系数为 0.7~1.3 的保证率应大于 75%。

（3）采取的水样应尽量减少脉动影响。采取的水样必须是含沙量的时均值，同时取得水样的容积还要满足室内分析的要求，否则就会产生较大的误差。

（4）仪器能取得接近河床床面的水样，用于宽浅河道的仪器，其进水管嘴至河床床面距离宜小于 0.15m。

（5）仪器应减少管嘴积沙、器壁黏沙。

（6）仪器取样时，应无突然灌注现象。

（7）仪器应具备结构简单、部件牢固、安装容易、操作方便，对水深、流速的适应范围广等特点。

2.6.2.2 常用采样器结构形式、性能特点及采样方法

1. 横式采样器

横式采样器属于瞬时采样器，如图 2-21 所示。器身为一圆管制成，容积为 500～3000mL，两端有筒盖，筒盖关闭后，仪器密封。取样时张开两盖，将采样器下放至测点位置，水样自然地从筒内流过，操纵开关，开关形式有拉索、锤击和电磁吸闭 3 种。

横式采样器的优点是仪器的进口流速等于天然流速，结构简单，操作方便，适用于各种情况下的逐点法或混合法取样。其缺点是不能克服泥沙的脉动影响，且在取样时，严重干扰天然水流，采样器关闭时影响水流，加之器壁黏沙，使测取的含沙量系统偏小，据有关单位试验，具偏小程度为 0.41%～11.00%。

取样方法：横式采样器主要应考虑脉动影响和器壁黏沙。在输沙率测验时，因断面内测沙点较多，脉动影响相互可以抵消，故每个测沙点只需取一个水样即可。在取单位水样含沙量时，采用多点一次或一点多次的方法，总取样次数应不少于 2～4 次。所谓多点一次是指在一条或数条垂线的多个测点上，每点取一个水样，然后混合在一起，作为单位水样含沙量。一点多次是指在某一固定垂线的某一测点上，连续测取多次混合成一个水样，以克服脉动影响。为了克服器壁黏沙，在现场倒过水样并量过容积后，应用清水冲洗器壁，一并注入盛样筒内。采样器采取的水样应与采样器本身容积一致，其差值一般不得超过 10%，否则应废弃重取。

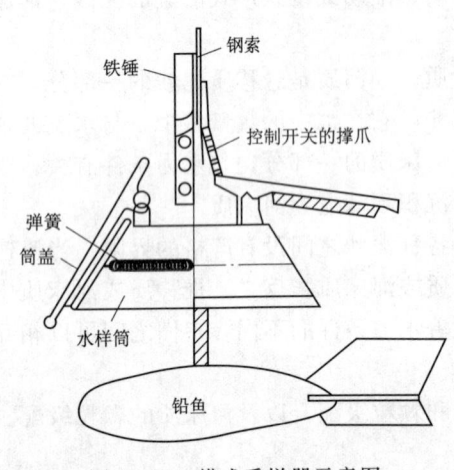

图 2-21 横式采样器示意图

2. 普通瓶式采样器

普通瓶式采样器，如图 2-22 所示，是使用容积为 500～2000mL 的玻璃瓶制成，瓶口加有橡皮塞，塞上装有进水管和出水管，调整进水管和出水管出口的高差 ΔH，选用粗细不同进水管和出水管，可以调整进口流速。采样器最好设置有开关装置，否则不适于逐点法取样。瓶式采样器结构简单，操作方便，属于积时式的范畴，可以减少含沙量的脉动影响。

由于取样器内部压力小于外部压力，在打开进水口和排水口的瞬间，进水口和排水口都迅速进水，出现突然灌注现象。在这一极短的时段内，进口流速比天然流速大得多。进入取样器的水样含沙量，与天然情况差别很大，这种误差水深越大，误差越大。所以该仪器不宜在较大水深中使用。该仪器仅使用于水深为 1.0～5.0m 双程积深和手工操作取样。

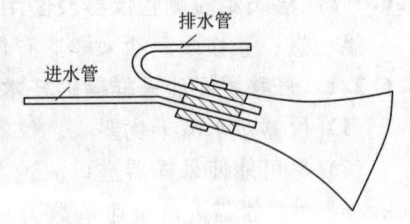

图 2-22 普通瓶式采样器示意图

2.6.3 悬移质泥沙测验

想一想：含沙量是如何进行测量的？

悬移质悬浮于水中并随水流运动，水流不停地把泥沙从上游输送到下游。描述河流中悬移质的情况，常用的两个定量指标是含沙量和输沙率。单位体积内所含干沙的质量，称为含沙量，用 ρ 表示，单位为 kg/m^3。

单位时间流过河流某断面的干沙质量，称为输沙率，以 Q_s 表示，单位为 kg/s。断面输沙率是通过断面上含沙量测验配合断面流量测量来推求的。

2.6.3.1 含沙量的测验

悬移质含沙量测验的目的是推求通过河流测验断面的悬移质输沙率及其随时间的变化过程。含沙量测验，一般需要采样器从水流中采集水样。如果水样是取自固定测点，称为积点式取样；如取样时，取样瓶在测线上由上到下（或上、下往返）匀速移动，称为积深式取样，该水样代表测线的平均情况。

采用横式采样器或瓶式采样器等方式取得的水样，都要经过量积、沉淀、过滤、烘干、称重等手续，才能得出一定体积浑水中的干沙重量。水样的含沙量可按下式计算：

$$\rho = \frac{W_s}{V} \tag{2-9}$$

式中 ρ——水样含沙量，g/L 或 kg/m^3；

W_s——水样中的干沙重量，g 或 kg；

V——水样体积，L 或 m^3。

2.6.3.2 输沙率测验

1. 输沙率的计算

单位时间内流过河流断面的泥沙重量称为输沙率，以 Q_s 表示，单位以 t/s 计。二者的关系可表示为

$$Q_s = \rho Q \cdot 10^{-3} \tag{2-10}$$

式中 ρ——断面平均含沙量（称断沙）。

有了垂线上各测点的含沙量，可用各相应点的流速加权计算垂线平均含沙量 ρ_m，含沙量的测点数一般和测速点数相同，如用三点法，则

$$\rho_m = \frac{\rho_{0.2} v_{0.2} + \rho_{0.6} v_{0.6} + \rho_{0.8} v_{0.8}}{v_{0.2} + v_{0.6} + v_{0.8}} \tag{2-11}$$

式中 $\rho_{0.2}$、$\rho_{0.6}$、$\rho_{0.8}$——0.2 相对水深、0.6 相对水深、0.8 相对水深处各测点的含沙量。

断面输沙率 Q_s 的计算方法，与流速仪法测流时计算流量的方法类似。先根据相邻垂线平均含沙量求出部分面积平均含沙量，再与相应部分面积的流量相乘，即得部分面积的输沙率，最后累加得断面输率 Q_s。其公式为

$$Q_s = \frac{1}{1000} \left(\rho_{m1} q_0 + \frac{\rho_{m1} + \rho_{m2}}{2} q_1 + \cdots + \frac{\rho_{mn-1} + \rho_{mn}}{2} q_{n-1} + \rho_{mn} q_n \right) \tag{2-12}$$

式中 ρ_{m1}、ρ_{m2}、$\cdots$、ρ_{mn}——各条取样垂线的垂线平均含沙量，kg/m^3；

q_0、q_1、$\cdots$、q_n——以取样垂线分界的部分面积上的部分流量，m^3/s。

2. 输沙量的计算

（1）日平均输沙率的计算。平水时期，流量和含沙量变化均匀，一般一日取一次单沙，由逐日的单沙通过单断沙关系，可求出逐日断面平均含沙量，再乘以相应的日平均流量，即得各日平均输沙率。洪水时期，河流含沙量和流量变化剧烈时，可每日取数次代表点水样测

出单沙，由单断沙关系求出各测次的断沙，乘以相应的断面流量，得出各测次的断面输沙率，根据一日内输沙率变化过程用面积包围法可求得日平均输沙率。

（2）年输沙量的计算。用日平均输沙率乘以一日的秒数得日输沙量，全年各日输沙量之和为年输沙量。

（3）多年平均年输沙量的计算。当河流设计站具有长期悬移质泥沙观测资料时，可直接取各年输沙量的算术平均值作为多年平均年输沙量。当河流泥沙资料不充足时，可先利用河流年径流量或汛期径流量与年输沙量的相关关系，设法插补延长泥沙资料系列，然后再计算多年平均输沙量。如果设计站缺乏实测泥沙资料，可通过当地的多年平均年侵蚀模数（一定时段内单位流域面积的输沙量）分区图查得设计流域的多年平均年侵蚀模数，乘以设计流域的流域面积来估算多年平均年输沙量。也可以选择某参证流域，用水文比拟法估算。

分析计算悬移质多年平均年输沙量的目的，在于预估未来工程运用期间的河流来沙量，为水利水电工程规划设计提供有关泥沙数量的资料。

任务2.7　水文资料的间接收集

学习指导

目标：1. 掌握水文调查的方式。
　　　　2. 熟悉水位流量关系曲线的绘制。
　　　　3. 熟悉水文年鉴、水文数据库和水文手册的内容。

重点：1. 水位流量关系。
　　　　2. 洪峰流量。
　　　　3. 水文年鉴。

2.7.1　水位流量关系

想一想：水位与流量的关系是什么样的？

反映河道水流大小的水文要素经常处于变化之中，水位变化是现象，流量变化是本质。水位流量之间存在着必然的内在联系。水位观测比较容易，每年可以实测出反映水情变化的水位过程线（自记水位计更是如此）；而流量测验（流速面积法）则比较麻烦，一般水文站每年测流次数少则几十次，多则一二百次，很难据此掌握全年流量的连续变化过程。所以建立水位流量关系曲线（即基本水尺断面水位与通过该断面流量之间的关系曲线），就可以用实测水位间接求得相应的流量。

2.7.1.1　水位流量关系曲线的绘制

水位流量关系曲线是根据每年实测流量成果及同时观测的水位，以水位为纵坐标、流量为横坐标在方格纸上点绘的曲线。水位流量关系有以下两种情况。

1. 稳定的水位流量关系曲线

对于河床稳定，测站控制性能良好的情况下，河道的水流状态比较平稳，水位流量关系点群呈单一密集的带状分布，有明显的规律性，可以通过点群中心定出单一的水位流量关系曲线，并可同时绘出水位面积和水位流速关系曲线。同水位下的流量应等于面积与断面平均流速的乘积，即 $Q=Fv$，如图2-23所示。

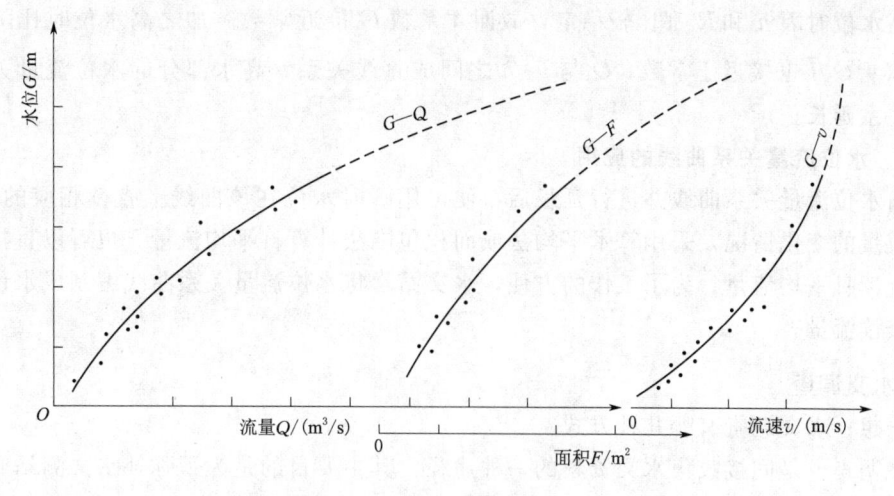

图 2-23 稳定的水位流量关系

2. 不稳定的水位流量关系曲线

天然河道中，往往由于河床冲淤、洪水涨落、变动回水等因素的影响，使点绘的水位流量关系点分布散乱，呈非单一密集带状，同一水位对应的流量不止一个，无法定出单一曲线（或直线）。如当河床冲淤时，会使同一水位下的过水面积发生变化，流量也随之变化，水位流量关系点据将偏离稳定的曲线。而当受洪水涨落影响时，水面比降发生变化，水位流量关系曲线呈涨水偏向右边、落水偏向左边的逆时针绳套形。当受变动回水影响时，因受回水顶托使水面比降发生变化，水位流量关系曲线系统偏向原稳定曲线的左边，等等。在这些情况下，需找出各种影响因素，分别加以处理和修正，方能定出不稳定的水位流量关系曲线。

2.7.1.2 水位流量关系曲线的延长

由实测水位流量资料绘制的水位流量关系曲线的实测点据多为中、低水位情况，因为中低水位出现时间长，易于施测，但工程设计水位往往都超过了实测水位点据的分布区间，需要加以延长才能满足工程应用。

水位流量关系曲线的延长，主要是向高水位方向的延长，通常规定其延长的水位幅度应小于实测水位变幅的 30%。

1. 根据水位面积、水位流速关系曲线作高水位延长

对于河床比较稳定的测站，水位面积、水位流速关系点子常较为集中，曲线的趋势明显。可先将水位面积曲线和水位流速关系曲线按趋势延长。然后取同一水位下的过水面积和断面平均流速，按 $Q=Fv$ 计算流量，将水位流量关系曲线延长。

2. 用水力学公式作高水曲线延长

水力学的谢才公式为

$$Q=CF\sqrt{RI} \tag{2-13}$$

可改写成 $Q=C\sqrt{I}F\sqrt{R}$ 当水面很宽时，水力半径近似地等于平均水深 h，即 $R=h$，同时令 $K=C\sqrt{I}$，则

$$Q=KF\sqrt{h} \tag{2-14}$$

在高水位时因 n 和 R 都比较稳定，故谢才系数 C 接近常数。加之高水位时比降变化不大，故 $K=C\sqrt{I}$ 也接近于常数，Q 与 $F\sqrt{h}$ 之间成直线关系，高水部分的水位流量关系可根据这一关系延长。

2.7.1.3 水位流量关系曲线的应用

绘出水位流量关系曲线并进行延长后，便可用瞬时水位在该曲线上查读相应的瞬时量，并按日流量的变化情况，采用算术平均法或面积包围法计算日平均流量。也可以直接用日平均水位查读日平均流量。为了工作的方便，水文站常将水位流量关系曲线编制成水位流量关系表来查读流量。

2.7.2 水文调查

想一想：水文调查有哪几种方式？

水文调查也是间接收集水文资料的一种途径，其主要目的是为了弥补水文测站实测资料的不足。水文调查可分为洪水调查、暴雨调查和枯水调查。

2.7.2.1 洪水调查

洪水调查就是对河流在设站以前发生的历史大洪水进行调查，推算出各场特大洪水的洪峰流量或其数量级别，为设计洪水的计算提供重要的信息。

1. 洪水调查的内容及方法

洪水调查的内容主要包括：收集流域的有关基本资料，如地形图、河道纵横断面图等，有可能的，还应收集航测照片、卫星照片、沿河水准点的高程和位置，查阅历史文献，了解历史上发生洪水的资料如年代、大小、顺序等情况；明确任务，确定调查原则，准备必要的仪器工具和用品，拟订调查计划。洪水调查方法根据调查目的和要求的不同有所不同，主要有群众走访和文献查阅及野外调查与测量。具体的工作有，①河道踏勘：应选择顺直河道，有古庙等古建筑物、卡口陡坡等处，因这些地方可能留有较可靠的洪水痕迹；②深入调查，确定洪水痕迹；共同回忆，相互启发，询问当地的老居民，指认历史上出现过的洪水痕迹；③测量工作：对调查到的洪水高程及其所在河道横断面、河段纵断面图等进行实地测绘；④对有价值的资料，如洪痕、文献和文物、河道地形、地势等，进行摄影并附以简要说明。最后对调查洪水发生的时间和各次历史洪水的排位，进行调查论证，予以确定。

2. 洪峰流量的推算

若调查洪水痕迹附近有水文站，可利用水文站的实测水位流量关系曲线，作高水延长，由洪痕对应水位在水位流量关系曲线上查出相应的洪峰流量。

2.7.2.2 暴雨调查

在以降水为洪水成因的地区，洪水的大小总是与暴雨的大小相联系的。暴雨的调查资料往往对洪水调查结果起旁证的作用。历史上的暴雨，由于雨量站缺乏或稀少，必须通过暴雨调查，了解和掌握历史暴雨的情况。在一些处于特大暴雨地区的雨量站，因为雨大势急，常不能按正常的规定观测和记录，情节严重的甚至使仪器损坏，记录中断，资料损失。基于上述情况，随时开展暴雨调查工作，是不可缺少的。

暴雨调查分历史暴雨调查和现代暴雨调查两种情况。历史大暴雨年代久远，难以调查到确切的数量。一般参考历史文献的记载和群众的回忆，或以近期的某场暴雨作对比分析，估算出暴雨的量级和大致范围。对近期暴雨，当地区观测资料不足时，可根据群众对当时雨势的描述，如池塘、洼地、露天水缸的蓄满情况等，进行实际测量。对已记录的资料应进行复核，对降水的时空分布也需作出估计。

2.7.2.3 枯水调查

枯水时的水位和流量资料，对灌溉、水力发电、航运、给水等工程的规划设计和管理工作都是不可缺少的。

枯水调查与洪水调查同时进行，基本方法也相似。但历史枯水一般很难找到其痕迹，比历史洪水调查更困难。调查时可在渡口、水井处了解历史上的干旱情况，作为估算最枯水位和流量时的参考。当前的枯水调查可结合抗旱、灌溉用水调查进行，需调查河道是否干涸断流、发生的时间和持续天数。

2.7.3 《水文年鉴》《水文数据库》和《水文手册》（图集）

想一想：水文资料的成果都以什么形式呈现？

2.7.3.1 《水文年鉴》

国家基本水文站网历年测验整编的水文资料成果，按照统一的格式和规定，由主管单位逐年成册刊为《水文年鉴》。

《水文年鉴》主要内容有：①水文年鉴卷册索引图；②资料说明部分，其中包括水位和水文站一览表、降水量和水面蒸发量测站一览表以及水位和水文站测站分布图、降水量和水面蒸发量测站分布图等；③正文部分，有水位、流量、泥沙、水温、冰凌、水化、降水、水面蒸发等资料，如逐日平均水位表、逐日平均流量表、实测流量成果表和洪水水文要素摘录表等。

通常《水文年鉴》作为内部资料发行至各级水利机构、教学和科研单位。各地水文部门还将水文特征值摘录并汇编成《水文特征值统计资料》，使查用更为方便。

2.7.3.2 《水文数据库》

我国的《水文年鉴》发行工作至20世纪80年代末基本停止，以后各省、市、自治区都在建立自己的水文资料数据库，并逐步实施全国联网，作为面向社会的水文资料查询系统。

我国《水文数据库》由基本水文数据库和若干专用数据库组成，并用网络联结成分布式系统。一级节点库是中央一级的国家节点库，设于水利部水利信息中心。二级节点库是分设于流域水文部门和省、自治区、直辖市水文水资源勘测局的区域性节点库。三级节点库是设于省、自治区、直辖市水文分局（勘测大队）的局部网络节点，负责各测站原始水文数据的收集、处理和存储等。

2.7.3.3 《水文手册》（图集）

从《水文年鉴》和《水文数据库》中只能查到基本测站所观测的各项水文要素资料，而水文测站在面上的布设密度是有限的，必然有相当多的河段和支流上无水文测站，因此，小河流上水电工程的规划设计常遇到水文资料欠缺的情况。为此，各省、自治区、直辖市水利部门在分析综合历年区域性水文资料的基础上，找出水文特征值的地区变化规律，用等值线图、经验公式或表格等形式表示出来，编印成本省、自治区、直辖市的《水文手册》（图集）。这些手册（图集）的内容主要包括：①本区自然地理和气候资料；②降水、径流、暴雨、洪水、泥沙、水质、地下水、冰情等水文要素特征值的统计表和等值线图、分区图；③计算各种水文要素特征值和设计值所需要的经验公式、关系曲线；④附有计算方法和算例等。利用这些手册（图集），可以估算出无实测水文资料流域的水文特征值。在使用这些手册（图集）时，应注意所用资料的年限，并结合实际情况，作必要的修正。

练一练：
一、填空题
1. 根据测站的性质和作用，水文测站可以分为＿＿＿＿、＿＿＿＿、＿＿＿＿。
2. 使用量雨杯观测降水量时，应使量雨杯处于铅直状态，读数时视线与＿＿＿＿平齐，观读至量雨杯的最小刻度，并立即记入观测记载簿与观测时间相应的降水量栏。
3. 我国常用的流速仪有＿＿＿＿、＿＿＿＿两种。
4. 观测流量的方法可以分为＿＿＿＿、＿＿＿＿、＿＿＿＿和物理法。
5. 雨量器是直接观测降水量的器具，它由＿＿＿＿、＿＿＿＿、＿＿＿＿和雨量杯组成。
6. 资料的审查符合＿＿＿＿、＿＿＿＿、＿＿＿＿等三个性质。
7. 水文调查可以分为＿＿＿＿、＿＿＿＿、＿＿＿＿。
8. 泥沙按照运动形式可以分为＿＿＿＿、＿＿＿＿、＿＿＿＿。
9. 断面测量需要测量＿＿＿＿、＿＿＿＿。
10. 水位＝＿＿＿＿＿＿＿＿＿＿＿＿＿
11. 水位的直接观测设备有直立式水尺、＿＿＿＿、＿＿＿＿、＿＿＿＿。

二、选择题
1. 比降-面积法测流属于（　　）法。
   A. 水力学　　B. 面积-流速　　C. 物理　　D. 积宽
2. 按目的和作用，水文测站分为（　　）站、试验站、专用站和辅助站。
   A. 水文　　B. 水位　　C. 雨量　　D. 基本
3. 某垂线用五点法测得流速分别为 $V_{0.0}=0.58\text{m/s}$，$V_{0.2}=0.58\text{m/s}$，$V_{0.6}=0.55\text{m/s}$，$V_{0.8}=0.48\text{m/s}$，$V_{1.0}=0.36\text{m/s}$，则其垂线平均流速 $V_m=$（　　）。
   A. 0.51m/s　　B. 0.52m/s　　C. 0.53m/s　　D. 0.55m/s
4. 雨量器和自记式雨量计的承雨器口内径采用（　　）。
   A. 200mm　　B. 240mm　　C. 300mm　　D. 400mm
5. 观测水位记录用笔为（　　）。
   A. 油笔　　B. 钢笔　　C. 铅笔　　D. 碳素笔
6. 降水量的日分界时间是（　　）。
   A. 0时　　B. 8时　　C. 12时　　D. 2时
7. 单个流速测点上的测速历时一般采用（　　）。
   A. 30s　　B. 60s　　C. 100s　　D. 20s
8. 河流断面应根据水面宽度布设采样垂线，水面宽50～100m，应设（　　）条垂线。
   A. 1　　B. 2　　C. 3　　D. 4
9. 每年用水准议或水准尺检查自记雨量计（　　）时是否水平1～2次。
   A. 储水瓶　　B. 自记钟　　C. 承雨器口面　　D. 浮子
10. 浮标法测流属于（　　）法。
    A. 水力学　　B. 面积-流速　　C. 物理　　D. 积宽

三、简答题
1. 流速仪的工作原理是什么？

2. 什么是水文测站，水文测站分为那几类？
3. 什么是水位，水位观测的目的及影响水位变化的因素有哪些？
4. 什么是基面、标准基面，我国采用的标准基面是？
5. 水位观测直接观测有哪些？
6. 什么是日平均水位，有哪些算法，及其适用条件？
7. 断面测量的内容和要求是？
8. 水深测量有哪些要求和方法？
9. 水深测量有哪些方法，适用条件是？
10. 测速的方法有哪些？
11. 泥沙测验的意义是什么？
12. 悬移质泥沙采样有哪些要求？
13. 水位资料整编的工作内容有哪些？
14. 为什么要进行流量资料合理性检查？
15. 洪水调查的具体工作包括什么？

四、计算题

某站测流，沿河宽设 4 条垂线，有关数据见表 2-7，岸边系数 $\alpha=0.7$。请绘制测流断面示意图，并完成及流量计算。

表 2-7　　　　　　测深测速记载及流量计算表

施测时间：2015 年 5 月 10 日 8 时 00 分至 8 时 20 分　　流速仪牌号及公式：LS68 型 $v=0.692N/T+0.013$

垂线号数 测深	垂线号数 测速	起点距 /m	水深 /m	流速仪位置 相对	流速仪位置 测点深 /m	流速记录 历时 T /s	流速记录 转数 N	流速/(m/s) 测点	流速/(m/s) 垂线 平均	流速/(m/s) 部分 平均	测深垂线间 间距 /m	测深垂线间 平均 水深 /m	测深垂线间 部分 面积 /m²	部分 流量 /(m³/s)
左水边		20	0											
1	1	35	1.8	0.6		100	130							
2	2	50	2.5	0.2		110	166							
				0.8		120	170							
3	3	70	2.0	0.2		105	140							
				0.8		112	150							
4	4	85	1.5	0.6		118	140							
右水边		90	0											
断面流量　m³/s				断面面积　m²				平均流速　m/s			水面宽		平均水深　m	

项目三 水文统计

项目任务书

项目名称	水文统计	参考学时	20
学习型工作任务	任务3.1 水文统计基础		4
	任务3.2 频率分析计算		12
	任务3.3 相关分析		4
项目任务	完成水文统计相关知识学习，会进行频率分析计算和简单相关分析		
教学内容	1. 水文统计基本概念 2. 概率、频率与重现期 3. 随机变量、总体、样本 4. 随机变量统计参数 5. 理论频率曲线、经验频率曲线 6. 适线法频率分析计算 7. 相关关系及其分类、简单相关分析		
教学目标	知识	1. 理解并掌握频率的含义、随机事件的统计规律 2. 掌握均值、均方差、离差系数、偏差系数的意义，了解其计算方法 3. 掌握重现期的概念和计算 4. 掌握经验频率曲线的绘制 5. 理解统计参数对P-Ⅲ型曲线的影响 6. 熟悉适线法频率分析计算 7. 掌握相关关系的分类、熟悉简单相关分析图解法	
	技能	1. 具有重现期的计算能力 2. 具有统计参数的分析运用能力 3. 具有经验频率曲线的绘制能力 4. 具有适线法频率分析计算能力 5. 具有相关分析的能力	
	素养	1. 具有良好的职业道德 2. 具有团队合作精神 3. 具有精益求精，勇于创新的工匠精神 4. 具有理论联系实际的能力	
教学实施	理论实践一体化教学、案例教学法、小组学习法等		
项目成果	学会频率分析计算、相关分析		

任务 3.1 水 文 统 计 基 础

学习指导

目标：1. 了解水文统计的概念，理解事件、概率、频率的概念。
2. 掌握重现期的概念，重现期与频率之间的关系。
3. 了解随机变量以及随机变量分布函数与密度函数。
4. 掌握样本及总体均值、均方差、离差系数、偏差系数的意义，了解其计算方法。

重点：1. 重现期的概念，重现期与频率之间的关系。
2. 统计参数的意义。

3.1.1 水文统计基本概念

想一想：什么是水文统计？水文统计的基本方法和内容是什么？

3.1.1.1 水文统计概念

在自然界中存在两种现象，一种是必然现象，是指事物在发展、变化中必然会出现的现象。如在标准大气压下，水温100℃时，水会沸腾。另一种是偶然现象，是指事物在发展、变化中可能出现也可能不出现的现象，也称随机现象。如掷硬币，可能正面朝上，也可能反面朝上。自然界的随机现象，看似没有规律，但对资料进行统计、分析发现，都会遵循一定的规律，这个规律叫作统计规律。研究随机现象统计规律的学科称为概率论，而由随机现象的一部分试验资料去研究全体现象的数量特征和规律的学科称为数理统计学。

在绪论中介绍过，水文现象作为一种自然现象，它有确定性规律、随机性规律、地区性规律。由于水文现象的随机性规律，可以用概率论和数理统计学的方法进行分析，也就是通过对水文实测资料进行分析、计算和研究，能够得出水文现象总体的规律和特征。如一条河流的某个断面，其年径流量在各个年份是不相同的，但进行长期观测，会发现年径流量的多年平均值是一个稳定数值。所以水文现象的随机性规律也称为水文统计规律。在工程水文中，用数理统计方法进行水文分析计算叫作水文统计。

3.1.1.2 水文统计的基本方法和内容

水文统计的任务就是研究和分析水文随机现象的统计变化特性。并以此为基础对水文现象未来可能的长期变化作出在概率意义下的定量预估，以满足工程规划、设计、施工以及运营期间的需要。

水文统计的基本方法和内容具体有以下3点：

(1) 根据已有的资料（样本），进行频率计算，推求指定频率的水文特征值。

(2) 研究水文现象之间的统计关系，应用这种关系延长、插补水文特征值和作水文预报。

(3) 根据误差理论，估计水文计算中的随机误差范围。

本教材主要介绍水文统计基本理论和方法，重点介绍频率计算、相关分析。

3.1.2 概率、频率与重现期

想一想：什么是概率、频率和重现期？它们之间有什么关系？

3.1.2.1 事件

事件是概率论中最基本的概念,是指发生的某一现象或随机试验的结果。在客观世界中,一些事物和现象不断出现和发生,这些事物和现象都可以认为是试验的结果,并将其称为事件。从因果关系来看,事件分为必然事件、不可能事件、随机事件。必然事件,即在一定的条件下必然发生的事件,如太阳每天从东方升起,水在0℃点会结冰。不可能事件,即在一定试验条件下,可以断定试验中不可能发生的事件,如洪水来临时,天然河流中的水位下降。其中必然事件和不可能事件没有随机性,在试验发生之前就可确定,属于确定性事件。而随机事件有可能发生,也有可能不发生,如掷骰子试验,事件为"5点出现",有可能发生,也有可能不发生。

3.1.2.2 概率

概率是表示统计规律的方式。随机事件在试验结果中可能出现也可能不出现,其出现可能性大小的数量标准就是概率。

$$p(A)=\frac{m}{n} \tag{3-1}$$

式中 $p(A)$——一定条件下随机事件 A 发生的概率;

n——进行试验可能发生结果的总数;

m——进行试验中可能发生事件 A 的结果数。

显然,必然事件的概率为1,不可能事件的概率为0。

式(3-1)适用条件,适应于"古典概型事件",即

(1)试验的所有可能结果都是相等的,又是相互排斥的。

(2)试验中所有可能出现的结果总数是有限的。

对于水文随机事件,试验所有可能结果数是无限的,无法知道。如某流域的年径流取值总数是无限的,年径流量大于 $100m^3/s$ 的可能性与年径流量大于 $1000m^3/s$ 的可能性显然是不相等的。因此,不能用古典概率公式计算,只能通过多次观测进行估计,这便引入了频率。

3.1.2.3 频率

设事件 A 在 n 次试验中出现了 m 次,则称 $p(A)$ 为事件 A 在 n 次试验中出现的频率,简称为事件 A 的频率。

$$p(A)=\frac{m}{n} \tag{3-2}$$

实践证明,当试验次数 n 较少时,事件的频率很不稳定,时大时小,但当试验次数 n 无限增多时,事件的频率就逐渐趋近于一个稳定值,这个稳定值便是事件发生的概率。如掷硬币试验,从理论上讲,正面(或反面)出现的概率为0.5。而其频率却随试验的不同有不同的值。以前曾有人做过掷硬币试验,结果见表3-1。

可见,随着试验次数的增多,随机事件出现的频率越来越接近于事件的概率。水文上常用事件发生的频率作为概率的近似值。

表3-1 掷硬币试验统计表

试验次数	正面出现次数	频率
4040	2048	0.5069
12000	6019	0.5016
24000	12012	0.5005

3.1.2.4 重现期

重现期是指某一随机事件在很长时期内平均多长时间出现一次（水文学中常称为"多少年一遇"）。即在许多试验中，某一随机事件重复出现的时间间隔的平均数，即平均的重现间隔期。

1. 对于洪水、丰水情况

水文上对于大于某洪水或某暴雨量发生的频率，一般水文变量计算频率为 $P<50\%$，此时重现期是指水文随机变量在很长时期内，出现大于或等于某一数值，平均出现的时间间隔。如当暴雨或洪水频率为 1% 时，重现期 $T=100$ 年，称为百年一遇的暴雨或洪水。

重现期与频率之间的关系如下：

$$T=\frac{1}{P} \tag{3-3}$$

式中 T——重现期，年；
  P——大于或等于某水文变量事件的频率，%。

例如：某河流断面设计洪水频率 $P=20\%$，则重现期 $T=5$ 年。表示该河流断面出现大于或等于这样的洪水在长时期内平均 5 年发生一次。

2. 对于枯水或少水情况

水文上对于小于某枯水事件发生的频率，一般水文变量计算频率为 $P>50\%$，重现期指在很长的时期内出现小于或等于某水文变量事件的平均时间间隔。重现期与频率之间的关系如下：

$$T=\frac{1}{1-P} \tag{3-4}$$

式中 T——重现期，年；
  P——小于或等于某水文变量事件的频率，%。

例如：某河流断面设计枯水频率 $P=90\%$，则重现期 $T=10$ 年。表示该河流断面出现小于这样的水量在长时期内，平均 10 年发生一次。

注意：水文中所说的重现期并不表示水文事件发生或出现具有固定的周期。所谓百年一遇的暴雨或洪水，是指大于或等于这样的暴雨或洪水在长时期内平均 100 年发生一次，而不能认为每隔 100 年必然遇上一次。又如"20 年一遇洪水"是指在很长时期中，洪水大于或等于该洪水的情况平均说来 20 年出现一次。不能理解为 20 年一遇的洪水每隔 20 年一定出现一次。实际上，20 年一遇洪水可能间隔 20 年以上时间发生，也可能今年发生，明年也发生。

3.1.3 随机变量、总体、样本

想一想：什么是随机变量、总体和样本？随机变量的概率如何分布？

3.1.3.1 随机变量

按照概率理论，随机变量是对应于试验结果，表示试验结果的数量，为了便于分析随机事件的统计特性，通常用变量来表示事件，即随机试验的结果。每次试验后事件发生与否就相当于给这个变量赋值，这个变量就叫随机变量。如某一水库历年的最高水位，某一流域历年的流域平均降雨量等都是随机变量。

一般用大写字母表示随机变量，其取值用相应的小写字母表示。如某随机变量为 X，

其取值可以记为 x_i，$i=1,2,\cdots,n$。一般将 x_1，x_2，$\cdots$，x_n 称为随机系列，简称系列。

随机变量通常分为离散型随机变量和连续型随机变量两类。

1. 离散型随机变量

如果随机变量的取值是有限个或可列无限个，也就是与自然数一一对应的，则称为离散型随机变量。例如，掷骰子出现的点数、打靶的成绩、某地一年内降雨的天数等都是离散型随机变量。

2. 连续型随机变量

如果随机变量的取值是某个有限或者无限区间中的一切值，不能一一列举出来，是不可数的，则称为连续型随机变量。如水文变量当中的降雨量、蒸发量，河流的流量、水位等，都是连续型随机变量。

3.1.3.2 总体、样本

在数理统计中，把随机变量所有取值的全体称为总体。从总体中任意抽取的一部分个体称为样本，样本中所包含个体的个数称为样本容量。如在射手射击试验中，打靶成绩是随机变量，其总体取值是有限的。而水文变量的总体都是无限的，是未知的，实际上也是无法得到的。例如某地的年降雨量是随机变量，其总体是无限的，自古到今每一年都有年降雨量，但并不是所有年降雨量都有观测统计结果，绝大部分年份是没有数据的。目前设站观测到的年降雨量只不过是总体中的一小部分，是一个有限的样本。由此看来，水文资料都是样本资料，是水文变量总体的随机样本。

总体和样本之间既有区别又有联系。样本是总体中的一部分，样本的特征在一定程度上能反映总体的特征，用样本的规律来推断总体的规律，也就是用已有水文资料推断总体统计规律或预估未来水文情势。但样本情况不能完全代表总体情况，存在着一定的误差。这种由样本推断总体统计规律而产生的误差，叫作抽样误差。一般来说，样本容量越大，抽样误差越小。所以，我们尽可能增大样本容量，而且要注意样本容量的代表性。

3.1.3.3 随机变量概率分布

随机变量可以取所有可能值中的任何一个值，但是取某一可能值的机会是不同的，有的机会大，有的机会小，随机变量的取值与其概率有一定的对应关系。一般将这种对应关系称为概率分布。

1. 离散型随机变量概率分布

对于离散型随机变量可以用列表或绘图的方式表示其概率分布。表 3-2 掷骰子点数的概率分布。对应掷骰子点数的随机变量取值 1、2、3、4、5、6 的概率都是 1/6。

表 3-2　　　　　　　　　　掷骰子点数的概率分布

点数 x	1	2	3	4	5	6
概率 P	1/6	1/6	1/6	1/6	1/6	1/6

2. 连续型随机变量概率分布

对于连续型随机变量，它是不可数的，无法列出随机变量所有取值及其对应概率，只能研究其某一区间的概率，而不去研究某一个数值的概率。

(1) 随机变量概率分布函数。在工程水文中，通常研究某水文变量大于或等于某一数值的概率。对于某一个随机变量，大于或等于不同数值的概率是不同的。这个概率实际上是随机变量取值的函数。将这个函数称之为随机变量概率分布函数，此函数可用曲线表示，如图3-1（a）所示，随机变量分布函数的公式如公式（3-5）。

$$F(x)=P(X \geqslant x) \tag{3-5}$$

式中　　X——随机变量；

　　　　x——随机变量 X 的取值；

$P(X \geqslant x)$——随机变量大于或等于 x 的概率；

　　$F(x)$——随机变量概率分布函数。

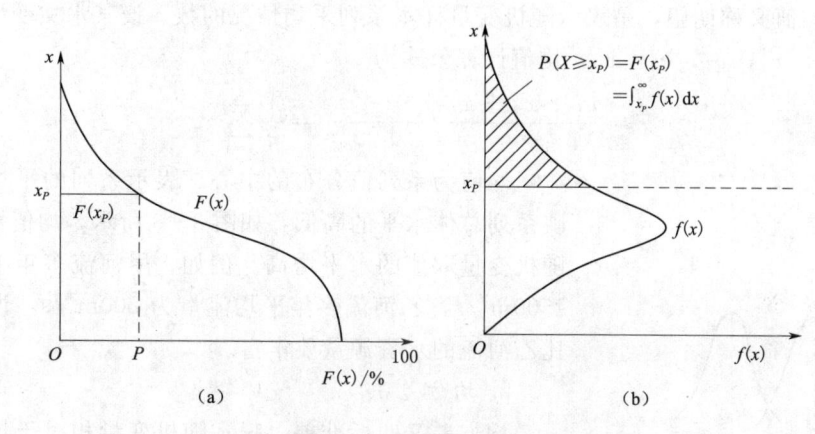

图3-1　概率分布函数与概率密度函数曲线

（2）随机变量概率密度函数。对于连续型随机变量，还有另外一种表示概率分布的形式，即概率密度函数 $f(x)$，此函数曲线如图3-1（b）所示，概率密度函数是概率分布函数的导数，分布函数是密度函数在一个区间的积分值，表示随机变量在这个区间取值的概率。

在工程水文中，水文变量的频率就是概率密度函数从变量取值到正无穷大区间的积分值。水文变量的频率与概率密度函数之间的关系为

$$F(x)=P(X \geqslant x)=\int_{x}^{\infty} f(x) \mathrm{d}x \tag{3-6}$$

式中　　$f(x)$——随机变量概率密度函数。

如果求得随机变量概率分布函数，也就得到了它的概率分布情况，即掌握了随机变量的统计规律。在工程水文中，习惯于将水文变量取值大于或等于某一数值的概率称为该变量的频率，将表示水文变量分布函数的曲线称为频率曲线。如图3-2所示。

3.1.4　水文随机变量的统计参数

想一想：随机变量有哪些统计参数，各统计参数有何意义？

从统计角度看，概率密度函数或者分布函数描述了随机现象的统

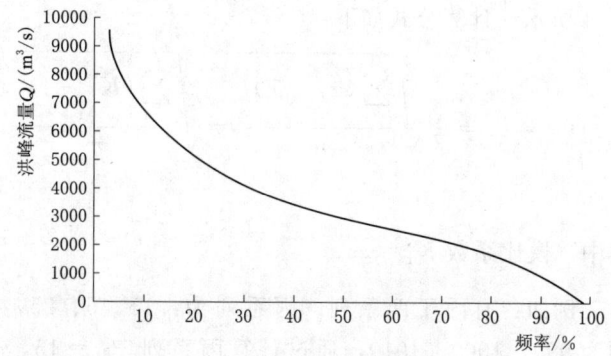

图3-2　某洪水洪峰流量的频率曲线

计规律，表示了随机变量在各个取值之间的概率。在实际当中，由于概率密度函数或者分布函数不好求得，往往用随机变量统计规律和特征的数字来表示，在概率伦理，把这些数字称为随机变量的统计参数。

统计参数有总体统计参数与样本统计参数之分。

3.1.4.1 水文样本的统计参数

水文样本统计参数有均值、均方差、变差系数和偏差系数。

1. 均值 $\overline{x}$

均值：均值又称期望，是表示随机变量样本系列平均情况的数。设某水文变量的观测系列为 x_1，x_2，x_3，x_4，…，x_n，均值计算公式为

$$\overline{x} = \frac{x_1 + x_2 + x_3 + \cdots + x_n}{n} = \frac{1}{n}\sum_{i=1}^{n} x_i \tag{3-7}$$

均值为系列值分布的中心，表示系列的平均情况，反映系列总体水平的高低，如图3-3所示，均值增大，表明随机变量取值的水平增高。例如，甲河流多年平均流量为 1500m³/s，乙河流多年平均流量为 800m³/s，说明甲河流比乙河流的水资源量要丰富。

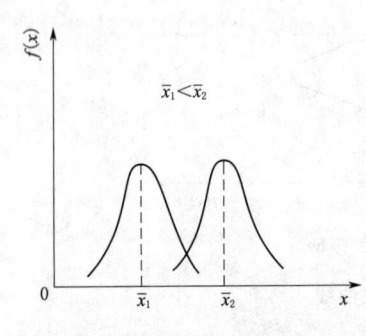

图3-3 均值对密度曲线的影响

2. 均方差 σ

均方差又叫标准差，表示随机变量相对于均值的离散程度。均方差越大，分布函数越分散，其值变化幅度越大；反之，亦然。均方差 σ 计算公式如下：

$$\sigma = \sqrt{\frac{\sum_{i=1}^{n}(x_i - \overline{x})^2}{n}} \tag{3-8}$$

例如：有甲乙两系列，甲系列为 10、30、20，乙系列为 4、20、36，通过计算甲系列 $\overline{x}=20$，$\sigma_{甲}=8.16$，乙系列 $\overline{x}=20$，$\sigma_{乙}=13.06$。两系列均值相等，但均方差不同，从均方差可以看出，乙系列的离散程度大，甲系列的离散程度小。

3. 离势系数（变差系数）C_v

均方差仅能衡量均值相等系列的离散程度。对于均值不等的系列，为了消除均值的影响，用均方差与均值的比值，即离势系数，也叫变差系数来比较样本系列的离散程度。如图3-4所示。计算公式如下：

$$C_v = \frac{\sigma}{\overline{x}} = \frac{1}{\overline{x}}\sqrt{\frac{\sum_{i=1}^{n}(x_i - \overline{x})^2}{n}} = \sqrt{\frac{\sum_{i=1}^{n}(K_i - 1)^2}{n}} \tag{3-9}$$

其中，模比系数 $K_i = \frac{x_i}{\overline{x}}$。

例如：有丙丁两系列，丙系列为：15、5、25，丁系列为 990、1000、1010，通过计算丙系列 $\overline{x}_{丙}=15$，$\sigma_{丙}=8.16$，$C_{v丙}=0.544$，丁系列 $\overline{x}_{丁}=1000$，$\sigma_{丁}=8.16$，

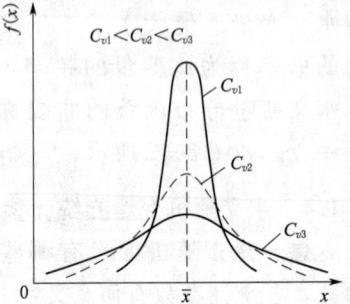

图3-4 变差系数 C_v 对密度曲线的影响

$C_{vT}=0.00816$，如果按照均方差来分析，丙丁两系列的均方差相等，得出两个系列的离散程度相等，但由于它们均值不相等，变差系数 C_v 不相等，根据变差系数 C_v 判断，丙系列的离散程度大，丁系列的离散程度小。

4. 偏态系数（偏差系数）C_s

偏态系数也称偏差系数，反映随机变量系列在均值两侧的对称情况。计算公式如下：

$$C_s = \frac{\sum_{i=1}^{n}(x_i - \overline{x})^3}{n\sigma^3} = \frac{\sum_{i=1}^{n}(x_i - \overline{x})^3}{n\sigma^3} \quad 或 \tag{3-10}$$

$$C_s = \frac{\sum_{i=1}^{n}(K_i - 1)^3}{nC_v^3} \tag{3-11}$$

C_s 值的大小，反映了频率分布的不对称程度，是一个无因次量。C_s 绝对值越大，频率分布曲线越不对称，相反 C_s 绝对值越小，频率分布曲线越接近于对称，如图 3-5 所示。

图 3-5 特点如下：

(1) $C_s=0$ 分布函数对称，系列对于均值 x 对称，随机变量大于均值与小于均值出现机会相等。

(2) $C_s>0$ 分布函数正偏，随机变量大于均值比小于均值出现的机会小。

(3) $C_s<0$ 分布函数负偏，随机变量大于均值比小于均值出现的机会大。

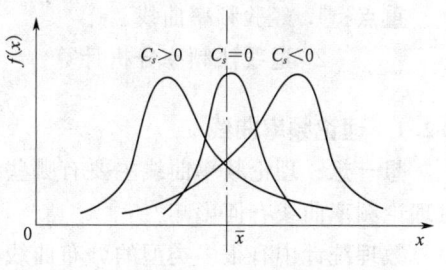

图 3-5 偏态系数 C_s 对密度曲线的影响

3.1.4.2 总体统计参数的估算

总体统计参数估算是根据样本对总体的统计参数进行估算。估算时，应使用无偏估计计算式。设水文变量实测系列为 $x_1, x_2, \cdots, x_i, \cdots, x_n$，其模比系数为 $k_1, k_2, \cdots, k_i, \cdots, k_n$，按照数理统计理论，采用的估算公式（无偏估计计算式）如下。

(1) 均值。设总体的均值为 x，则

$$\overline{x} = \frac{\sum_{i=1}^{n} x_i}{n} \tag{3-12}$$

(2) 均方差。设总体的均方差为 σ，则

$$\sigma = \sqrt{\frac{\sum_{i=1}^{n}(x_i - \overline{x})^2}{n-1}} \tag{3-13}$$

(3) 离势系数。设总体的离势系数为 C_v，则

$$C_v = \sqrt{\frac{\sum_{i=1}^{n}(K_i - 1)^2}{n-1}} \tag{3-14}$$

(4) 偏态系数。设总体的偏态系数为 C_s，则

$$C_s \approx \frac{\sum_{i=1}^{n}(K_i-1)^3}{(n-3)C_v^3} \tag{3-15}$$

由以上公式可以看出，样本的均值就是总体均值的无偏估计。而样本的均方差、离势系数和偏态系数并不是总体方差、离势系数和偏态系数的无偏估计。

任务3.2 频率分析计算

学习指导

目标：1. 了解理论频率曲线的基本特点。
2. 理解统计参数对P-Ⅲ型频率曲线的影响。
3. 掌握经验频率曲线的绘制。
4. 掌握适线法频率分析计算。

重点：1. 经验频率曲线。
2. 适线法频率分析计算。

3.2.1 理论频率曲线

想一想：理论频率曲线主要有哪些？它们各自有何特点？在水文中如何运用？统计参数对理论频率曲线有何影响？

数理统计中有很多类型的分布曲线，最常用的是正态分布曲线和P-Ⅲ型曲线，究竟哪一条可以应用到水文工程上来，主要看曲线的形状与水文变量的分布规律是否吻合，常见的有正态分布曲线和P-Ⅲ型曲线，其中P-Ⅲ型曲线应用最为广泛。

3.2.1.1 正态分布曲线

1. 正态分布曲线的概率密度函数公式

$$f(x) \frac{1}{\sqrt{2\pi}\sigma} e^{-\frac{1}{2\sigma^2}(x-\mu)^2} \tag{3-16}$$

式中 μ——均值；
σ——均方差；
e——自然对数底数。

正态分布仅有两个参数，当均值和均方差确定后，分布就唯一确定了。正态分布的概率密度函数曲线如图3-6所示。

2. 特点
(1) 单峰。
(2) 对于均值对称，$C_s=0$。
(3) 曲线两端以 x 轴为渐近线，并趋于正负无穷大，随机变量在负无穷大至正无穷大区间取值的概率为1.0。

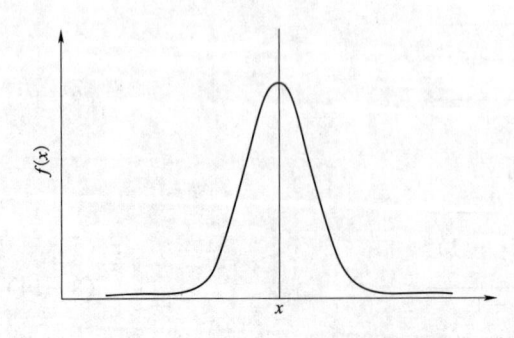

图3-6 正态分布的概率密度函数曲线

(4) 曲线在 $x=\mu+\sigma$ 和 $x=\mu-\sigma$ 处有拐点。

3.2.1.2 P-Ⅲ型曲线

1. P-Ⅲ型曲线的概率密度函数公式

$$f(x)=\frac{\beta^a}{\Gamma(\alpha)}(x-a_0)^{\alpha-1}e^{-\beta(x-a_0)} \tag{3-17}$$

式中 $\Gamma(\alpha)$——α 的伽玛函数；

α、β、a_0——分别为 P-Ⅲ型分布的形状尺度和位置未知参数，$\alpha>0$，$\beta>0$，参数 a_0 是曲线起点的横坐标值。

当3个参数确定以后，该密度函数随之确定，概率密度函数曲线如图3-7所示。

3个参数与总体3个参数 $\overline{x}$、C_v、C_s 具有如下关系：

$$\alpha=\frac{4}{C_s^2} \quad \beta=\frac{2}{\overline{x}C_vC_s} \quad a_0=\overline{x}\left(1-\frac{2C_v}{C_s}\right) \tag{3-18}$$

2. 特点

(1) 单峰。

(2) 一端有限，一端无限。

(3) $C_s>0$，正偏曲线。

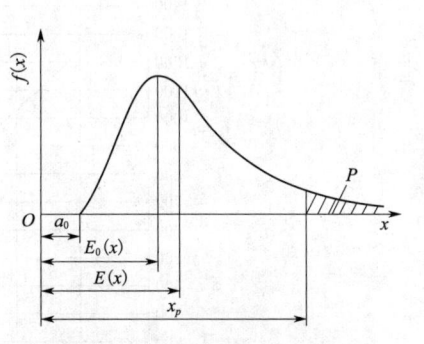

图3-7 P-Ⅲ型概率密度函数曲线

3. P-Ⅲ型分布频率曲线表

为便于实际应用，对P-Ⅲ型分布概率密度函数积分，制作了P-Ⅲ型分布频率曲线表，包括P-Ⅲ型分布频率曲线离均系数值表（附表1）、P-Ⅲ型分布频率曲线模比系数 K_P 值表（附表2）。

(1) 离均系数。制作P-Ⅲ型分布频率曲线表时，对随机变量进行了标准化，标准化变量为

$$\phi=\frac{x-\overline{x}}{\overline{x}C_v} \tag{3-19}$$

在工程水文中，将 Φ 称为离均系数。当随机变量服从P-Ⅲ型时，将其标准化后，因离均系数 Φ 的均值和离势系数 C_v 均已固定，Φ 的概率密度函数和分布函数仅随偏态系数 C_s 而变。对应于某频率 P 的随机变量 x_p 和 Φ_p 的关系为

$$x_p=(\Phi_p C_v+1)\overline{x} \tag{3-20}$$

附表1为P-Ⅲ型分布频率曲线离均系数值表，该表为各种不同 C_s 取值时对应于不同频率 P 的离均系数 Φ 值表。

(2) 模比系数 K_p 值。概率论中，将随机变量取值 x_i 与其均值 $\overline{x}$ 的比值称为模比系数 K_i。即

$$K_i=\frac{x_i}{\overline{x}} \tag{3-21}$$

可以证明，任何随机变量模比系数的均值都等于1，所以模比系数的频率曲线仅随离势系数 C_v 和偏态系数 C_s 两个参数发生变化。附表2为P-Ⅲ型分布的模比系数表，该表给出常用 C_v、C_s 取值情况下，模比系数 K 与频率 P 的关系。

(3) P-Ⅲ型分布频率曲线表的运用

方法一：根据给定的偏态系数 C_s 和频率 P，查得对应的离均系数 Φ_P，再求得随机变量 x_P。

方法二：根据给定参数 C_v、C_s 和频率 P，直接查得对应于的模比系数 K_P，再计算随机变量 x_P。

绘制随机变量 x_P 与频率 P 的关系曲线，得到 P-Ⅲ型分布频率曲线，即 P-Ⅲ理论频率曲线。见图 3-8。

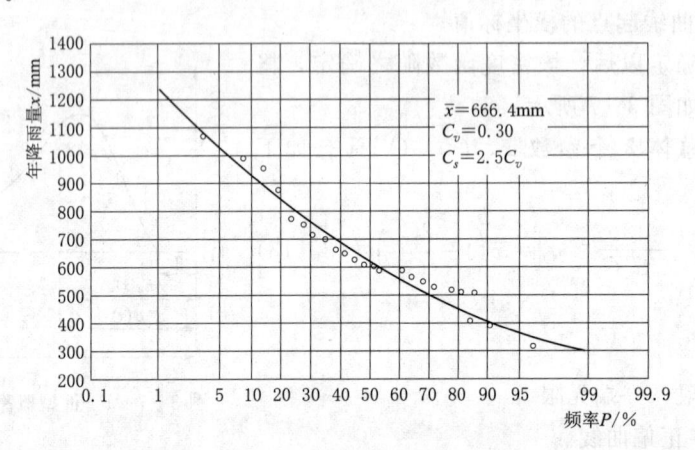

图 3-8 某站年降雨量理论频率曲线

【例 3-1】 在径流分析计算中，已用 P-Ⅲ型分布频率曲线适线求得某河流断面多年平均流量 $\overline{Q}=300\text{m}^3/\text{s}$，年平均流量系列的 $C_v=0.2$，$C_s=0.6$。试求出该河流断面 10 年一遇的干旱年的年平均流量（用两种方法计算）。

解： 根据频率与重现期之间的关系，10 年一遇干旱年频率为 $P=90\%$

方法一：由 $P=90\%$，$C_s=0.6$，查附表 1，得 $\Phi_{90\%}=-1.2$

由式（3-20）得，$x_P=(\Phi_P C_v+1)\overline{x}$，$Q_{90\%}=(-1.2\times0.2+1)\times300=228(\text{m}^3/\text{s})$

方法二：$C_s=3C_v$，查附表 2，得 $K_{90\%}=0.76$

由式（3-21）得，$Q_{90\%}=\overline{Q}\times K_{90\%}=0.76\times300=228(\text{m}^3/\text{s})$

4. 统计参数对 P-Ⅲ型频率曲线的影响

P-Ⅲ型频率曲线的形状随其参数的改变而发生变化，根据统计参数发生变化时，推知频率曲线的变化。对于 P-Ⅲ型频率曲线，当均值 $\overline{x}$、离势系数 C_v 和偏态系数 C_s 这 3 个统计参数中，两个参数不变，仅有一个参数发生变化时，对曲线形状和位置的影响。

(1) 离势系数 C_v 对频率曲线的影响。当均值 $\overline{x}$、C_s 值不变，C_v 越大，坡度越陡；反之，坡度变得平坦，$C_v=0$，变成 $K=1$ 的直线。如图 3-9 所示。

(2) 均值 $\overline{x}$ 对频率曲线的影响。当 C_v、C_s 值不变，$\overline{x}$ 均值越大，曲线位置越上坡度越陡；反之，曲线越坡度越平。如图 3-10 所示。均值不同的理论频率曲线之间无交点。

(3) 偏态系数 C_s 对频率曲线的影响。当 C_v、均值 $\overline{x}$ 不变，C_s 越大，上端变陡，下端变平，中段下凹，曲线变弯，即两端上翘，中段下沉；反之，上端变缓，下端变陡，中段越平。$C_s=0$，变成一条斜线。如图 3-11 所示。

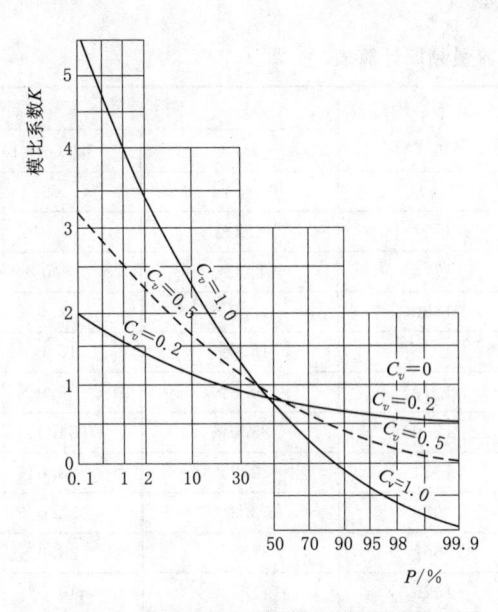

图 3-9 离势系数 C_v 对频率曲线的影响

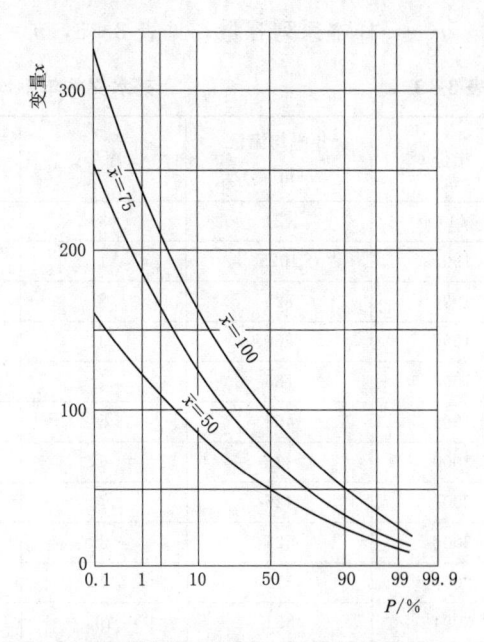

图 3-10 均值 $\bar{x}$ 对频率曲线的影响

3.2.2 经验频率曲线

想一想：什么是经验频率曲线？如何绘制经验频率曲线？

水文频率计算是以水文变量的样本为依据，通过样本探求总体的规律。在工程水文中，将表示水文变量分布函数的曲线称为频率曲线。对于由实测的水文变量系列估算得到的频率，工程水文中习惯称之为经验频率。将水文变量的经验频率用曲线的形式表示，称为经验频率曲线，该曲线是对水文变量总体概率分布的推断和描述，是水文计算的基础，有一定的实用性。

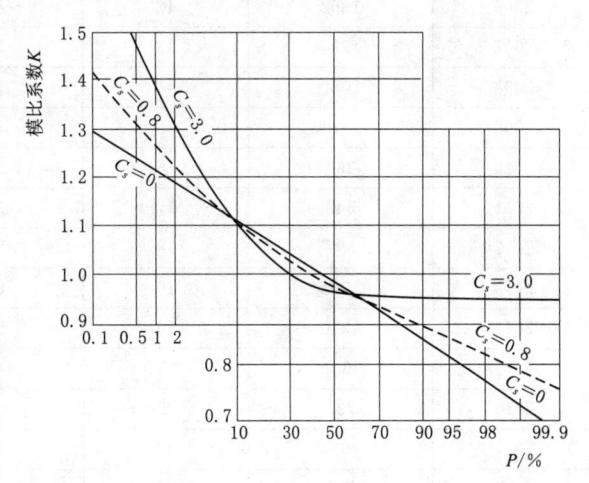

图 3-11 偏态系数 C_s 对频率曲线的影响

3.2.2.1 经验频率计算公式

设某水文样本容量为 n，根据实测水文资料，把样本系列按从大到小的顺序排列为 x_1，x_2，x_3，x_4，…，x_n，则每个变量都有一个序号 m，该序号表示取值大于或等于该变量个体的个数，变量序号 m 与样本 n 的比值，表示在样本系列中大于或等于 x_m 的频率，频率用百分数表示，则计算公式为

$$P = \frac{m}{n} \times 100\% \qquad (3-22)$$

式中　P——大于等于 x_i 的经验频率，见表 3-3（5）列；

　　　m——水文变量从大至小排列的序号，见表 3-3（3）列；

n——样本系列容量，见表 3-3，$n=24$。

表 3-3　　　　　　　　某水文站年平均流量频率计算表

年份	年平均流量 /(m³/s)	序号	排序后年平均流量 /(m³/s)	频率 m/n	频率 $m/(n+1)$
(1)	(2)	(3)	(4)	(5)	(6)
1995	1025	1	1852	4.2%	4.0%
1996	825	2	1774	8.3%	8.0%
1997	560	3	1390	12.5%	12.0%
1998	785	4	1330	16.7%	16.0%
1999	453	5	1210	20.8%	20.0%
2000	328	6	1209	25.0%	24.0%
2001	425	7	1084	29.2%	28.0%
2002	524	8	1080	33.3%	32.0%
2003	512	9	1062	37.5%	36.0%
2004	851	10	1025	41.7%	40.0%
2005	1209	11	945	45.8%	44.0%
2006	1852	12	851	50.0%	48.0%
2007	1390	13	825	54.2%	52.0%
2008	1080	14	785	58.3%	56.0%
2009	1774	15	730	62.5%	60.0%
2010	365	16	597	66.7%	64.0%
2011	548	17	560	70.8%	68.0%
2012	597	18	548	75.0%	72.0%
2013	1062	19	524	79.2%	76.0%
2014	1210	20	512	83.3%	80.0%
2015	1330	21	453	87.5%	84.0%
2016	730	22	425	91.7%	88.0%
2017	1084	23	365	95.8%	92.0%
2018	945	24	328	100.0%	96.0%

根据上式计算频率，如样本容量足够大，计算并无不合理之处，但如果样本容量有限，如当 $m=n$ 时，计算得频率为 100%，说明水文变量总体的所有值都不可能小于样本系列的最小值，见表 3-3（5）列，年平均流量最小值为 328m³/s，计算频率为 100%，如将计算频率作为总体的频率，则表明该水文站不可能出现年平均流量比 328m³/s 更小的枯水了，这显然是不合理的。

目前我国水文计算广泛采用修正后的频率计算公式，最常用的数学期望公式为

$$P=\frac{m}{n+1}\times 100\% \tag{3-23}$$

式（3-23）符号意义同式（3-22），式（3-23）即为频率的无偏估计计算式，见表 3-3（6）列。

3.2.2.2 经验频率曲线绘制

以下用实例说明经验频率曲线绘制的步骤。

【例 3-2】 某水文站 24 年（1995—2018 年），年平均流量统计见表 3-3（1）（2）列，试绘制经验频率曲线。

解：经验频率计算步骤如下：

（1）数据排序。将实测水文数据列表并由大到小排序，排序序号见表 3-3（3）列，排序后年平均流量见表 3-3（4）列。

（2）计算经验频率。根据经验率公式 (3-23)，计算经验频率见表 3-3（6）列。

（3）点绘经验点据。以表 3-3（2）列 x_m 为纵坐标，以表 3-3（6）列 P_m 为横坐标，在坐标纸上点绘经验频率点据。

（4）绘制经验频率曲线。用目估法过经验频率点群绘制一条光滑的曲线，如图 3-12 所示。

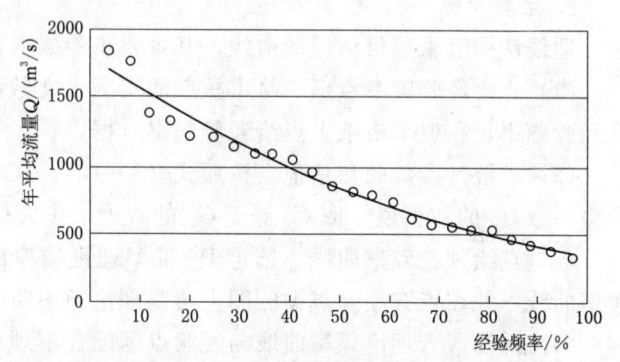

图 3-12 某站年平均流量经验频率曲线

以水文变量为纵坐标，以经验频率为横坐标点绘经验频率点据，根据点群绘出一条平滑的曲线，该曲线称为经验频率曲线。

3.2.2.3 概率格纸

经验频率曲线绘制时，当坐标轴按照一般绘图方式，采用等分刻度时，所得到的频率曲线两端斜率的绝对值较大，曲线比较陡峭，曲线不便于使用。为了解决这一问题，工程水文中采用概率格纸绘制频率曲线。

概率格纸特点：纵轴一般仍按等分刻度，横轴不等分刻度，概率格纸的中段比例尺较小，刻度较密，两端比例尺较大，刻度较稀。将正态分布的频率曲线绘制在概率格纸上时，曲线成为一条直线。用概率格纸绘制其他类型（如 P-Ⅲ型）的频率曲线，曲线两端也会变得较为平缓，对区（县）进行外延是比较有利的，使用起来较为方便。年降雨量频率曲线如图 3-13 所示。

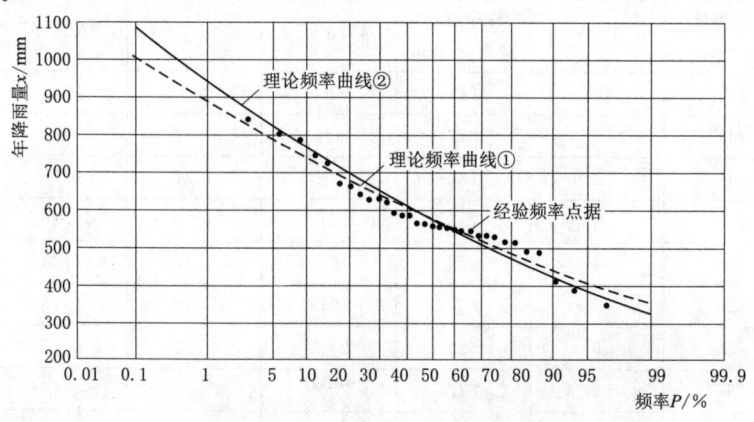

图 3-13 某站年降雨量频率曲线

3.2.3 适线法频率分析计算

想一想：什么是适线法？适线法频率分析的主要步骤是什么？

3.2.3.1 适线法的原理与主要步骤

1. 原理

根据经验频率点据，找出与经验频率点据配合最佳的理论频率曲线，相应的统计参数为总体统计参数的估计值。

2. 主要步骤

适线法一般采用目估经验适线，其主要步骤如下：

（1）点绘经验频率点据。将审核后的实测水文数据由大到小排序，按照式（3-23）计算经验频率，在概率格纸上点绘经验频率点据。

（2）求统计参数的初估值。按照式（3-12）、式（3-14）计算水文变量总体均值 $\bar{x}$ 和离势系数 C_v 的初估值。取 C_s 等于 C_v 的若干倍作为初估值。

（3）点绘理论频率曲线。选定 P-Ⅲ 型理论频率曲线，根据初定的 $\bar{x}$、C_v 和 C_s，计算频率曲线，并在点有经验点据的图上绘制理论频率曲线。

（4）配线。若理论频率曲线与经验点据配合不理想，则根据统计参数对 P-Ⅲ 型理论频率曲线的影响，修改参数再次配线，主要调整 C_v 以及 C_s。根据理论频率曲线与经验频率点据的配合情况，对统计参数进行调整，求得与经验频率点据配合最好的理论频率曲线，用以表示水文变量的概率分布。

3.2.3.2 适线注意事项

（1）调整参数时，对离势系数 C_v 和偏态系数 C_s 进行调整。

（2）当水文变量取非负值时，C_s 值不得小于 C_v 的 2 倍。

（3）调整理论频率曲线时，如果个别点据始终偏离曲线，应进行合理性分析。

（4）当无法顾及到所有点据，推求洪水时，主要考虑曲线上端和中段的配合，推求枯水时，主要考虑曲线下端和中段的配合。

【例 3-3】 某水文站选取有代表性的 1980—2003 年降雨量资料见表 3-4，试用适线法推求 5 年一遇的设计年降雨量。

表 3-4　　　　　　某站年降雨量经验频率计算表

年份	年降雨量 /mm	序号	排序后年降雨量/mm	$m/(n+1)$	K_i	K_i-1	$(K_i-1)^2$
(1)	(2)	(3)	(4)	(5)	(6)	(7)	(8)
1980	745	1	841	4%	1.47	0.47	0.2236
1981	841	2	784	8%	1.37	0.37	0.1392
1982	386	3	745	12%	1.30	0.30	0.0929
1983	565	4	672	16%	1.18	0.18	0.0313
1984	623	5	663	20%	1.16	0.16	0.0260
1985	558	6	629	24%	1.10	0.10	0.0103
1986	585	7	627	28%	1.10	0.10	0.0096
1987	784	8	623	32%	1.09	0.09	0.0083

续表

年份	年降雨量/mm	序号	排序后年降雨量/mm	$m/(n+1)$	K_i	K_i-1	$(K_i-1)^2$
1988	561	9	585	36%	1.02	0.02	0.0006
1989	488	10	565	40%	0.99	−0.01	0.0001
1990	543	11	561	44%	0.98	−0.02	0.0003
1991	629	12	558	48%	0.98	−0.02	0.0005
1992	410	13	556	52%	0.97	−0.03	0.0007
1993	663	14	548	56%	0.96	−0.04	0.0016
1994	556	15	543	60%	0.95	−0.05	0.0024
1995	526	16	530	64%	0.93	−0.07	0.0052
1996	548	17	526	68%	0.92	−0.08	0.0062
1997	627	18	514	72%	0.90	−0.10	0.0100
1998	672	19	512	76%	0.90	−0.10	0.0107
1999	514	20	491	80%	0.86	−0.14	0.0196
2000	346	21	488	84%	0.85	−0.15	0.0211
2001	530	22	410	88%	0.72	−0.28	0.0795
2002	491	23	386	92%	0.68	−0.32	0.1050
2003	512	24	346	96%	0.61	−0.39	0.1553
Σ	13703		13703		24	0	0.9598

解:

(1) 样本容量 n。根据资料该水文系列 $n=24$。

(2) 点绘经验点据。根据适线法步骤，先把降雨量由大到小排序，填在表 3-4 (4) 列，再按照式 (3-23) 计算经验频率，填在表 3-4 (5) 列，将点据绘在概率格纸上，根据点据绘制经验频率曲线，见图 3-13 线①。

(3) 计算统计参数。按照式 (3-8)、式 (3-10) 计算水文变量总体均值 $\overline{x}$ 和离势系数 C_v 的初估值。根据表 3-4 相关计算数据得出：

$$\overline{x}=\frac{1}{n}\sum_{i=1}^{n}x_i=\frac{1}{24}\times 13703=571(\text{mm})$$

$$C_v=\sqrt{\frac{\sum_{i=1}^{n}(K_i-1)^2}{n-1}}=\sqrt{\frac{0.9598}{24-1}}=0.2$$

(4) 点绘理论频率曲线。选定 $\overline{x}=571\text{mm}$，$C_v=0.2$，假定 $C_s=2C_v=0.4$，利用附表 2 查不同频率的 K_P，计算相应的 x_P，计算结果见表 3-5 (3) 列，根据计算结果点绘理论频率曲线，如图 3-14 线②。

(5) 配线。图 3-14 线②与经验频率点据配合不好，上方偏低，下方偏高，需改变参数，重新配线。

项目三 水 文 统 计

表 3-5 理论频率曲线选配计算表

频率 /%	第一次适线 $\overline{x}=571\text{mm}$, $C_v=0.2$, $C_s=2C_v$		第二次适线 $\overline{x}=571\text{mm}$, $C_v=0.23$, $C_s=2C_v$		第三次适线 $\overline{x}=571\text{mm}$, $C_v=0.23$, $C_s=2.5C_v$	
	K_P	x_P/mm	K_P	x_P/mm	K_P	x_P/mm
(1)	(2)	(3)	(4)	(5)	(6)	(7)
1	1.52	868	1.61	919	1.63	931
2	1.45	828	1.53	874	1.54	879
5	1.35	771	1.41	805	1.41	805
10	1.26	719	1.3	742	1.31	748
20	1.16	662	1.19	679	1.18	674
50	0.99	565	0.98	560	0.98	560
75	0.86	491	0.84	480	0.84	480
90	0.75	428	0.72	411	0.73	417
95	0.7	400	0.66	377	0.66	377

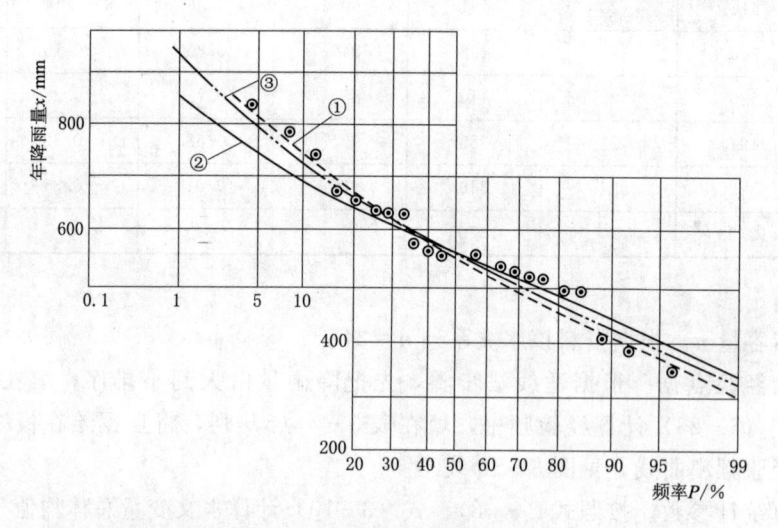

图 3-14 某站年降雨量频率曲线
①—经验频率曲线；②—理论频率曲线 $\overline{x}=571\text{mm}$ $C_v=0.2$ $C_s=2C_v$；
③—理论频率曲线 $\overline{x}=571\text{mm}$ $C_v=0.23$ $C_s=2.5C_v$。

增大 C_v 值，取 $C_v=0.23$，假定 $C_s=2C_v=0.46$，利用附表 2 查不同频率的 K_P，计算相应的 x_P，计算结果见表 3-5（5）列，根据计算结果点绘理论频率曲线，发现与经验频率点据配合也不理想。

再次改变参数，重新配线，取 $C_v=0.23$，假定 $C_s=2.5C_v$，利用附表 2 查不同频率的 K_P，计算相应的 x_P，计算结果见表 3-5（7）列，根据计算结果点绘理论频率曲线，如图 3-14 线③，与经验频率点据配合较好。

(6) 推求 5 年一遇的年降雨量。5 年一遇，即频率 $P=20\%$，查图 3-14 线③或表 3-5，可以得出 5 年一遇对应的设计年降雨量为 674mm。

任务3.3 相 关 分 析

学习指导

目标：1. 了解相关关系的分类。
2. 理解并掌握简单直线相关的图解法。
3. 了解相关计算法。
4. 理解相关系数、回归方程的应用。

重点：1. 相关关系的分类。
2. 相关图解法。

3.3.1 相关关系及其分类

想一想：什么叫相关分析？相关分析的目的是什么？相关关系如何分类？

3.3.1.1 相关关系

在水文分析计算中，把研究两个或两个以上水文随机变量之间的关系，称为相关分析。例如：降雨与径流之间、上下游洪水之间、水位与流量之间等。

相关分析的目的，主要是研究水文变量之间的相互关系，即相关关系。水文计算中主要进行资料的插补展延、水文预报等，即用较长的水文系列插补和展延较短的水文系列，以提高系列的代表性、可靠性。

3.3.1.2 相关关系的分类

按照变量之间相互关系的密切程度，将变量之间的关系分为3种。

1. 完全相关（函数关系）

变量之间存在着确定的对应关系，称为完全相关或函数关系。完全相关的形式有直线关系和曲线关系两种，如图3-15所示，相关点据完全落在一条直线或一条曲线上。

2. 零相关（没有关系）

变量之间互不影响，没有任何联系，称为零相关或没有关系，如图3-16所示，表示变量x与变量y之间关系的点据十分散乱，两个变量之间互不影响，没有关系。

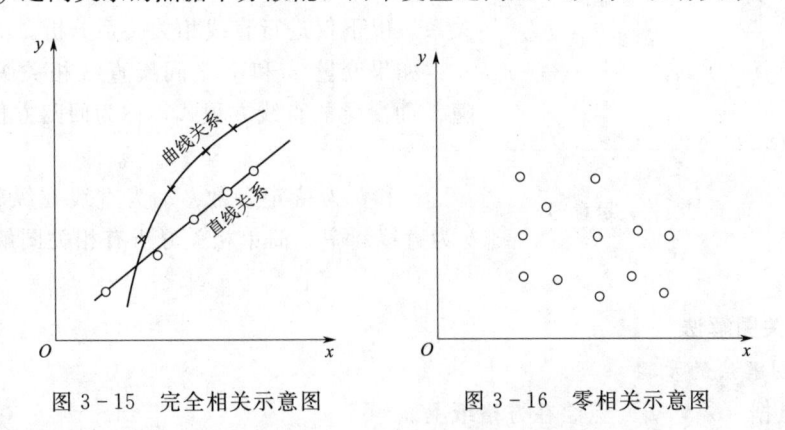

图3-15 完全相关示意图   图3-16 零相关示意图

3. 统计相关（相关关系）

变量之间的关系既不是完全相关，也不是零相关，而是介于这两种极端情况之间的关系，称为统计相关或相关关系，如图3-17所示，变量x与变量y之间关系的点据不是函数关系，但也不是零相关，两个变量之间的点据比较分散，但分布有一定规律，接近于一条直线或者曲线，表明两个变量之间有统计相关或相关关系。

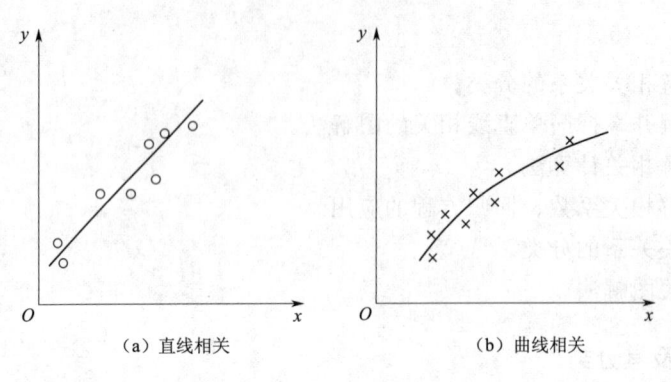

图3-17 相关关系示意图

对于相关关系，按照变量的多少又分为简相关和复相关两种类型。

（1）简相关。指一个因变量与一个自变量直接的相关关系，即只研究两个变量的相关关系，成为简相关。简相关中又有直线相关和曲线相关两种形式。在水文分析计算中，简相关的直线相关应用较多。

（2）复相关。指一个因变量与几个自变量之间的相关关系，即研究3个或3个以上变量的相关关系时，成为复相关。

3.3.2 简相关分析

想一想：简相关分析有哪些方法？

设随机变量x和y代表两同步系列有n对观测值，将对应点据(x_i, y_i)点绘在方格纸上。当点据分布趋势呈直线时，如图3-18所示，近似表示变量x和y之间属直线相关关系。如点据分布较为明显地呈某种曲线形式，近似表示变量x和y属曲线相关关系。以下仅进行直线相关关系分析。

如果变量x和y之间属直线相关关系，建立y随x而变化的直线方程式，称为回归方程式，写为

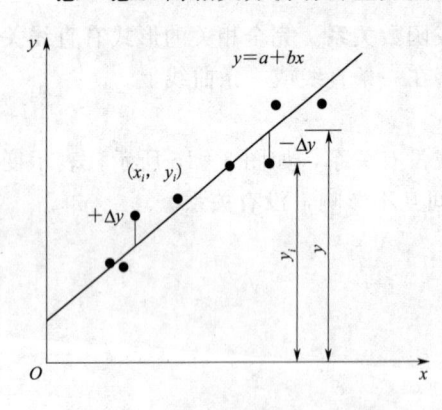

$$y = a + bx \quad (3-24)$$

图3-18 简单直线相关示意图

a和b为待定参数。a为直线在纵轴上的截距，b为直线斜率。简单相关分析有相关图解法和相关计算法两种。

3.3.2.1 相关图解法

1. 相关图解法的步骤

（1）将点据(x_i, y_i)点绘在方格纸上。

（2）计算$(\bar{x}, \bar{y})$，并点会在方格纸上。

（3）目估相关直线。直线通过点群中心，且过点$(\bar{x}, \bar{y})$，相关点据均匀分布在直线

两侧。

(4) 建立直线方程。在图上量出斜率 b 和截距 a，写出方程式。

(5) 插补或延长资料。

相关图解法简便易行，当变量关系点据分布较为集中，分布趋势较为明显时，可以取得较好的效果。

2. 定线时注意事项

相关点均匀分布在相关线的两侧；相关线通过同步资料的均值点，对个别偏离点，查明偏离的原因。

【例 3 - 4】 某设计流域的雨量站（设计站）有 11 年（1996—2006 年）的实测降雨资料，见表 3 - 6（1）（3）栏，同一气候区、自然地理条件相似区域内的一邻近雨量站（参证站）有 22 年（1996—2017 年）降雨量资料，见表 3 - 6（1）（2）栏，经分析代表性较好。试用直线相关图解法建立相关直线及其回归方程式，并将设计站年降雨量资料系列延长。

表 3 - 6　　　　　　　　　参证站与设计站年降雨量表

年份	(1)	1996	1997	1998	1999	2000	2001	2002	2003	2004	2005	2006
参证站 x/mm	(2)	663	556	526	672	514	346	530	491	512	726	545
设计站 y/mm	(3)	729	596	599	849	496	428	652	560	538	720	560
年份	(1)	2007	2008	2009	2010	2011	2012	2013	2014	2015	2016	2017
参证站 x/mm	(2)	458	624	756	520	412	564	398	574	845	569	420
设计站 y/mm	(3)	512	694	840	580	461	628	446	639	938	634	470

解：

(1) 将设计站的年降雨量用 y 表示，邻近雨量站作为参证站，其年降雨量用 x 表示。

(2) 点绘相关图。以 y 为纵坐标，x 为横坐标，将表 3 - 6 中 (2)、(3) 栏同期年降雨量资料点绘在图 3 - 19 上，共得到 11 个相关点。

(3) 计算均值。计算参证站与设计站同期（1996—2006 年）年降雨量的均值。

$$\sum_{i=1}^{n} x_i = 6081 (\text{mm})$$

$$\sum_{i=1}^{n} y_i = 6727 (\text{mm})$$

$$\overline{x} = \frac{1}{n}\sum_{i=1}^{n} x_i = \frac{1}{11} \times 6081 = 553 (\text{mm})$$

$$\overline{y} = \frac{1}{n}\sum_{i=1}^{n} y_i = \frac{1}{11} \times 6727 = 612 (\text{mm})$$

(4) 点绘相关直线。根据 11 个相关点的分布趋势，可以看出为直线相关，过点群中心，即考虑点据分布在直线两边的数量大致相等，过点 (553, 612) 做一条直线，如图 3 - 19 (1)，定出一条直线。

(5) 建立直线方程。在图上查出参数 $a = 8$，把点 (553, 612) 代入 $y = bx + 8$，得到 $b = 1.10$，则建立直线方程为 $y = 1.10x + 8$。

(6) 展延设计站降雨量资料（2007—2017年），见表3-6（3）栏。

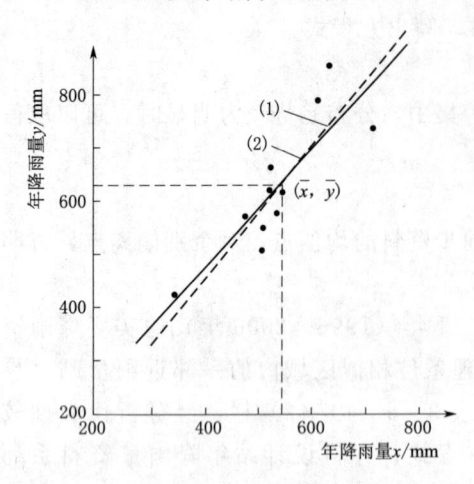

3.3.2.2 相关计算法

当变量 x 和 y 的相关点据虽然呈直线趋势，但点据较为分散时，目估定线往往有较大的偏差，为减少绘制相关直线的主观性，可用相关计算法确定相关直线方程。

1. 计算公式

根据数学中最小二乘法原理，由图3-18可以看出，要使所定直线与实测点"最佳"拟合，就须满足各点距直线纵向离差的平方和最小，即得

$$\sum_{i=1}^{n}(\Delta y_i)^2 = \sum_{i=1}^{n}(y_i - \overline{y}_i)^2 = \sum_{i=1}^{n}(y_i - a - bx_i)^2 \tag{3-25}$$

取极小值。

图3-19 某设计站和参证站年降雨量相关图
(1)—相关图解法；(2)—相关计算法

$$r = \frac{\sum_{i=1}^{n}(x_i - \overline{x})(y_i - \overline{y})}{\sqrt{\sum_{i=1}^{n}(x_i - \overline{x})^2 \sum_{i=1}^{n}(y_i - \overline{y})^2}} \tag{3-26}$$

经过推导可以得出公式：

$$y = \overline{y} + r\frac{\sigma_y}{\sigma_x}(x - \overline{x}) \tag{3-27}$$

$$b = r\frac{\sigma_y}{\sigma_x} \tag{3-28}$$

式（3-27）为 y 依 x 的回归方程式。

$$\sigma_x = \sqrt{\frac{\sum_{i=1}^{n}(x_i - \overline{x})^2}{n-1}} \tag{3-29}$$

$$\sigma_y = \sqrt{\frac{\sum_{i=1}^{n}(y_i - \overline{y})^2}{n-1}} \tag{3-30}$$

式中 r——相关系数；

$\overline{x}$、$\overline{y}$——分别是随机变量 x 和 y 的均值；

σ_x、σ_y——分别是随机变量 x 和 y 的均方差。

用相关计算法对［例3-4］进行相关分析计算，得到相关直线，如图3-19（2）线，本教材计算从略。

2. 相关系数

式（3-26）定义了相关系数 r，相关系数 r 表明了随机变量 x 和 y 之间相关关系的密切程度。相关系数 r 不是从物理成因推导出来的，而是从直线拟合点据的离差概念推导出来。当 $r=0$ 时，只表示两变量间无直线相关关系，但可能存在曲线相关。

(1) 当 $r^2=1$ 时，所有的相关点据 (x, y) 都在回归线上，即变量 x 和 y 之间的关系为函数关系，即完全相关。

(2) 当 $r^2=0$ 时，变量 x 和 y 之间不存在直线相关关系，为零相关。

(3) 当 $0<r^2<1$ 时，r 越接近于 1，相关点据越靠近相关直线，变量 x 和 y 之间的直线相关关系越密切；r 越接近于 0，变量 x 和 y 之间的直线相关关系越不密切。当 $r>0$ 时，变量 x 与 y 为正相关（即当 x 增大时，y 也增大）；当 $r<0$ 时，变量 x 与 y 为负相关（即当 x 增大时，y 反而减小）。

3. 回归方程的误差

因实测相关点据只是总体的一部分，由相关点据样本求得的回归方程，存在着抽样误差。这种抽样误差与样本容量的大小和样本的代表性有关。实际分析中应尽可能增加样本的容量，同时增强资料的代表性。

3.3.2.3 回归分析应用

如果变量间存在着直线相关关系，且经过分析建立了回归方程，则在水文分析计算中，可以利用回归方程，由一种水文变量推求另一种水文变量。

回归分析应当注意以下事项：

(1) 变量间应具有成因联系。应当先进行成因分析，研究变量之间是否确实存在着物理上的联系，这是相关分析的必要条件。不能仅仅根据数字计算结果，将没有成因联系的变量建立相关关系。

(2) 为避免过大的抽样误差，进行相关分析计算时，一般要求 n 在 10 或 12 以上，否则误差太大。

(3) 用到直线无实测点据部分，要慎重。回归方程式是根据实测资料建立的，经验点据范围以外是否符合相关关系是未知的。因此，应用相关关系时，应限于实测资料控制的范围，不宜将相关直线外延。

(4) 水文分析计算中，一般认为相关系数的绝对值 $|r|$ 大于或等于 0.8，此时认为相关性密切。

练一练：

一、问答题

1. 什么叫水文统计？水文统计的任务是什么？
2. 什么叫事件？按照因果关系，事件可以分为几类？它们各有什么特点？
3. 什么叫重现期？重现期与频率有何关系？重现期如何计算？
4. 频率 $P=90\%$ 的枯水年，其重现期 T 为多少年？含义是什么？
5. 什么是随机变量？随机变量可以分为哪两类？它们各有什么特点？
6. 什么是概率分布？如何表示连续型随机变量的概率分布？
7. 什么叫总体？什么叫样本？样本和总体有什么区别和联系？
8. 什么是抽样误差？如何减小抽样误差？
9. 什么是统计参数？各种统计参数的物理意义是什么？
10. 样本统计参数与总体统计参数有何关系？
11. 统计参数对 P-Ⅲ型频率曲线有何影响？
12. 什么是模比系数、离均系数？

13. 如何运用皮尔逊Ⅲ型分布频率曲线表，确定不同频率下的随机变量？
14. 什么是经验频率曲线？如何绘制经验频率曲线？
15. 用频率公式 $P=m/n$ 计算样本资料经验频率有无不妥之处？
16. 水文计算中常用"概率格纸"的坐标是如何划分的？它有何特点？
17. 水文频率计算适线法的基本思路和基本步骤是什么？
18. 什么叫相关关系？相关关系分为哪几种？
19. 水文上应用相关分析解决什么问题？
20. 简单相关分析有哪些方法？
21. 相关图解法的步骤是什么？
22. 如何理解相关系数？

二、填空题

1. 投掷一枚硬币出现正面和反面的概率是_____，若投掷了10次出现正面6次，那么出现正面的频率是_____，其概率是_____。
2. 在水文样本统计参数中_____反映了系列的离散程度；_____反映了系列的偏离程度；_____反映了系列平均水平的高低。
3. 某水库大坝设计频率为 $P=1\%$，其相应的重现期为_____年一遇的洪水；某发电工程按 5 年一遇的枯水年作为设计标准，换算成相应的频率 $P=$_____。
4. 相关系数 r，当 $r^2=1$，表示两个变量为_____，$r>0$_____；$r<0$_____；$r=0$_____相关。
5. 已知某流域有 30 年的降雨资料，经适线得其均值为 600mm，$C_v=0.20$，$C_s=2C_v$，查得 P-Ⅲ型曲线 $P=10\%$ 时，$K_P=1.26$，推求相应的 $H_P=$_____。
6. 当样本系列中各值在均值两侧对称分布时，$C_s=0$，称为_____；若分布不对称时，$C_s>0$，称为_____。
7. 模比系数与_____有关系，离均系数与_____有关系。
8. 随机事件的概率介于_____之间。
9. 随机事件的发生与其条件之间没有确定的_____关系。
10. 枯水年年径流量的频率应_____50%，丰水年年径流量的频率应_____50%。
11. 50 年一遇的枯水年年径流量，其频率为_____%。
12. 在工程水文中，将用_____方法进行水文分析计算称为水文统计。
13. 水文变量属于_____型随机变量。
14. P-Ⅲ型分布频率曲线，可由_____、_____和_____3个统计参数唯一确定。
15. 由实测水文资料计算所得的频率，称为_____。

三、选择题

1. 水文统计中的水文变量属于（　　）随机变量。
   A. 连续型　　　　　　　B. 不确定型　　　　　　　C. 离散型
2. 列表法适用于表示（　　）的概率分布。
   A. 离散型随机变量　　　B. 连续型随机变量
   C. 离散型随机变量和连续型随机变量

3. 某河流断面100年一遇的洪峰流量为2000m³/s，表明洪峰流量（　　）2000m³/s的洪水，平均每100年发生一次。

　　A. 等于　　　　　　　　B. 大于或等于　　　　　　C. 小于

4. P-Ⅲ型分布频率曲线偏态系数 $C_s=1.5$，频率=2%时，离均系数应等于（　　）。

　　A. 0.69　　　　　　　　B. 4.68　　　　　　　　　C. 2.74

5. 样本的（　　）就是总体相应统计参数的无偏估计。

　　A. 离势系数 C_v　　　　B. 均值　　　　　　　　　C. 偏态系数 C_s

6. 甲、乙两条河流的年径流量 C_v 分别为0.6和0.8，则甲河年径流量的多年变化（　　）。

　　A. 剧烈　　　　　　　　B. 缓慢　　　　　　　　　C. 不好说

7. "千年一遇"的设计洪水，就是（　　）。

　　A. 每隔1000年恰好遇上一次　　　　　　B. 在1000年内正好遇上一次

　　C. 大于或等于这样的洪水在长时期内平均1000年可能发生一次

8. 两个变量间的相关系数 $r^2=0$，则说明变量之间（　　）。

　　A. 不存在直线相关关系　　B. 存在直线相关关系　　C. 不存在相关关系

9. 样本容量越大，抽样误差（　　）。

　　A. 越小　　　　　　　　B. 越大　　　　　　　　　C. 不一定

10. 工程水文中的频率曲线绘在概率格纸上，这是因为（　　）。

　　A. 概率格纸横坐标为频率坐标分格：中密边疏，累计频率曲线两端可展平，应用起来方便

　　B. 概率格纸横坐标为频率坐标分格

　　C. 有规定

11. 某同学抛一枚均匀的硬币，共抛了100次，正面朝上的次数是40次，下面说法正确的是（　　）。

　　A. 正面朝上的频率是100%　　B. 正面朝上的频率是60%　　C. 正面朝上的频率是40%

12. 盒子中装有4个黄球和8个红球，每个球除了颜色外都相同，从盒子中任意摸出一个球，是红球的概率是（　　）。

　　A. 1/2　　　　　　　　　B. 1/3　　　　　　　　　C. 2/3

13. 某频率为90%的枯水流量，其重现期为（　　）年。

　　A. 10　　　　　　　　　B. 50　　　　　　　　　　C. 100

14. 某水文变量的离势系数 C_v 值大，表示该水文变量（　　）。

　　A. 会以较小的概率分布在均值附近

　　B. 会以较大的概率分布在均值附近

　　C. 概率密度函数曲线较为尖瘦

15. 相关分析在水文分析计算中主要用于（　　）。

　　A. 计算相关系数　　　　B. 推求频率曲线　　　　　C. 插补、延长水文系列

四、判断题

1. 重现期与频率成倒数关系。（　　）

2. P-Ⅲ型分布函数有3个参数，即：$\bar{x}$、C_v、C_s。（　　）

3. 对于 $P=80\%$ 的枯水流量，重现期 $T=20$ 年。（　　）
4. 对于 $P=10\%$ 的洪水流量，重现期 $T=10$ 年。（　　）
5. C_v 越大，说明变量的对称程度越大。（　　）
6. 偏态系数反映随机变量的分布对于均值是否对称。（　　）
7. 对于两个不同的随机变量系列，均方差越大，分布的离散程度一定大。（　　）
8. 随机事件发生的条件和事件的发生与否之间没有确定的因果关系。（　　）
9. 均方差表示随机变量分布对于均值的离散的程度。（　　）
10. 相关系数 r 的取值范围是 $0\sim1$（　　）

五、计算题

某河流断面估算多年 $\overline{Q}=500\text{m}^3/\text{s}$，年平均流量的离势系数 $C_v=0.60$，偏态系数 $C_s=1.20$。设年平均流量服从 P-Ⅲ型分布，试推求频率 $P=5\%$ 的年平均流量 Q_P。

项目四　年径流分析与计算

项 目 任 务 书

项目名称	年径流分析与计算	参考学时	12
学习型工作任务	任务4.1　年径流分析基础		2
	任务4.2　具有长期实测径流资料时设计年径流的计算		4
	任务4.3　具有短期实测径流资料时设计年径流的计算		4
	任务4.4　缺乏实测径流资料时设计年径流的计算		2
项目任务	掌握年径流的相关概念，能进行年径流的分析与计算		
教学内容	1. 年径流及设计年径流 2. 年径流的年内及年际变化 3. 年径流的影响因素 4. 设计年径流的形式 5. 径流资料审查 6. 有长期实测径流资料的设计年径流计算方法 7. 有短期实测径流资料的设计年径流计算方法 8. 缺乏实测径流资料的设计年径流计算方法 9. 分析设计年径流计算成果合理性		
教学目标	知识	1. 掌握年径流及其年内、年际变化 2. 了解年径流的影响因素 3. 掌握有长期实测径流资料的设计年径流计算方法 4. 掌握有短期实测径流资料的设计年径流计算方法 5. 了解缺乏实测径流资料的设计年径流计算方法 6. 了解设计年径流计算成果合理性	
	技能	能够分析与计算年径流	
	素养	1. 培养学生做事情能够认真、细致 2. 培养学生刻苦学习的习惯 3. 培养学生谨慎做事的敬业精神	
教学实施	理论实践一体化教学、案例教学法、小组学习法等		
项目成果	学会计算年径流		

任务 4.1 年径流分析基础

学习指导

目标： 1. 掌握年径流相关概念、年内年际变化及影响因素。
2. 了解年径流分析计算的目的和内容。

重点： 1. 年径流。
2. 年径流特性。
3. 年径流的影响因素。
4. 年径流分析计算的目的和内容。

4.1.1 年径流

想一想： 什么是年径流？它又用什么来表示呢？

在一个年度中，通过河流某一断面的水量，称为该断面以上流域的年径流量，简称年径流。

年径流的表示方法有：

（1）年径流总量 W。一个年度内，流经河流某断面的全部总水量，单位：m^3。

（2）年平均流量 Q。单位时间内的年径流量，单位：m^3/s。

（3）年径流深 R。年径流总量与流域面积之比，单位：mm。

（4）年径流模数 M。单位流域面积上单位时间所产生的径流量，即年平均流量与流域面积之比，单位：$L/(s·km^2)$。

在水文年鉴和水文资料中，因计算的需要，"一个年度"通常不是以日历年统计的，而是按照水文现象的循环周期划分为水文年或水利年。由于我国南北方气候的不同，水文年及水利年的起止日期并不一致，一般以每年夏春季河水开始涨水为起点，以次年枯水期结束为终点，在各地均有具体规定。

年径流量的多年平均值叫作多年平均径流量，通常是一个比较稳定的数值，它是反映某断面以上流域地面径流蕴藏量的水文特征值，同时也是区域水资源的重要指标。

4.1.2 年径流特性

想一想： 结合我国的地理位置，年径流的变化规律如何？

我国地处北半球，受季风影响，西部干旱少雨，东部沿海多雨，北方比南方少雨。但总体上看，大部分地区降水集中在夏秋季节。

受气候等因素的影响，我国河流径流情况随时空不同，有显著变化，具体如下。

4.1.2.1 年径流的空间变化

我国年径流总体变化趋势为由西北到东南越来越多。结合多年平均情况，西北年径流深不到10mm，如柴达木盆地、塔里木盆地、河西走廊等地；年径流深为 10～50mm 的地区如内蒙古高原南部、青藏高原北部等地；年径流深为 50～200mm 的地区如东北大兴安岭、大部分华北平原、青藏高原中部以及新疆西部等地；年径流深为 200～800mm 的地区如东北东部、台湾、广东、江西、大部分长江流域等地区；年径流深大于 800mm 的地区如浙江、云南、西藏东南部等地。

4.1.2.2 年径流的年内变化

我国河流大部分补给来源为大气降水，由于年内降水分配不均，所以表现为汛期和非汛期。长江以南地区的汛期较早，大概每年 6 月开始，北方稍晚。

汛期水量多且变化明显；非汛期水量少且变化缓慢。径流在一年内的这种变化称之为年径流的年内变化，也叫年径流的年内分配，通常用月径流量过程线、月平均流量过程线或月径流量占年径流量的百分比来表示。

4.1.2.3 年径流的年际变化

受季风气候影响，我国年径流不仅在一年之内有较大变化，其年际变化也很大。根据年径流量与多年平均年径流量的关系划分为丰水年、平水年、枯水年。

（1）丰水年：年径流量大于多年平均年径流量的年份。

（2）平水年：年径流量接近多年平均年径流量的年份。

（3）枯水年：年径流量小于多年平均年径流量的年份。

年径流的年际变化过程中，丰水年、平水年、枯水年并非有规则地出现，可能出现连续的枯水年、丰水年或平水年，但总趋势是交替出现的。

4.1.3 年径流的影响因素

想一想：影响年径流的因素都有什么？

为了分析年径流及其变化规律，就必须从成因方面去探讨其影响因素，尤其在实测资料不足时，常常需要建立年径流与其他有关因素的相关关系进行展延年径流资料；在缺乏实测径流资料时，水文比拟法或等值线图法是常用的方法，此时也需分析年径流的影响因素。

径流是水循环中的重要环节，年径流的影响因素实际上就是产流与汇流的影响因素。通常用水量平衡方程来研究。

闭合流域水量平衡方程如下：

$$P = R + E + \Delta W \tag{4-1}$$

式中　P——年降水量，m^3；

　　　R——年径流量，m^3；

　　　E——年蒸发量，m^3；

　　　ΔW——流域蓄水变化量，m^3。

其中，年径流量 R 的值与年降水量 P、年蒸发量 E 以及流域蓄水变化量 ΔW 有关。P 和 E 属于流域气候因素，ΔW 则取决于流域下垫面及人类活动。

4.1.3.1 气候因素

根据水量平衡方程，影响年径流的主要气候因素为降水量 P 和蒸发量 E，两者在不同的地区对年径流的影响有一定的差异性。在我国南方，气候湿润，降水量大，蒸发量小，此时对年径流起决定性作用的是降水；在我国北方，气候干旱，降水量小，蒸发量大，且蒸发消耗了大部分的降水，所以此时，降水和蒸发均对年径流有很大的影响。

以融雪为主要补给来源的河流，其年径流除与前一年的降雪量有关外，还与当年的气温息息相关，此时，气温对年径流有很大影响。

4.1.3.2 下垫面因素

流域下垫面因素主要有地形、植被、土壤、地质、流域面积、湖泊、沼泽等。上述因素可直接对年径流产生影响，也可以通过影响降水和蒸发等气候因素间接影响年径流。

1. 地形

地形包括地面的高程、坡度等，它通过影响降水、蒸发等气候因素间接对年径流产生影响。一般来说，在一定范围内，同一地区蒸发量随高程的增加而减小、降水量随高程的增加而增大；由于山地对水汽运动的抬升作用，背风坡的降水量和径流量小于迎风坡。

2. 植被

植被率高的地区，地下径流所占总径流的比例随着植被率的增加而变大，同时更多的植物根系加剧了水的下渗，因此植被使年径流的变化趋于平稳。

部分降水下渗变为地下水，地面以下形成较大的地下水库，使得年径流变化趋于平稳。

3. 流域面积

流域面积的大小直接影响流域的蓄水量，从而影响流域的蓄水能力和调节能力。流域面积越大，其蓄水能力和调节能力越强，年径流的变化就越平稳。

4. 湖泊和沼泽

湖泊和沼泽的增多，会使径流的调节能力变强、变化趋于平稳。在干旱地区，湖泊和沼泽增加了流域的水面面积，加剧蒸发，径流减少。

4.1.3.3 人为因素

人类活动可以直接改变径流情况，如跨流域引水；也可以通过修建水库、植树造林等措施改变流域下垫面条件进而间接对径流产生影响。

随着科技的发展，修建的水利工程规模越来越大、数量越来越多，其对环境的影响也越来越大。因此，在分析计算年径流时，应充分考虑人类活动的影响。

4.1.4 年径流分析计算的目的和内容

想一想：为什么要分析计算年径流？如何进行分析计算？

4.1.4.1 年径流分析计算的目的

因天然径流常常无法满足国民经济各部门的用水需求，所以需要修建各种水利工程来调配径流。根据年径流的年内、年际变化特性及用水需求，需修建的水利工程的规模也不同。

目的：根据来水与用水情况，结合技术与经济条件，推求不同保证率的年径流量及其分配过程，用以确定水利水电工程规模的大小，为水利工程规划设计提供重要依据。

4.1.4.2 年径流分析计算的内容

（1）搜集和复查基本资料信息。

（2）分析与计算年径流量的频率。

（3）提供设计年径流的时程过程。

（4）检查分析计算成果的合理性。

任务 4.2　具有长期实测径流资料时设计年径流的计算

学习指导

　　目标：1. 掌握资料审查的"三性"。
　　　　　　2. 掌握典型年的选取原则。
　　　　　　3. 掌握同倍比法与同频率法计算年径流及年内分配的方法。
　　　　　　4. 掌握设计年径流成果合理性分析的参数及方法。
　　重点：1. 可靠性、一致性、代表性。
　　　　　　2. 典型年的选取原则。
　　　　　　3. 同倍比法。
　　　　　　4. 同频率法。
　　　　　　5. 均值、C_s 和 C_v 值的审查。

　　年径流资料不同时，分析计算的方法有所不同。当有较长期实测径流资料能够反映设计断面径流的长期变化时，可以直接对流量资料进行分析计算，得到所需成果，此时我们称具有长期实测径流资料，其年数应不小于 30 年。

　　有长期资料时，分析计算设计年径流的基本步骤如下：

　　（1）实测年径流资料的审查。

　　（2）设计年径流量的推求及年内分配。

4.2.1　资料审查

　　想一想：为什么要进行资料审查以及审查内容是什么？

　　水文分析计算的准确性和精确度与原始水文资料有着密不可分的关系，因此，在进行年径流分析计算工作之前，首先应该对收集到的水文资料展开严格的审查，分析其可靠性、一致性、代表性。

4.2.1.1　资料的可靠性

　　收集到资料的可靠程度称为资料的可靠性。一般来说，水文资料在正式发布之前都会进行审查，但也不完全排除资料出现错误的情况，因此，分析计算年径流之前，需要对资料的观测方法、观测精度、整编方法等进行审查，反复校对，保证资料的可靠性。

4.2.1.2　资料的一致性

　　对年径流进行分析计算时，影响年径流的因素应该是一致的，这种性质称为资料的一致性。一般来说，气候条件变化是极为缓慢的，在近百年期间都可以看成是稳定的，一般可以不加考虑。但由于人类活动的影响，下垫面因素可能在短期内发生显著变化，此时，资料的一致性则遭到破坏，如果想要继续进行年径流分析计算，应对发生变化后的年径流资料进行修正，使其还原到天然状态。

　　引起流域下垫面条件变化的因素，通常有以下几种：

　　（1）跨流域引水，增加或减少流域内的水量。

　　（2）修建水利工程，改变了径流的年内分配。

　　（3）工农业用水增加，减少地表径流量等。

上述因素都会使得资料的一致性遭到破坏。当流域下垫面条件没有明显改变时，可认为实测资料具有一致性。

4.2.1.3 资料的代表性

水文分析统计中，是将水文变量看作随机变量，选定的实测年径流系列作为一个样本对总体的接近程度称为资料的代表性。为减小误差、使资料具有较好的代表性，则要求实测样本尽可能的接近总体，并客观真实地反映总体的统计规律。

水文现象的总体是未知的，因此无法直观地判断实测样本的代表性程度。但根据数理统计知识可知，容量越大的样本代表性越好，所以可将实测样本与更长期的资料进行对比，来检验资料的代表性。

例如：鉴定设计站 A 的 n 年实测径流系列代表性的思路为

(1) 选择气候和下垫面条件相似的同一地区具有 N 年（$N>n$）长系列实测资料的参证站 B 来检验 A 的 n 年系列的代表性。

(2) 计算其长、短系列的统计参数分别为 $\overline{Q_N}$、C_{VN}、$\overline{Q_n}$、C_{Vn}，如长短系列的统计参数接近（一般要求相对误差不超过 5%～10%），则可认为参证变量 n 年在长系列 N 年中代表性较高，从而推断设计站 A 的 n 年径流系列也具有较好的代表性。

此外，考虑到水文变化的周期性，实测径流系列应包含几个丰水年、平水年、枯水年交替年组。

4.2.2 代表年的径流量及年内分配

想一想：设计代表年如何选取？如何计算代表年的年径流量及年内分配？

兴利调节计算代表年法中的代表年分实际代表年和设计代表年。

4.2.2.1 实际代表年的径流量及年内分配

在规划小型灌溉工程时，可以对当地历史上曾发生过的干旱年份进行调查分析，确定干旱程度，结合设计要求，从实测径流资料中选取合适的干旱年份作为代表年，以该年的径流过程作为实际代表年的年、月径流量。以此作为设计条件下的来水，再结合灌溉情况，通过径流调节计算，即可求得灌溉工程的规模。但此种方法确定的规模不一定完全满足设计频率，仅在中小型灌溉工程中得到应用。

4.2.2.2 设计代表年的径流量及年内分配

设计年径流量是指符合指定设计保证率的年径流量，可通过年径流量的频率分布曲线推求。设计年径流量在年内的逐月水量分配过程称为设计年径流的年内分配，也叫设计代表年的年、月径流量，其对库容大小有着显著影响，如图 4-1 所示，a、b 两年的年平均流量相同，但 b 年的年内分配比 a 年平稳，因此两年所需供水量不同，则所需水库库容也不同，既 $V_a > V_b$。

通常可用同倍比法或同频率法缩放选取的代表年（也称典型年）径流过程求得。

1. 典型年选取的原则

(1) 流量相近原则，选择与设计年、时段径流量大小相近的年。

(2) 对工程不利原则，灌溉工程选灌溉需水季节且径流较枯的年份；水电工程选枯水期较长且径流又较枯的年份。

灌溉工程只选枯水年作为典型年，而水电工程一般选取枯水年、平水年和丰水年 3 个典型年，相应的设计保证率可取：$P \geq 75\%$、$P = 50\%$、$P \leq 25\%$。

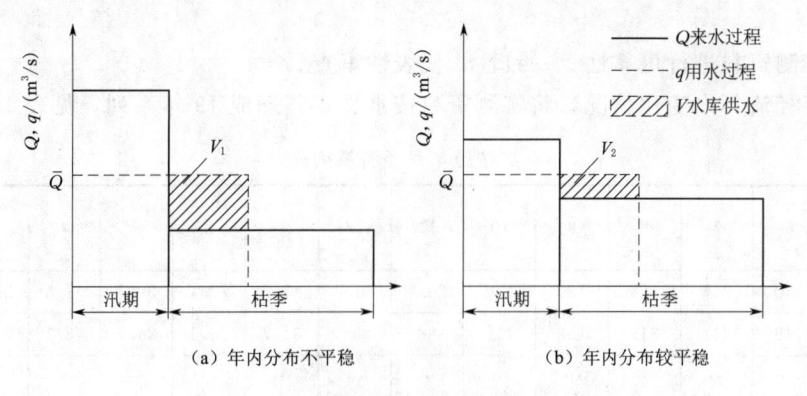

任务 4.2 具有长期实测径流资料时设计年径流的计算

(a) 年内分布不平稳

(b) 年内分布较平稳

图 4-1 径流年内分配对库容影响示意图

2. 径流年内分配计算方法

(1) 同倍比法。此方法是用相同的缩放系数 K 逐月与所选取的典型年相乘，即可得到设计年径流的年内分配过程。

缩放系数的计算公式：

$$K = Q_{设}/Q_{典} \tag{4-2}$$

式中 $Q_{设}$——设计年径流量，m^3/s；

$Q_{典}$——典型年年径流量，m^3/s。

【例 4-1】 某站具有 1980—1999 年共 20 年实测径流资料，为设计工程，现已选取 1995—1996 年为枯水典型年，其实测资料按水文年整理见表 4-1，现已选取设计枯水年平均径流量为 $221m^3/s$，试用同倍比法求设计年的年内分配。

表 4-1　　　　　某站 1995—1996 年逐月径流量　　　　　单位：m^3/s

月　份	4	5	6	7	8	9	10	11	12	1	2	3
枯水典型年月径流量	15.3	18.5	20.4	23.6	31.3	29.8	22.1	18.6	15.2	10.3	12.1	13.2

解：

1) 对实测资料进行可靠性、一致性、代表性审查。

2) 计算代表年年平均流量 $Q_{典} = 230.4 m^3/s$。

3) 以年平均流量计算缩放系数：

$$K = Q_{设}/Q_{典} = 221/230.4 = 0.96$$

4) 根据缩放系数，计算设计年径流年内分配，见表 4-2。

表 4-2　　　　　设计枯水年逐月径流量计算表　　　　　单位：m^3/s

月　份	4	5	6	7	8	9	10	11	12	1	2	3	合计
枯水典型年月径流量	15.3	18.5	20.4	23.6	31.3	29.8	22.1	18.6	15.2	10.3	12.1	13.2	230.4
设计枯水年月径流量	14.7	17.8	19.6	22.7	30	28.6	21.2	17.9	14.6	9.9	11.6	12.7	221

【例 4-2】 某站具有 1976—1995 年共 20 年的实测径流资料，现因设计工程需要，用同倍比法推求 $P_1 = 90\%$ 枯水年、$P_2 = 50\%$ 中水年、$P_3 = 10\%$ 丰水年的年径流量及年内分配。

解：

1) 对实测资料进行可靠性、一致性、代表性审查。

2) 观察径流年内变化情况，将实测资料按水文年整理成 19 年系列，见表 4-3。

表 4-3　　　　　　　　　　　某站历年月径流系列表　　　　　　　　　　单位：m^3/s

月份 年份	6	7	8	9	10	11	12	1	2	3	4	5	年平均
1976—1977	150	265	166	180	130	80.7	65.7	42.6	27.4	39.4	49.6	51.6	104
1977—1978	149	221	319	152	196	88	34.5	31.7	26.1	24.9	43.7	94.1	115
…	…	…	…	…	…	…	…	…	…	…	…	…	…
1982—1983	187	254	543	279	212	110	59.3	47.8	32.1	54.3	79.8	170	169
…	…	…	…	…	…	…	…	…	…	…	…	…	…
1988—1989	261	350	176	235	157	110	74.2	49.1	39.3	42.1	124	182	150
…	…	…	…	…	…	…	…	…	…	…	…	…	…
1994—1995	151	249	617	510	290	141	80.1	49.9	50.1	36.9	121	104	200
平均值	242	324	201	245	148	107	58.7	54.3	43.2	39.8	113	140	157

3) 计算各年的平均流量，并用适线法进行频率计算，得到对应于 $P_1=90\%$、$P_2=50\%$、$P_3=10\%$ 的年平均流量为：$Q_1=106m^3/s$，$Q_2=152m^3/s$，$Q_3=210m^3/s$。

4) 根据典型年选取原则，从实测资料中选择 1976—1977 年为 $P_1=90\%$ 的枯水典型年，1988—1989 年为 $P_2=50\%$ 的平水典型年，1994—1995 年为 $P_3=10\%$ 的丰水典型年。

5) 以年平均流量计算缩放系数：

枯水年 $K_1=Q_1/Q_{典1}=106/104=1.02$

平水年 $K_2=Q_2/Q_{典2}=152/150=1.01$

丰水年 $K_3=Q_3/Q_{典3}=210/200=1.05$

6) 根据缩放系数，计算设计年径流年内分配，即可求得枯水、平水、丰水年的年径流的年内分配，见表 4-4。

表 4-4　　　　　　　　设计年径流年内分配计算表（同倍比法）　　　　　　　单位：m^3/s

月份	6	7	8	9	10	11	12	1	2	3	4	5	年平均
枯水典型年	150	265	166	180	130	80.7	65.7	42.6	27.4	39.4	49.6	51.6	104
设计枯水年	153	270	169	184	133	82	67	43.5	27.9	40.2	50.6	52.6	106
平水典型年	261	350	176	235	157	110	74.2	49.1	39.3	42.1	124	182	150
设计平水年	264	354	178	237	159	111	74.9	49.6	39.7	42.5	125.2	184	152
丰水典型年	151	249	617	510	290	141	80.1	49.9	50.1	36.9	121	104	200
设计丰水年	159	261	648	536	305	148	84.1	52.4	52.6	38.7	127	109	210

由［例 4-1］与［例 4-2］可以看出，同倍比法计算设计年径流方法简单，且设计的年内分配与所选取的典型年一致。但通过此方法求出的径流过程并不一定在每个控制时段都符合设计频率，尤其在枯水年中，因此同频率法更被常用。

（2）同频率法（多倍比法）。此方法是将选取的典型年的径流过程按照不同的控制时段

以不同的比例缩放，从而得到设计年的径流年内分配。如需最小 4 月及全年径流量都符合涉及频率，则缩放比为

$$最小 4 个月缩放比 \quad K_4 = W_{4设}/W_{4典} \tag{4-3}$$

$$全年其余 8 个月缩放比 \quad K_{12-4} = (W_{年设} - W_{4设})/(W_{年典} - W_{4典}) \tag{4-4}$$

式中　$W_{4设}$、$W_{4典}$——设计年及典型年最小 4 个月的径流量，m^3；

　　　$W_{年设}$、$W_{年典}$——设计年及典型年的年径流量，m^3。

同频率法计算出的设计年径流的年内分配更符合设计频率要求，但由于采取不同的缩放比导致典型年径流的分配模式被破坏，因此在用此方法计算时常常要对径流成因进行分析，用以确保径流年内分配的合理性。

【例 4-3】 资料同［例 4-2］，水利工程为水库，用途为发电，因此选最小 4 个月及全年其余 8 个月作为不同时段，频率计算结果为 $P=90\%$ 枯水年年平均流量 $106m^3/s$，最小 4 个月水量为 158（m^3/s）·月，仍选 1976—1977 年为枯水典型年，用同频率法求 $P=90\%$ 的设计年径流的年内分配。

解：

1) 典型年最小 4 个月（1977 年 1—4 月）的水量为

$$W_{4典} = 42.6 + 27.4 + 39.4 + 49.6 = 159 (m^3)$$

2) 计算缩放系数

最小 4 个月缩放系数

$$K_4 = W_{4设}/W_{4典} = 158/159 = 0.99$$

全年其余 8 个月缩放比

$$K_{12-4} = (W_{年设} - W_{4设})/(W_{年典} - W_{4典}) = (106 \times 12 - 158)/(104 \times 12 - 159) = 1114/1089 = 1.02$$

3) 根据缩放系数，计算设计年径流年内分配，即可求得 $P=90\%$ 的设计年径流的年内分配，见表 4-5。

表 4-5　　　　　设计年径流年内分配计算表（同频率法）　　　　　单位：m^3/s

月份	6	7	8	9	10	11	12	1	2	3	4	5	年平均
枯水典型年径流	150	265	166	180	130	80.7	65.7	42.6	27.4	39.4	49.6	51.6	104
K	1.02	1.02	1.02	1.02	1.02	1.02	1.02	0.99	0.99	0.99	0.99	1.02	
设计枯水年	153	271	170	184	133	82.3	67.1	42.2	27.2	39.2	49.2	52.8	106

4.2.3　设计年径流成果合理性分析

想一想： 如何对均值、C_v、C_s 进行检查？

年径流资料在符合可靠性、一致性、代表性的条件下进行频率计算，可求得年径流的频率曲线及统计参数。但由于资料受到时间上和空间上的局限，结果往往不能令人十分信服，为了提高成果的可信度，需对年径流频率计算成果进行合理性分析。成果分析主要是对年径流系列均值、C_v 值和 C_s 值进行审查。

4.2.3.1　均值的检查

多年平均径流量的主要影响因素为气候，所以其应与气候因素一样具有明显的地理分布规律。通常可以与邻近流域进行比较，判别成果的合理程度。若流域面积相差过大，可换算

成径流深度进行比较,若成果与临近流域相差过大,应做进一步的分析论证。

4.2.3.2 变差系数 C_v 与偏差系数 C_s 的检查

年径流量的变差系数 C_v 同样被气候因素所影响,所以也具有同样的地理分布规律。气候相同或相似的区域,其变差系数 C_v 值应比较接近。另外,流域面积影响流域的调蓄能力,进而影响到 C_v 值的大小,一般而言,C_v 值随流域面积的减小有变大的趋势。

对于偏差系数 C_s 来说,一般认为其与 C_v 的比值具有分区性,即可以按照地理位置检验 C_v/C_s 值,用以确定其合理性。

任务 4.3 具有短期实测径流资料时设计年径流的计算

学习指导

目标:1. 掌握根据径流资料展延系列的方法。
 2. 了解根据降雨资料展延系列的方法。
重点:1. 根据年径流资料展延系列。
 2. 根据月径流资料展延系列。

当设计站只有几年、十几年实测径流资料或虽有 20 年但系列不连续或代表性较差时,如直接用这些资料进行水文计算,可能会使计算结果误差很大。为了提高水文计算的可靠性,应设法插补延长资料系列,然后再进行频率计算。

有短期资料时,分析计算设计年径流的基本步骤如下:
(1) 实测年径流资料的审查。
(2) 选择参证变量,插补延长设计站年、月径流系列。
(3) 设计年径流量的推求及年内分配。

从上述步骤可以看出,与具有长期实测径流资料计算年径流的步骤相比,短期资料情况下,步骤(1)、步骤(3)是相同的,所以在有短期资料的情况下,插补延长水文资料是计算的关键。

当得到展延后的较长年径流系列后,可以按照 4.2 所述方法,求得符合一定频率的年径流量及其年内分配。

4.3.1 利用径流资料展延系列

想一想:如何选取径流资料来展延径流系列?如何展延?

在设计站上、下游或邻近流域有相似条件的水文站时,可选其作参证站,展延设计站的径流系列。

4.3.1.1 利用年径流资料展延系列

当设计站与参证站同期实测资料较多时,可以在直角坐标纸上点绘出相关点,如图 4-2 所示,建立年径流量的相关关系,利用参证站的年径流量资料展延设计站的年径流量系列。

4.3.1.2 利用月径流资料展延系列

当设计站与参证站同期实测资料较少时,无法建立年径流量的相关关系时,可建立月径流系列的相关关系,用以展延设计站的年、月径流系列。如只有 4 年同期年径流资料,就有 48

任务 4.3 具有短期实测径流资料时设计年径流的计算

个月相关点，可建立月径流相关关系。

值得指出的是，因月径流的时段较短且影响因素较多，所以，月相关点更为散乱，精度较低。

【例 4-4】 已知某水利工程的设计代表站有 1954—1971 年的实测径流资料，其下游有一参证站，有 1934—1971 年的年径流系列资料，见表 4-6。其中

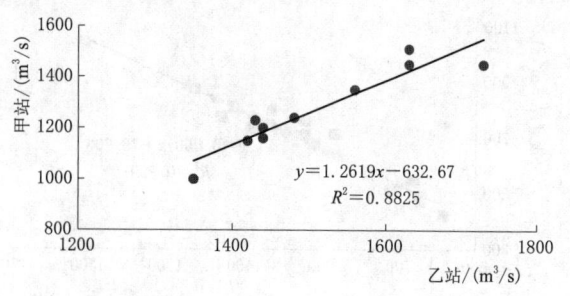

图 4-2 甲乙两站年径流相关图

1953—1954 年，1957—1958 年，1959—1960 年分别被选定为 $P=50\%$、$P=75\%$、$P=95\%$ 的代表年，其年内的逐月分配见表 4-7。

表 4-6　　　参证站与设计站实测年径流系列　　　单位：m³/s

年份	参证站	设计站	年份	参证站	设计站	年份	参证站	设计站
1934	920	(674)	1947	933	(682)	1960	859	643
1935	1075	(774)	1948	847	(626)	1961	1050	752
1936	887	(652)	1949	1177	(841)	1962	782	569
1937	922	(675)	1950	878	(646)	1963	1130	813
1938	1080	(778)	1951	996	(723)	1964	1160	775
1939	778	(581)	1952	703	(533)	1965	676	547
1940	1060	(765)	1953	788	(588)	1966	1230	878
1941	644	(494)	1954	945	761	1967	1510	1040
1942	780	(583)	1955	1032	800	1968	1080	735
1943	1029	(745)	1956	587	424	1969	727	519
1944	872	(643)	1957	664	552	1970	649	473
1945	932	(682)	1958	947	714	1971	870	715
1946	1246	(886)	1959	702	444			

表 4-7　　　设计站代表年月径流分配　　　单位：m³/s

月份＼年份	7	8	9	10	11	12	1	2	3	4	5	6	年平均
1953—1954	827	920	1780	1030	547	275	213	207	243	303	363	714	619
1957—1958	1110	1010	919	742	394	200	162	152	198	260	489	965	550
1959—1960	1110	1010	787	399	282	180	124	135	195	232	265	594	443

试求：

（1）根据参证站资料，将设计站的年径流系列延长至 1934—1971 年。

（2）根据设计站代表年的逐月径流分配，计算设计站 $P=50\%$、$P=75\%$、$P=95\%$ 年份的逐月径流分配过程。

解：

1）延长设计站的年径流系列。

a. 绘制相关图：根据表 4-4 设计站与参证站同期资料，点绘年径流量的相关点，如图 4-3 所示。从图中可以看出，两站的相关关系较好，采用图解法目估定出一条相关线。

b. 展延资料：利用相关线图 4-3，求出相关方程式，推求设计站缺失实测年份（1934—1953 年）的年径流资料，展延结果见表 4-6 括号内数字。

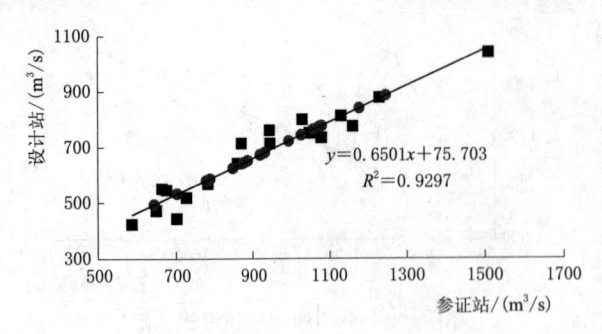

图 4-3 参证站设计站年径流相关图

2) 计算逐月径流分配过程。

a. 频率计算：根据展延后的数据，使用适线法进行频率曲线计算，得到设计站不同频率的设计年径流如下：

$$Q_{P=50\%}=640\text{m}^3/\text{s}；Q_{P=75\%}=580\text{m}^3/\text{s}；Q_{P=95\%}=475\text{m}^3/\text{s}。$$

b. 分别计算缩放系数：

对于 $P=50\%$ 的设计年：$K_{P=50\%}=640/619=1.03$；

对于 $P=75\%$ 的设计年：$K_{P=75\%}=580/550=1.05$；

对于 $P=95\%$ 的设计年：$K_{P=95\%}=475/443=1.07$。

c. 计算设计站 $P=50\%$、$P=75\%$、$P=95\%$ 的径流分配过程：

表 4-8　　　　　　设计站不同频率的年内分配过程　　　　　　单位：m³/s

月份 年份	7	8	9	10	11	12	1	2	3	4	5	6	年平均
1953—1954	827	920	1780	1030	547	275	213	207	243	303	363	714	619
$P=50\%$	855	951	1840	1065	566	284	220	214	251	313	375	738	640
1957—1958	1110	1010	919	742	394	200	162	152	198	260	489	965	550
$P=75\%$	1170	1065	969	782	415	211	171	160	209	274	515	1017	580
1959—1960	1110	1010	787	399	282	180	124	135	195	232	265	594	443
$P=95\%$	1190	1083	844	428	302	193	133	145	209	249	284	637	475

4.3.2 利用降雨资料展延系列

想一想：当无法利用径流资料进行展延时，是否可以用降雨资料进行展延径流系列？

当资料受限，无符合条件的径流资料进行展延，可设法利用降雨资料展延径流。

当设计流域内有长期实测降雨资料时，可通过降雨量和径流量的相关关系进行展延。建立相关关系时，一般用流域的年降雨深与年径流深来建立关系图。当流域面积较小时，或某站的年降雨量与流域内平均降雨量有密切关系时，也可以点绘降雨径流相关图，进而展延年径流系列。

需要指出的是，无论用何种方法进行展延年径流系列，都需要对展延结果进行合理性分析。

本教材对此部分内容不进行过多介绍。

任务 4.4　缺乏实测径流资料时设计年径流的计算

学习指导

　　目标：1. 掌握等值线法计算年径流及年内分配。
　　　　　2. 掌握水文比拟法计算年径流及年内分配。
　　重点：1. 等值线法。
　　　　　2. 水文比拟法。

　　在规划中小型水利工程时，经常会遇到缺乏实测径流资料或资料太少无法展延的情况。此时，只能通过间接途径来推求设计年径流及年内分配。目前常用的方法为等值线图法和水文比拟法。

4.4.1　等值线法

　　想一想：等值线法的基本原理是什么？

　　影响年径流的气候因素有一定的地理分布规律，所以使得流域的多年平均径流量及年径流量变差系数 C_v 也具有一定的地理分布规律。我国已绘制了全国和各省（区）的水文特征值等值线图和表，其中年径流深等值线图和 C_v 等值线图，可供中小流域分析计算年径流使用。

4.4.1.1　多年平均径流量估算

　　影响年径流的主要因素为气候因素和下垫面因素，当影响年径流的因素主要为气候因素时，该特征值则与气候因素一样具有分区性，当影响年径流因素主要是下垫面因素时，则需要先消除下垫面这种非分区性因素，再做多年平均流量等值线图，如为了消除流域面积大小的影响，可以用年径流深来表示。如无法消除下垫面因素，则无法做出等值线图。

　　当流域面积较小时，应用等值线法求流域多年平均流量或径流深，需先在图中画出流域分水线，然后求出流域形心，再根据形心处数值查得（或内插求得）流域的多年平均年径流量或径流深。如图 4-4 所示，求得流域形心在 O 处，根据两条等值线，使用内插法求得 O 处的径流深为

$$R = 700 + (800 - 700)\frac{OA}{AB} \tag{4-5}$$

　　当流域面积较大时，可用面积加权法推求流域的平均流量或径流深，如图 4-5 所示，计算公式为

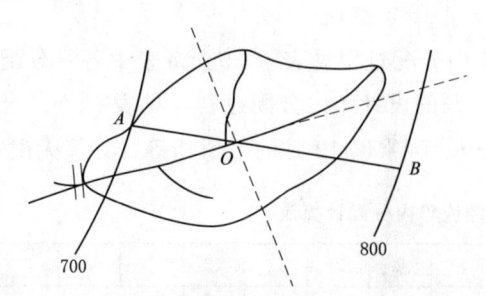

图 4-4　用直线内插法求流域平均径流深
（单位：mm）

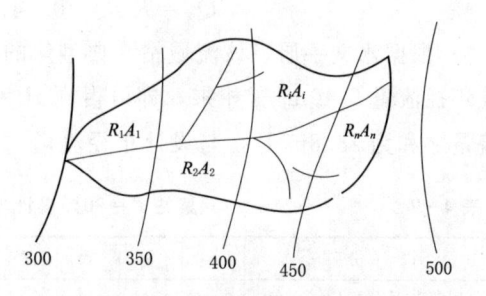

图 4-5　面积加权法求流域平均径流深
（单位：mm）

$$R = \sum_{i=1}^{n} R_i A_i / \sum_{i=1}^{n} A_i \tag{4-6}$$

式中 R_i——分割后第 i 块流域平均径流深，mm；

A_i——分割后第 i 块流域面积，m^2。

4.4.1.2 年径流变差系数 C_v 的估算

与年径流深一样，年径流变差系数 C_v 的等值线图也可以通过各省（区）的水文手册查用。但应该注意的是，C_v 等值线图的精度一般较低，因等值线图的绘制是参考中等流域，所以对于小流域来说，C_v 的误差会更大。因此当年径流 C_v 等值线图应用于小流域时，C_v 等值线图上查来的 C_v 可能比实际值偏小，必须加以修正。

4.4.1.3 年径流偏差系数 C_s 的估算

年径流偏差系数 C_s 一般在地区上无明显变化规律，通常通过确定 C_s 与 C_v 的比值对 C_s 进行估算。设计年径流的计算中一般多采用 $C_s = 2C_v$。

求设计年径流量及年内分布的方法如下：

（1）通过查等值线图得到统计参数的值。

（2）根据指定设计频率，查 P-Ⅲ型曲线离均系数 Φ_P 值或 K_P 值。

（3）通过下述公式求得设计年径流量 Q_P

$$Q_P = (1 + \Phi_P C_v)\overline{Q} = K_P \overline{Q} \tag{4-7}$$

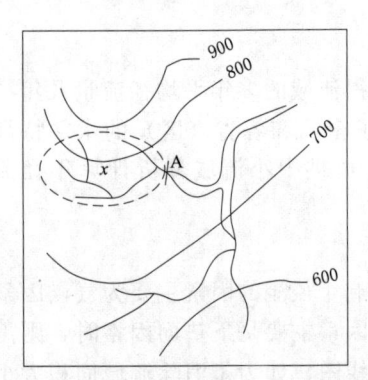

图 4-6 某地区年径流 $\overline{R}$ 等值线图（单位：mm）

【例 4-5】 预计在某河流 A 断面处修建水库，如图 4-6 所示，流域面积 $F=180 km^2$。试用等值线图法求该断面处 $P=90\%$ 的设计年径流量及年内分配（通过查该地区《水文手册》，得到多年平均径流深等值线图和变差系数等值线图，通过画图计算，得到形心处的多年平均径流深 $\overline{R}$ 为 780mm，变差系数 C_v 为 0.39）。

解：

1）根据 $\overline{R}$ 求得多年平均流量 $\overline{Q}$：

$$\overline{Q} = FR/T = 180 \times 10^6 \times 780 \times 10^{-3}/(31.54 \times 10^6) = 4.45 (m^3/s)$$

2）计算设计年径流量 Q_P。

取 $C_s = 2C_v$，查附表 2 里 P-Ⅲ型曲线 K_P 值表，得 $K_P = 0.54$，则

$$Q_P = K_P \overline{Q} = 0.54 \times 4.45 = 2.40 (m^3/s)$$

3）根据水文手册，该流域枯水典型年的年内分配过程见表 4-9。将表中各月分配比与设计年径流量 2.40m^3/s 相乘，即可得到 $P=90\%$ 的设计年内分配过程，见表 4-9。全年各月流量之和为 28.8m^3/s，与设计年径流量 2.40m^3/s 乘以 12 月的数值相等，计算无误。

表 4-9 某站 $P=90\%$ 设计年径流年内分配计算表

月 份	4	5	6	7	8	9	10	11	12	1	2	3	合计
枯水典型年各月分配比 $Q_月/Q_年$	2.12	1.65	3.24	3.61	1.12	0.01	0.01	0.02	0.03	0.01	0.05	0.13	12
设计代表年各月径流量/(m^3/s)	5.09	3.96	7.78	8.67	2.69	0.02	0.02	0.05	0.07	0.02	0.12	0.31	28.8

4.4.2 水文比拟法

想一想：水文比拟法的基本原理是什么？

水文比拟法是将参证流域的某一水文特征量移用到设计流域上的一种方法，当设计断面缺乏实测径流资料，但其上下游或邻近区域内有可选为参证的流域，则可采用本法估算设计年径流。

应用此法的关键在于选择合适的参证流域，选择参证流域的原则为

（1）参证流域与设计流域的气候条件和下垫面条件相似。

（2）参证流域应具有长期实测径流资料，且代表性较好。

（3）参证流域与设计流域面积相差不大。

按照以上原则选出参证流域后，当参证流域与设计流域面积相差不超过3%时，则可直接移用参证站的设计成果到设计站来；当流域面积相差为3%~15%时，可按面积比修正设计站的多年平均流量，即

$$\overline{Q}_{设} = \frac{F_{设}}{F_{参}} \overline{Q}_{参} \tag{4-8}$$

式中　$\overline{Q}_{设}$、$\overline{Q}_{参}$——设计流域与参证流域多年平均流量，m^3/s；

　　　$F_{设}$、$F_{参}$——设计流域与参证流域的流域面积，km^2。

当流域面积相差超过15%时，需考虑其他因素的影响，并结合面积比修正。

对于无实测资料的地区，常用水文比拟法来推求设计年径流的年内分配。

【**例4-6**】某地区拟建一座水库，主要用于灌溉，选址在A断面处，流域面积为$60km^2$，无实测径流资料。经调查，发现B水文站在水库30km处，有15年实测径流资料。B站流域面积为$67km^2$，地形、地质情况等下垫面条件均与A处相似。取实际年为典型年，推求水库A断面处枯水年的年内分配。

解：

经分析，选择B为A的参证站。

经过对本流域内历史资料进行分析，确定1968年为枯水年，取其为典型年。

经计算，A、B两处流域面积相差为3%~15%，所以采用水文比拟法，移用参证流域的实测径流资料，用面积比进行修正。

$$缩放系数\ k = \overline{Q}_{设}/\overline{Q}_{参} = F_{设}/F_{参} = 60/67 = 0.896$$

同时可以对B水文站的年内分配进行缩放，得到A水库的年内分配过程，见表4-10。

表4-10　　　　　　某灌溉水库枯水年年内分配计算表（水文比拟法）　　　　　　单位：m^3/s

月份	3	4	5	6	7	8	9	10	11	12	1	2	年平均
B水文站	3.2	2.5	3.6	4.6	11.3	14.1	9.3	7.4	4.1	3.2	1.5	1.1	5.49
A断面处	2.87	2.24	3.23	4.12	10.1	12.6	8.33	6.63	3.67	2.87	1.34	0.99	4.92

练一练：

一、选择题

1. 人类活动对流域多年平均降水量的影响一般（　　）。

A. 很显著　　　　B. 显著　　　　C. 不显著　　　　D. 根本没影响

2. 人类活动（例如修建水库、灌溉、水土保持等）通过改变下垫面的性质间接影响年

径流量，一般说来，这种影响使得（　　）。

A. 蒸发量基本不变，从而年径流量增加

B. 蒸发量增加，从而年径流量减少

C. 蒸发量基本不变，从而年径流量减少

D. 蒸发量增加，从而年径流量增加

3. 一般情况下，对于大流域由于下述原因，从而使径流的年际、年内变化减小（　　）。

A. 调蓄能力弱，各区降水相互补偿作用大

B. 调蓄能力强，各区降水相互补偿作用小

C. 调蓄能力弱，各区降水相互补偿作用小

D. 调蓄能力强，各区降水相互补偿作用大

4. 设计年径流量随设计频率（　　）。

A. 增大而减小　　B. 增大而增大　　C. 增大而不变　　D. 减小而不变

5. 影响闭合流域多年平均年径流量的主要因素是气候因素中的（　　）和（　　）。

A. 降雨　　　　　B. 蒸发　　　　　C. 湿度　　　　　D. 风速

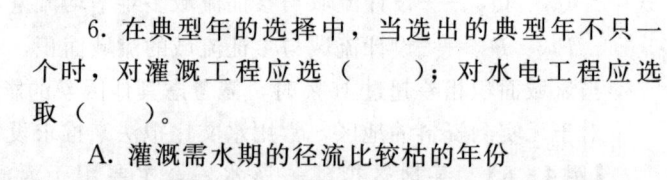

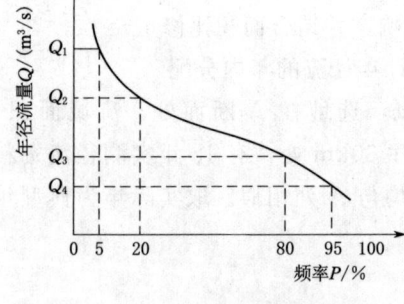

图 4-7　某流域年径流的频率曲线

6. 在典型年的选择中，当选出的典型年不只一个时，对灌溉工程应选（　　）；对水电工程应选取（　　）。

A. 灌溉需水期的径流比较枯的年份

B. 非灌溉需水期的径流比较枯的年份

C. 枯水期较长，且枯水期径流比较枯的年份

D. 丰水期较长，但枯水期径流比较枯的年份

7. 某流域根据实测年径流系列资料，经频率分析计算（配线）确定的频率曲线如图 4-7 所示，则推求出的 20 年一遇的设计枯水年的年径流量为（　　）。

A. Q_1　　　　　B. Q_2　　　　　C. Q_3　　　　　D. Q_4

8. 在设计年径流的分析计算中，把短系列资料展延成长系列资料的目的是（　　）。

A. 增加系列的可靠性　　　　　　B. 增加系列的一致性

C. 增加系列的代表性　　　　　　D. 考虑安全

二、填空题

1. 描述河川径流变化特性时可用（　　　　　）变化和（　　　　　）变化来描述。

2. 下垫面对年径流的影响，一方面体现在（　　　　　　　），另一方面通过对（　　　　　）的改变间接影响年径流。

3. 流域的大小对年径流的影响主要通过流域的（　　　　　　）而影响年径流的变化。

4. 径流资料的审查包括（　　　　）、（　　　　）、（　　　　）。

5. 求设计年径流的两种方法为（　　　　　）和（　　　　　）。

6. 当缺乏实测径流资料时，可以基于参证流域用（　　　　　）法来推求设计流域的年、月径流系列。

三、简答题

1. 什么是年径流量？它的表示方法和度量单位是什么？
2. 简述年径流年内、年际变化的主要特性？
3. 平水年、丰水年、枯水年的区别是什么？
4. 流域下垫面因素包括哪些？请简述其如何影响年径流。
5. 某流域下游有一个较大的湖泊与河流连通，后经人工围垦湖面缩小很多。试定性地分析围垦措施对正常年径流量、径流年际变化和年内变化有何影响？
6. 人类活动对年径流有哪些方面的影响？其中间接影响如修建水利工程等措施的实质是什么？如何影响年径流及其变化？
7. 求设计年径流过程中，典型年如何选取？
8. 使用水文比拟法时参证流域需满足什么条件？
9. 为什么年径流的 C_v 值可以绘制等值线图？从图上查出的小流域的 C_v 值一般较实际值偏大还是偏小？为什么？

四、计算题

1. 某河某站有 24 年实测径流资料，经频率计算求得理论频率曲线为 P-Ⅲ型，年径流深均值 $\overline{R}=667$mm，$C_v=0.32$，$C_s=2.0C_v$，试结合表 4-11 求 10 年一遇枯水年和 10 年一遇丰水年的年径流深各为多少？

表 4-11　　　　　　　　　　P-Ⅲ型曲线离均系数值表

C_s \ $P/\%$	1	10	50	90	99
0.64	2.78	1.33	-0.09	-0.19	-1.85
0.66	2.79	1.33	-0.09	-0.19	-1.84

2. 某站具有 1976—1985 年共 20 年实测径流资料，为设计工程，现已选取 1980—1981 年为典型丰水代表年，其实测资料按水文年整理见表 4-12，现已选取设计丰水年平均径流量为 460m³/s，试用同倍比法求设计年的年内分配。

表 4-12　　　　　　　某站 1980—1981 年逐月径流量　　　　　　单位：m³/s

月　份	4	5	6	7	8	9	10	11	12	1	2	3
丰水典型年月径流量	28.4	30.5	39.8	55.3	60.2	59.4	51.2	43.6	39.5	38.6	31.2	28.1

项目五　洪水分析与计算

项目任务书

项目名称	洪水分析与计算	参考学时	12
学习型工作任务	任务 5.1　防洪标准及设计洪水		2
	任务 5.2　由流量资料推求设计洪水		4
	任务 5.3　由暴雨资料推求设计洪水		4
	任务 5.4　小流域设计洪水		2
项目任务	掌握洪水的相关知识，能够进行洪水的相关计算与简单分析		
教学内容	1. 防洪标准 2. 设计洪水及校核洪水 3. 推求设计洪水途径 4. 洪水资料审查及样本选取 5. 洪水三要素 6. 特大洪水重现期及频率计算的方法 7. 由流量资料推求设计洪水的方法 8. 由暴雨资料推求设计洪水的方法 9. 小流域设计洪水的计算方法		
教学目标	知识	1. 了解设计洪水及校核洪水 2. 掌握推求设计洪水途径 3. 理解洪水三要素 4. 掌握特大洪水重现期及频率计算的方法 5. 掌握由流量资料推求设计洪水的方法 6. 了解由暴雨资料推求设计洪水及小流域设计洪水的计算方法	
	技能	能够分析与计算洪水	
	素养	1. 培养学生做事情能够认真、细致 2. 培养学生刻苦学习的习惯 3. 培养学生谨慎做事的敬业精神	
教学实施	理论实践一体化教学、案例教学		
项目成果	学会计算洪水		
技术规范	GB 50201—2014《防洪标准》		

任务 5.1 防洪标准及设计洪水

学习指导

目标： 1. 了解防洪标准。
2. 掌握设计洪水、校核洪水的概念。
3. 了解推求设计洪水的途径。
4. 掌握洪水的三个要素。

重点： 1. 水工建筑物防洪标准。
2. 下游防护对象防洪标准。
3. 设计洪水、校核洪水。
4. 洪水三要素。

因流域内降水或融雪，大量径流汇入河道，导致河流流量暴增、水位上涨的水文现象称之为洪水。在对水利水电工程进行规划设计时，为了确保水库枢纽建筑物及下游防护对象的安全，必须依据一定的标准进行洪水的设计，此种标准称为防洪标准，对应的洪水称为设计洪水。

设计标准定得过高，工程造价高，但是工程比较安全；设计标准定得过低，工程造价低，但工程遭受破坏的风险增大，所以确定设计标准是一个非常复杂的问题，我国从 2015 年 5 月起执行国家标准 GB 50201—2014《防洪标准》。

5.1.1 水利水电工程水工建筑物防洪标准

想一想： 如何确定水工建筑物的防洪标准？

除了兴利，防洪也是水利水电工程的一个重要作用。根据工程规模、效益和在国民经济中的重要性来确定工程的等级，进而划分水工建筑物的级别，见表 5-1 和表 5-2，然后再根据相关规定确定水工建筑物的防洪标准。水库工程水工建筑物和水电站厂房的防洪标准见表 5-3，其他工程的防洪标准的具体规定见 GB 50201—2014《防洪标准》。

我国现行的防洪标准分为正常运用时的设计标准和非常运用时的校核标准。其中，设计标准所对应的洪水称为设计洪水，即遇到小于或等于这种标准的洪水（设计洪水）时工程应能保证正常运行；校核标准所对应的洪水称为校核洪水，即当遇到校核洪水时工程应保证主要建筑物不被破坏，仅允许一些次要建筑受到一定的损坏或损失。

表 5-1   水利水电枢纽工程的等级

工程等别	水库		防洪		治涝	灌溉	供水	水电站
	工程规模	总库容/亿 m^3	城镇及工矿企业的重要性	保护农田/万亩	治涝面积/万亩	灌溉面积/万亩	城镇及工矿企业的重要性	装机容量/MW
Ⅰ	大（1）型	≥10	特别重要	≥500	≥200	≥150	特别重要	≥1200
Ⅱ	大（2）型	10~1.0	重要	500~100	200~60	150~50	重要	1200~300
Ⅲ	中型	1.0~0.1	比较重要	100~30	60~15	50~5	比较重要	300~50
Ⅳ	小（1）型	0.1~0.01	一般	30~5	15~3	5~0.5	一般	50~10
Ⅴ	小（2）型	0.01~0.001		<5	<3	<0.5		<10

表 5-2　　　　　　　　　　　水工建筑物级别

工程等别	永久性建筑物级别		临时建筑物级别
	主要建筑物	次要建筑物	
Ⅰ	1	3	4
Ⅱ	2	3	4
Ⅲ	3	4	5
Ⅳ	4	5	5
Ⅴ	5	5	

表 5-3　　　　　　水库工程水工建筑物及水电站厂房的防洪标准

水工建筑物的级别	水库工程水工建筑物的洪水重现期/年					水电站厂房的洪水重现期/年	
	山区、丘陵区			平原区、滨海区			
	设计	校核		设计	校核	设计	校核
		混凝土坝、浆砌石坝及其他水工建筑物	土坝、堆石坝				
1	1000~500	5000~2000	可能最大洪水或10000~5000	300~100	2000~1000	200	1000
2	500~100	2000~1000	5000~2000	100~50	1000~300	200~100	500
3	100~50	1000~500	2000~1000	50~20	300~100	100~50	200
4	50~30	500~200	1000~300	20~10	100~50	50~30	100
5	30~20	200~100	300~200	10	50~20	30~20	50

5.1.2　下游防护对象防洪标准

想一想：如何确定下游防护对象的防洪标准？

防护对象是指受到洪水威胁时需要采取措施保护的对象。城市、乡村、工矿企业、动力设施、文物古迹等防护对象的防护标准均在 GB 50201—2014《防洪标准》里有所规定，其中，城市、乡村、工矿企业的防洪标准见表 5-4。

表 5-4　　　　　　　　　主要防护对象的防洪标准

级别	城市			乡村			工矿企业	
	重要性	非农业人口/万人	洪水重现期/年	防护区人口/万人	耕地面积/万亩	洪水重现期/年	企业规模	洪水重现期/年
1	特别重要	≥150	≥200	≥150	≥300	100~50	特大型	200~100
2	重要	150~50	200~100	150~50	300~100	50~30	大型	100~50
3	比较重要	50~20	100~50	50~20	100~30	30~20	中型	50~20
4	一般	<20	50~20	<20	<30	20~10	小型	20~10

5.1.3　推求设计洪水的途径

想一想：怎样推求设计洪水？设计洪水用什么进行描述？

一次洪水过程可用图 5-1 进行描述，称之为洪水三要素，即

（1）设计洪峰流量 Q_m（m³/s），设计洪水过程线的最大流量，即图 5-1 中 B 点的流量。

（2）设计洪水总量 W（m³），设计洪水的径流总量，即图 5-1 中 ABC 下的面积。

（3）设计洪水过程线，即图 5-1 中洪水经过 t_1 时间从 A 到 B 为涨水历时，经过 t_2 时间从 B 到 C 为退水历时，其中，$T=t_1+t_2$，称为洪水历时，一般情况下 $t_2>t_1$。

根据已有流域的资料和工程设计要求的不同，推求设计洪水的方法有：

（1）由流量资料推求设计洪水。当设计流域具有长期实测洪水资料（30 年以上）并有历史洪水资料可供参考时，可通过对资料的统计分析计算，推求符合一定标准的设计洪水过程线。

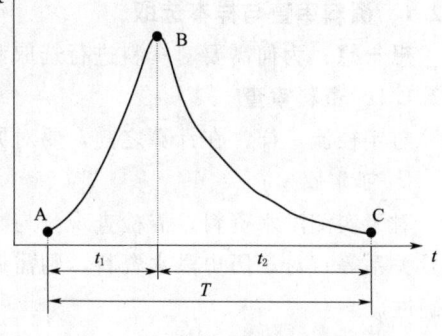

图 5-1 洪水过程线示意图

（2）由暴雨资料推求设计洪水。当流域具有较长期实测暴雨资料并有多次暴雨与洪水对应的观测资料时，可通过频率分析法计算设计暴雨，再推求设计洪水。

（3）小流域设计洪水计算。小流域一般缺乏实测暴雨洪水资料，且流域上可能存在大量的小型工程且分布范围广，此种情况下，可通过推理公式法、瞬时综合单位线法等推求。

（4）由水文气象资料推求设计洪水。水文气象法从物理成因入手，根据水文气象要素推求特定流域可能发生的最大洪水。

任务 5.2　由流量资料推求设计洪水

学习指导

目标：1. 了解洪水资料的审查及样本选取。

2. 掌握由流量资料推求设计洪水的步骤。

3. 掌握特大洪水重现期的确定及频率计算的方法。

4. 了解对洪水计算成果合理性的检查方法。

5. 掌握典型洪水过程线的选择条件。

6. 掌握典型洪水过程线的放大方法。

重点：1. 由流量资料推求设计洪水的步骤。

2. 特大洪水重现期。

3. 洪水频率计算及目估适线法原则。

4. 洪水计算成果合理性检查。

5. 典型洪水过程线。

6. 同倍比放大法、同频率放大法。

由流量资料推求设计洪水的步骤与计算设计年径流相似，即

（1）资料三性审查（可靠性、一致性、代表性）。

（2）选样本，组成洪峰、洪量计算系列。

(3) 考虑特大洪水进行频率分析计算，求设计洪峰、洪量。
(4) 选典型洪水过程放大，求设计洪水过程线。

5.2.1 资料审查与样本选取

想一想：为何需要对资料进行选取和审查？

5.2.1.1 资料审查

与年径流一样，在计算之前，要对原始水文资料进行审查，包括以下内容。

1. 可靠性

对于实测洪水资料，需检查观测与整编质量较差的年份，如水位观测、流量测验、水位流量关系等；对于历史洪水资料，则需调查计算的洪峰流量可靠性和审查洪水发生的年份的准确性。

2. 一致性

洪水资料的一致性，就是产生各年洪水的流域产流和汇流条件在调查观测期中应基本相同。当受人类活动如河道整治、修建水库等的影响使洪水资料发生较大变化时，则需通过计算还原到天然状态，使资料具有一致性。

3. 代表性

当洪水资料的频率分布能近似反映洪水的总体分布时，则认为具有代表性；否则，则认为缺乏代表性。一般认为，洪水资料年限越长、越能够包含大中小等各种洪水年份，则其代表性越好。

5.2.1.2 样本选取

每年河流上要发生数次洪水，每次洪水具有不同历时的流量变化过程，因此洪水频率计算的首要问题是从历年洪水系列资料中选取表征洪水特征值的样本。

对水利水电工程来说，一般从安全角度出发，目前采用年最大值法选样，即从资料中逐年选取一个最大流量和固定时段的最大洪水总量，组成洪峰流量和洪量系列，此方法简单，操作容易，样本独立性好。

洪峰选样：年最大值法。

洪量选样：固定时段选取年最大值法，固定时段一般采用1d、3d、5d、7d、15d、30d。

年最大洪峰流量可以从水文年鉴上直接查得，而年最大各历时洪量则要根据洪水水文要素摘录表的数据用梯形面积法计算，如图5-2所示。

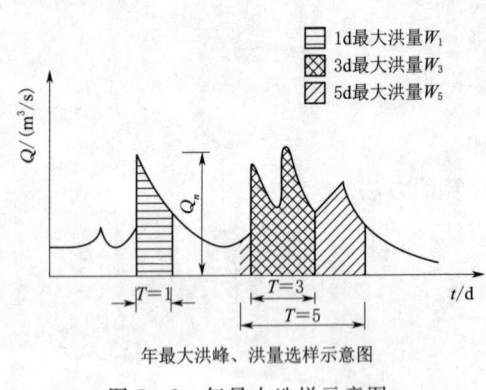

图5-2 年最大选样示意图

此外，大流域、调洪能力大的工程，设计时段可以取得长些；小流域、调洪能力小的工程，可以取得短一些。

5.2.2 设计洪峰及设计洪量推求

想一想：根据流量资料如何推求设计洪峰及洪量？

比系列中一般洪水大得多的洪水称为特大洪水，并且通过洪水调查可以确定其量值大小及重现期。历史上的一般洪水是没有文字记载,没有留下洪水痕迹,只有特大洪水才有文献记载和洪水痕迹可供查证,所以调查到的历史洪水一般就是特大洪水。特大洪水可以发生在实测流量期间之内,也可以发生在实测流量期之外,前者称资料内特大洪水,后者称资料外特大洪水,也称历史特大洪水,如图5-3所示。

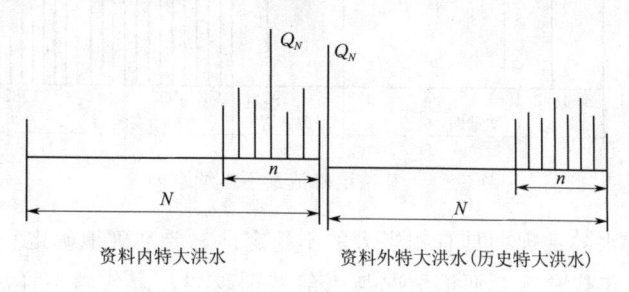

图5-3 特大洪水

在洪水资料审查中,样本的代表性要求洪水系列长20~30年,并有特大洪水加入。样本系列越短,抽样误差越大,若用此资料推求千年一遇、万年一遇的稀遇洪水,则准确性更差。如果能调查到N年($N \gg n$)中的特大洪水,就相当于把n年资料展延到了N年,提高了样本的代表性,使计算成果更加合理、准确。

根据短系列资料作频率计算时,当出现一次新的特大洪水以后,设计洪水数值就会发生变动,所得成果很不稳定。在频率计算中正确利用特大洪水资料会提高计算成果的稳定性。

假如某站有$n=23$年的洪峰系列,假如第24年又发生了一场非常大的洪水,其频率为$1/(24+1)=4\%$,其值远远大于其他洪水。因此,从整个洪水系列来看,我们可能会问第24年发生的洪水,其频率是否是4%?对于这种洪水,我们应该如何确定其频率?

5.2.2.1 特大洪水重现期的确定

重现期是指某随机变量的取值在长时期内平均多少年出现一次,又称多少年一遇。要准确地定出特大洪水的重现期是相当困难的,目前,一般是根据历史洪水发生的年代来大致推估。

有历史洪水情况下,一般有3个时期:观测资料的年份(包括插补延长得到的洪水资料)称为实测期;实测开始年份之前至能调查到的历史洪水最远年份,这一段时期称为调查期;调查期之前至有历史文献可以考证的时期称之为文献考证期,如图5-4所示。

文献考证期内只有少数特大洪水可以估算,大多数难以定量,只能参照文献中关于这些洪水的雨情、灾情,分析其大小。而实测期及调查期内的最大a次洪水的排列序号则可以通过调查及文献的考证给出。因为通过调查或考证,可追溯到距今古远的N年,因此实测或调查考证的a项特大洪水就可在n年内进行排位,若在n年系列中除a项特大洪水之外可能还有遗漏,则可根据对特大洪水的调查考证情况,分别在不同的调查期内排位。这样所得到的洪水系列为不连续系列。

例如某站1940—1982年有实测洪水资料。其中最大洪水发生在1963年,第二大洪水发生在1940年;另调查到1903年之后最大洪水排位前三分别为1921年、1963年和1903年,且在1903年到1982年期间不可能有比1903年更大的洪水;此外,通过文献得知,1903年之前还有3次大于1921年的洪水,排位为1867年、1852年和1832年,但小于1921年的洪水无法查证。则该站的洪峰流量为不连续系列,见图5-4。

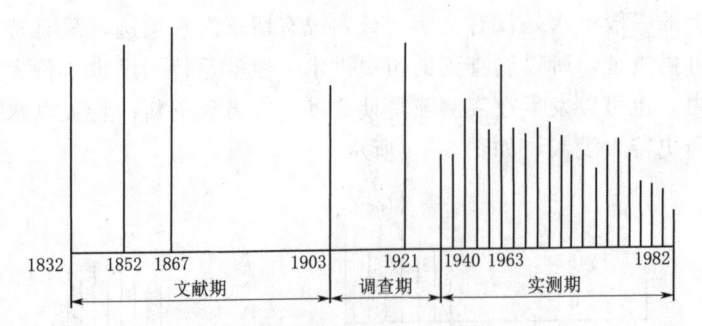

图 5-4 某站洪峰流量不连续系列

这样确定特大洪水的重现期具有相当大的不稳定性，要准确地确定重现期就要追溯到更远的年代，但追溯的年代愈远，河道情况与当前差别越大，记载越不详尽，计算精度越差，一般以明、清两代 600 为宜。

【例 5-1】 1992 年长江重庆—宜昌河段洪水调查同治九年（1870 年）川江发生特大洪水，沿江调查到石刻 91 处，见图 5-5，推算得宜昌洪峰流量 $Q_m=110000\text{m}^3/\text{s}$。如此洪水为 1870 年以来为最大，则 $N=1992-1870+1=123$（年），如图 5-6 所示。这么大的洪水平均 123 年就发生一次，可能性不大。

图 5-5 长江历史特大洪水石刻

又经调查，忠县东云乡长江岸石壁有两处宋代石刻，记述"绍兴二十三年癸酉六月二十六日水泛涨。"这是长江干流上发现的最早的洪水题刻。通过调查还可以肯定自 1153 年（宋绍兴 23 年）以来 1870 年洪水为最大，则 1870 年洪水的重现期为 $N=1992-1153+1=840$（年），如图 5-7 所示。

5.2.2.2 考虑特大洪水时经验频率的计算

1. 连续序列的经验频率

如通过调查考证，在实测和展延的资料系列中没有特大洪水需单独处理，则各项洪水从大到小统一排位所得到的样本称为连续系列，可用以下公式来估算其经验频率，即

$$P_m=\frac{m}{n+1} \tag{5-1}$$

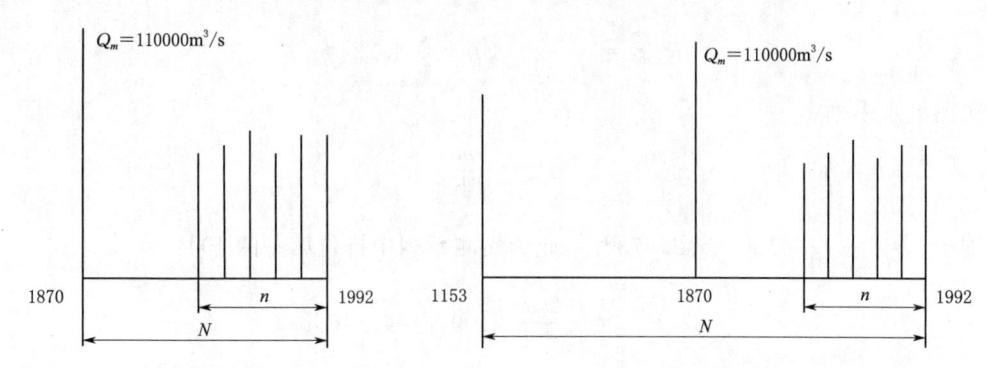

图 5-6　长江重庆—宜昌段 1870—1992 年洪峰流量系列

图 5-7　长江重庆—宜昌段 1153—1992 年洪峰流量系列

式中　P_m——等于或大于某一 Q_m 的经验频率；

　　　m——由大到小排位序号，$m=1,2,\cdots,n$；

　　　n——系列总年数。

2. 不连续系列的经验频率

如前述在 n 年实测系列内有 l 项特大洪水，在实测系列外有 a 项特大洪水，调查年限追溯到 N 年，那么在 N 年中，则有 $n+a$ 个洪峰流量，其余为空白，此时 N 年的样本为不连续样本。图 5-4 即为某站的洪峰流量不连续系列。对于此类不连续系列，可根据资料条件用以下方法估算其经验频率。

(1) 独立样本法。将实测系列和特大值系列均看作是从总体中独立抽出的两个随机连续样本，各项洪水可分别在各个系列中进行排位。其中，实测系列按照式（5-1）计算，特大洪水系列按以下公式进行计算：

$$P_M = \frac{M}{N+1} \tag{5-2}$$

式中　P_M——等于或大于某一特大洪水 Q_m 的经验频率；

　　　M——特大洪水由大到小排位序号，$M=1,2,\cdots,a$；

　　　N——调查考证期的最远年份到今的年数。

【例 5-2】　某站有 1930—1972 年的实测流量资料。实测期外，调查到有 1903 年及 1921 年两个历史洪水。1903—1972 年中，未漏掉 $Q \geqslant Q_{1903}$ 的洪水，当按大小排位后，前 3 项洪水为 Q_{1949}、Q_{1921}、Q_{1903}，用独立样本法求各项洪水的经验频率？

解： $N=1972-1903+1=70$；$n=1972-1930+1=43$；$a=3$；洪峰流量见图 5-8。

特大洪水系列：

$$P_M = \frac{M}{N+1}$$

则　$P_{1949} = \dfrac{1}{70+1} \times 100\% = 1.408\%$

　　$P_{1921} = \dfrac{2}{70+1} \times 100\% = 2.816\%$

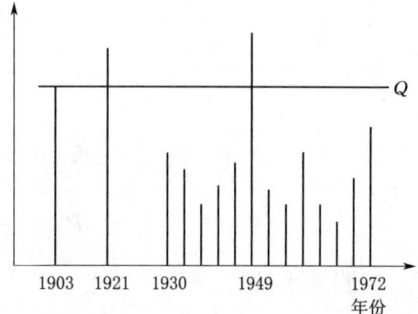

图 5-8　1903—1972 年洪峰流量系列

$$P_{1903} = \frac{3}{70+1} \times 100\% = 4.224\%$$

实测洪水系列：

$$P_m = \frac{m}{n+1}$$

则 $P_{n,1} = \dfrac{1}{43+1} \times 100\% = 2.273\%$　　此为实测系列中排位第一的1949年

$$P_{n,2} = \frac{2}{43+1} \times 100\% = 4.546\%$$

$$\cdots$$

$$P_{n,43} = \frac{43}{43+1} \times 100\% = 97.73\%$$

（2）统一样本法。将实测系列与特大值系列共同组成一个 N 年的不连续系列，作为代表总体的样本。

其中 a 个特大洪水的经验频率计算公式按照式（5-2）进行计算，实测系列中 $(n-1)$ 个一般洪水的经验频率按照以下公式进行计算：

$$P_m = P_{Ma} + (1-P_{Ma})\frac{m-l}{n-l+1} = \frac{a}{N+1} + \left(1-\frac{a}{N+1}\right)\frac{m-1}{n-l+1} \quad (5-3)$$

式中　P_m——实测系列第 m 项的经验频率；

　　　l——实测洪水资料中特大值的项数；

　　　m——实测洪水序号（$m=l+1, l+2, \cdots, n$）；

　　　P_{Ma}——特大洪水最后一项 $M=a$ 的经验频率。

以上两种方法目前都在使用，且经过生产实践验证，两种方法计算的成果十分接近，对比之后明显发现独立样本法更为简单，且适用于特大洪水可能有遗漏的情况，而统一样本法适用于特大洪水样本 N 项中排序前 a 项无遗漏的情况，此时可以避免历史洪水的经验频率与实测系列的经验频率产生重叠现象。

【例 5-3】　题同[例 5-2]，用统一样本法求各项洪水经验频率？

解： $N=1972-1903+1=70$；$n=1972-1930+1=43$；$a=3$；实测特大值 $l=1$；历史特大值 $a-l=2$；普通洪水 $n-l=42$；洪峰流量见图 5-8。

特大洪水系列：

$$P_M = \frac{M}{N+1}$$

则

$$P_{1949} = \frac{1}{70+1} \times 100\% = 1.408\%$$

$$P_{1921} = \frac{2}{70+1} \times 100\% = 2.816\%$$

$$P_{1903} = \frac{3}{70+1} \times 100\% = 4.224\%$$

实测洪水系列：

$$P_m = P_{Ma} + (1-P_{Ma})\frac{m-l}{n-l+1} \quad (m=l+1,\cdots,n)$$

则 $$P_{n,2}=4.224\%+(1-4.224\%)\times\frac{2-1}{43-1+1}=6.451\%$$

$$\cdots$$

$$P_{n,43}=4.224\%+(1-4.224\%)\times\frac{43-1}{43-1+1}=97.77\%$$

5.2.2.3 频率曲线的线型选择及统计参数的确定

1. 频率曲线

由于我们能掌握到的资料较少，且水文现象比较复杂，计算的样本数量又远远小于总体数量，因此理论上我们至今仍无法确定洪峰到底属于哪种分布。根据经验，我国进行水文要素的频率计算时，大多数采用P-Ⅲ型曲线较为合适。对于半干旱干旱地区的中小河流，经过论证也可采用其他线型。

P-Ⅲ型曲线有3个统计参数：均值（$\overline{Q}_m$ 或 $\overline{W}_m$）、变差系数 C_v 和偏差系数 C_s。一般用适线法来考虑特大洪水的不连续系列的统计参数确定。

2. 统计参数

对于不连续样本系列，统计参数的估算可采用矩法公式，在用矩法初估参数时，假定 $(n-l)$ 年系列与除去特大洪水后的 $(N-a)$ 年系列的均值和均方差都相等，则可得到如下公式

$$\overline{X}_m=\frac{1}{N}(\sum_{j=1}^{a}X_{mj}+\frac{N-a}{n-l}\sum_{i=l+1}^{n}X_{mi}) \tag{5-4}$$

$$C_v=\frac{1}{\overline{X}_m}\sqrt{\frac{1}{N-1}[\sum_{j=1}^{a}(X_{mj}-\overline{X}_m)^2+\frac{N-a}{n-l}\sum_{i=l+1}^{n}(X_{mi}-\overline{X}_m)^2]} \tag{5-5}$$

式中 $\overline{X}_m$——洪水系列均值；

X_{mj}——特大洪水 $(j=1,2,\cdots,a)$ 峰（量）值；

X_{mi}——实测期一般洪水 $(i=l+1,l+2,\cdots,n)$ 峰（量）值；

a——特大洪水总项数（包括实测的 l 个）；

C_v——洪水系列变差系数。

其他符号意义同前。

偏差系数 C_s 抽样误差较大，一般不必计算，可参考相似流域分析结果，选用 C_s 与 C_v 的比值做初始值即可。

一般来说，对于 $C_v<0.5$ 的地区，用 $C_s/C_v=3\sim4$ 进行配线；对于 $0.5<C_v<1.0$ 的地区，用 $C_s/C_v=2.5\sim3.5$ 进行配线；对于 $C_v>1.0$ 的地区，用 $C_s/C_v=2\sim3$ 进行配线。

3. 目估适线法

适线法频率计算是以理论频率曲线与经验点群配合最佳来确定所求的统计参数，为了达到"最佳"配合，应遵循以下原则：

(1) 尽量照顾点群趋势，使曲线通过点群中心。

(2) 当经验点群与曲线线型不能全面拟合时，应尽量配合曲线中上午的较大洪水点。

(3) 曲线应尽量靠近精度较高的点。若历史特大洪水精度差，则曲线不能简单机械的通过特大洪水点据，否则使曲线对其他点群偏离过远，但也不宜脱离大洪水点据过远。

(4) 对调查考证期内为首的几项特大洪水要作具体分析，因其年代越久远误差也越大，

对适线的影响也越大。

(5) 应根据本站及相邻地区洪峰洪量统计参数和设计值的变化规律进行调整。

5.2.2.4 成果合理性检查

原始洪水资料误差、计算误差、计算方法不完善是设计洪峰洪量成果误差的主要来源。如果能够利用搜集到的信息对统计参数及洪峰洪量进行分析对比，则有助于提高成果的合理性和准确性。通常有以下几种方法：

(1) 根据本站频率计算成果，检查洪峰及各时段洪量的统计参数与历时之间的关系。随着历时的增加，洪量的均值也逐渐增大：$W_7>W_5>W_3$（图 5-9）；一般情况下 C_v 随历时的增长而减小：$C_{v7}<C_{v5}<C_{v3}$；各种曲线在使用范围内不应有交叉现象。

(2) 根据上下游站、干支流站及邻近地区各河流洪水频率分析成果进行比较。从上游到下游（图 5-10），洪峰、洪量的均值越来越大、C_v 越来越小：$W_{下游}>W_{中游}>W_{上游}$；$C_{v下游}<C_{v中游}<C_{v上游}$；一般情况下，C_v、C_s 的值是上游大于下游；下游站、干流站的频率曲线一般高于上游站和支流站；大流域洪峰、洪量的均值大于小流域；C_v、C_s 在一般情况下是小流域的较大、大流域的较小。

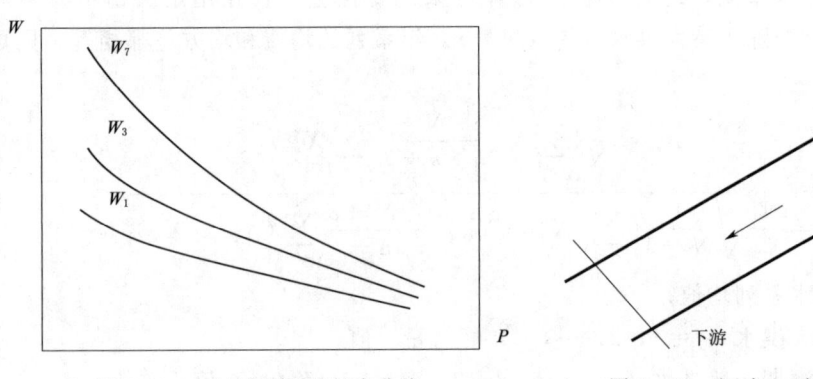

图 5-9 某站洪峰流量频率曲线

图 5-10 河流上下游示意图

(3) 对于千年、万年一遇的大洪水，可与国内外相应面积的大洪水记录进行比较，如相差太多，应再深入分析。

(4) 与暴雨频率分析成果进行比较。洪水的径深应小于相应天数的暴雨深；洪水的 C_v 值应大于相应暴雨量的 C_v 值。

5.2.3 设计洪水过程线推求

想一想：设计洪水过程线是什么？怎样推求？

设计洪水过程线是指符合某一设计标准的洪水过程线。洪水过程线的形状千变万化，且洪水每年发生的时间也不尽相同，所以为了设计水库的防洪库容和泄洪建筑物尺寸，需要对设计洪峰流量和设计洪水总量进行计算，但目前尚无完善的方法可以直接从洪水过程线的统计规律求出一定频率的过程线。

为了达到工程设计的要求，生产实践中一般采用放大典型洪水过程线的方法，即从实测资料中选出典型洪水过程线，按一定的方法对其进行放大，即认为所得的过程线是待求的设计洪水过程线。

放大典型洪水过程线时，根据工程和流域洪水特性，通常有同倍比放大法和同频率放大法。

5.2.3.1 典型洪水过程线的选择

选取合适的典型洪水过程线是计算的基础，从实测资料中进行选取时，资料要可靠，同时需考虑以下条件：

(1) 根据对工程不利原则，选择峰高量大的洪水过程线，且选主峰靠后、峰型集中的洪水。这样求得的防洪库容较大，工程更为安全。

(2) 要求选取的典型洪水过程线具有一定的代表性，即其发生季节、洪峰次数、洪水历时、峰量关系等能代表本流域上的较大洪水特性。

(3) 如水库下游有防洪要求，应考虑其遭遇的不利典型洪水。

5.2.3.2 典型洪水过程线放大

1. 同倍比放大法

同倍比放大法是按洪峰或洪量使用同一个系数对洪水过程线进行放大所得到的设计洪水过程线。因此，此种方法的关键在于确定以洪峰还是洪量为主进行放大，如图 5-11 所示。

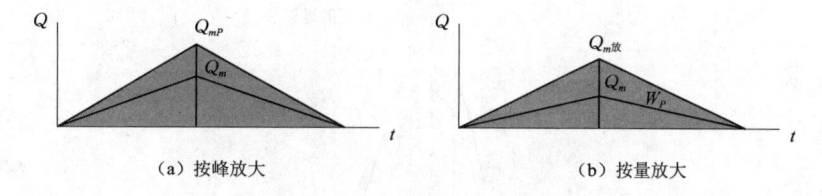

图 5-11 同倍比放大法示意图

如果以洪峰控制，其放大倍比为

$$K_Q = \frac{Q_{mP}}{Q_{mD}} \tag{5-6}$$

如果以洪量控制，其放大倍比为

$$K_{wt} = \frac{W_{TP}}{W_{TD}} \tag{5-7}$$

式中 Q_{mP}——设计洪峰流量；
W_{TP}——时段设计洪量；
Q_{mD}——洪峰流量；
W_{TD}——时段洪量。

同倍比放大，方法简单，计算工作量小，但在一般情况下，K_Q 和 K_{wt} 不会完全相等，所以按峰放大的洪量不一定是设计洪量，按量放大后的洪峰不一定是设计洪峰。如桥梁、堤防、调节性能低的水库等洪峰起决定性作用的工程，可用 K_Q 做放大比；如分洪、调节性能高的水库等洪量起决定性作用的工程，可用 K_{wt} 做放大比。

2. 同频率放大法

同频率放大法是在放大典型洪水过程线时对洪峰和各个时段的洪量分别采取不同的系数进行放大，得到洪峰和各时段洪量都等于设计洪峰和设计洪量值的洪水过程线。

同频率放大法步骤如下：

(1) 由频率计算求出设计洪峰 Q_{mP} 和不同时段的设计洪量 W_{1P}，W_{3P}，……。

(2) 求典型过程线的洪峰 Q_{mD} 和不同时段的洪量 W_{1D}，W_{3D}，……。

(3) 按洪峰，最大一天洪量，最大三天洪量，……的顺序，采用以下不同倍比分别将典型过程线放大：

洪峰放大倍比 $\quad K_{Qm}=\dfrac{Q_{mP}}{Q_{mD}}$ （5-8）

最大一天洪量放大倍比 $\quad K_1=\dfrac{W_{1P}}{W_{1D}}$ （5-9）

最大三天洪量其余两天放大倍比 $\quad K_{3-1}=\dfrac{W_{3P}-W_{1P}}{W_{3D}-W_{1D}}$ （5-10）

  时段划分情况根据过程线的长短进行变动，但不宜过多，一般以 3 段或 4 段为宜，采取洪峰—短历时洪量—长历时洪量（即由内向外）的顺序进行放大。由于各个时段的放大倍比不同，所以分段处的放大值会出现不连续现象，一般可徒手修匀，使之光滑，修匀后可以保证洪峰和各时段洪量等于设计值，如图 5-12 所示。

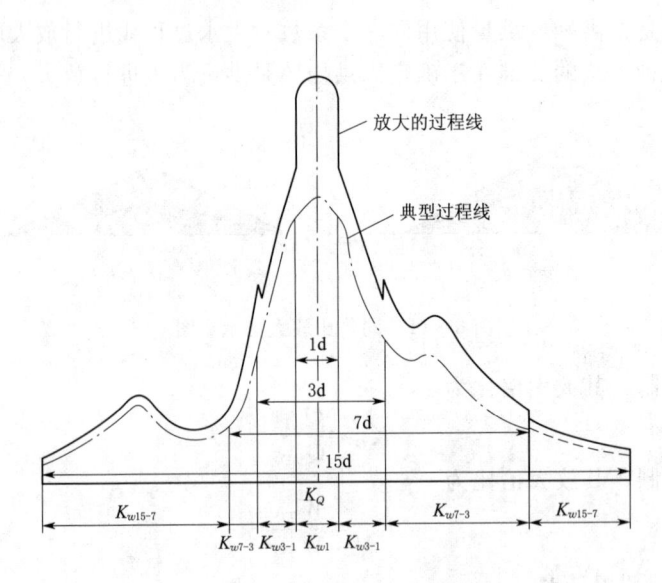

图 5-12 同频率放大法示意图

  对放大后的过程线进行修匀，需遵循水量平衡原则，使修匀后的洪水过程线的洪峰和各时段洪量都符合同一个设计标准，如此得到的设计成果受典型洪水影响较小。

  同频率放大法求出来的过程线比同倍比法更符合设计标准，但可能与原来的典型相差较远，甚至形状有时也不能符合自然界中河流洪水形成的规律，所以在放大过程中，尽量减少放大的层次，如除洪峰和最长历时洪量外，只取一种对调洪计算起直接作用的历时（控制历时）的洪量，按照由内到外的顺序进行放大，以得到设计洪水过程线。

  【例 5-4】 某水库千年一遇设计洪峰和各历时洪量计算成果见表 5-5，试用同频率法推求设计洪水过程线。

表 5-5   某水库千年一遇设计洪峰及各历时洪量

项　目	洪峰 /(m³/s)	洪量/[(m³/s)·h] 1d	3d	7d
$P=0.1\%$ 的洪峰及各历时洪量	10245	114000	226800	348720
典型洪水的洪峰及各历时洪量	4900	74718	121545	159255

任务 5.2 由流量资料推求设计洪水

续表

项 目	洪峰 /(m³/s)	洪量/[(m³/s)·h]		
		1d	3d	7d
起止时间	6日8时	6日2时—7日2时	5日8时—8日8时	4日8时—11日8时
设计洪水洪量差		114000	112800	121920
典型洪水洪量差		74718	46827	37710
放大倍比	2.09	1.53	2.41	3.23

经初步分析，选定实测期内的第一大洪水 1991 年 8 月为典型洪水，计算典型洪水的洪峰和各时段洪量，计算放大倍比，结果见表 5-5。依次进行逐时段放大，并修匀，最后得设计洪水过程线见表 5-6 和图 5-13。

表 5-6 同频率法求设计洪水过程线计算表

典型洪水过程线		放大倍比 K	设计洪水过程线 /(m³/s)	修匀后的设计洪水过程线 /(m³/s)
月·日·时	Q/(m³/s)			
8·4·8	268	3.23	866	866
20	375	3.23	1211	1211
5·8	510	3.23/2.41	1647/1229	1440
20	915	2.41	2205	2205
6·2	1780	2.41/1.53	4290/2723	7010
8	4900	2.09/1.53	10245/7497	10245
14	3150	1.53	4820	4820
20	2583	1.53	3952	3952
7·2	1860	1.53/2.41	2846/4483	3660
8	1070	2.41	2579	2579
20	885	2.41	2133	2133
8·8	727	2.41/3.23	1752/2348	2050
20	576	3.23	1860	1860
9·8	411	3.23	1328	1328
20	365	3.23	1179	1179
10·8	312	3.23	1008	1008
20	236	3.23	762	762
11·8	230	3.23	743	743

从统计参数和设计值看，洪量的均值随时段增长而变大，C_v 随统计时段增长而减小、C_s/C_v 均为 2.5，符合洪水统计参数变化的一般规律。另外，还将该站的统计参数与相邻流域进行比较，表明也是一致的，并与暴雨在地区上的变化相一致。综上所述，上述计算成果是可靠的，可以作为工程设计的依据。

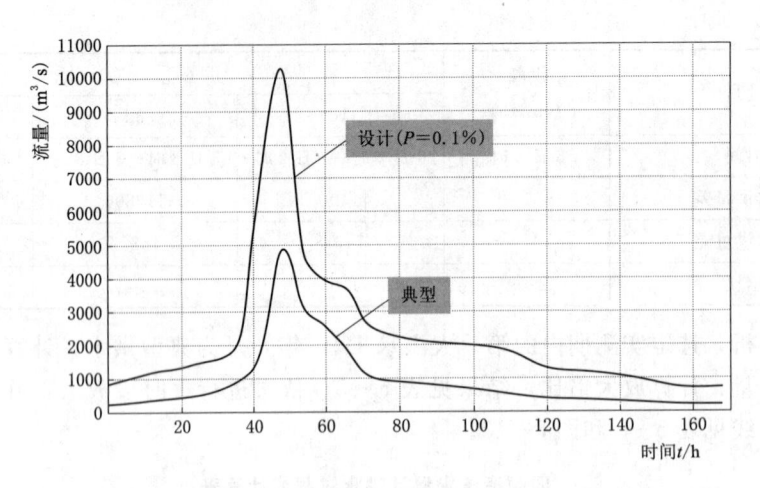

图 5-13　某水库 $P=0.1\%$ 设计洪水与典型洪水过程线

任务 5.3　由暴雨资料推求设计洪水

学习指导

　　目标：1. 掌握由暴雨资料推求设计洪水的步骤。
　　　　　2. 了解暴雨时空分布特性。
　　　　　3. 了解设计面暴雨量的计算及其成果合理性分析。
　　　　　4. 了解设计暴雨的时空分布。
　　　　　5. 掌握设计净雨。
　　　　　6. 了解产流方式及其计算。
　　　　　7. 了解由暴雨资料推求设计洪水过程线的方法及步骤。
　　重点：1. 由暴雨资料推求设计洪水的步骤。
　　　　　2. 暴雨时空分布特性。
　　　　　3. 设计面暴雨量。
　　　　　4. 设计净雨。
　　　　　5. 产流。
　　　　　6. 单位线法。

　　我国大多数的洪水都是由暴雨形成的。计算设计洪水时需要的流量资料往往不足，而雨量资料的观测站点较多、观测年限较长，所以可以利用暴雨资料进行分析计算设计暴雨，进而再推求设计洪水。

　　在实际工作中，有以下几种情况需要由暴雨资料推求设计洪水：

　　(1) 中小流域上兴建水利工程时，常遇到实测洪水资料不足或缺乏的情况。

　　(2) 受人类活动影响，径流形成条件发生了显著改变，破坏了洪水资料的一致性，且难以修正到天然状态。此时可以通过暴雨资料，用人类活动后的新径流形成条件来推求设计洪水。

(3) 即使具有长期实测洪水资料，必要时也需要由暴雨资料推求设计洪水，来分析用流量资料推求的成果，多种方法互相验证，合理选定。

(4) 校核洪水中可能最大洪水和无资料小流域推求设计洪水时，常采用暴雨资料推求。

根据暴雨洪水的形成过程，由暴雨资料推求设计洪水的步骤是：

(1) 推求设计暴雨。根据实测暴雨资料，用频率分析法推求不同历时指定频率的设计雨量，再用典型暴雨放大法推求设计暴雨。

(2) 推求设计净雨。根据实测暴雨洪水资料，利用径流形成原理，用成因分析法推求设计净雨。设计净雨为设计暴雨扣除损失后的雨量，此过程也叫产流计算。

(3) 推求设计洪水。对设计净雨用单位线法或瞬时单位线法进行汇流计算，求得流域出口断面的设计洪水过程。

5.3.1 设计暴雨

想一想：求设计暴雨的方法是什么？

研究成果表明，对于比较大的洪水，理论上可以认为某一频率的暴雨将形成同一频率的洪水，即假定暴雨与洪水同频率。因此，推求设计暴雨就是推求与设计洪水同频率的暴雨。

在求设计暴雨过程时，需研究当地暴雨特性。一般来说，需统计历史上各大暴雨资料，分析暴雨在时间和空间上的分布特性。

5.3.1.1 暴雨特性分析

1. 暴雨在时间上的分配特性

选取雨区内若干个雨量站作为代表站，收集各站实测资料，统计不同时段的最大雨量和长、短时段雨量的百分比，绘制出可以表示暴雨量时程分配情况的过程线，一般为横坐标时间、纵坐标逐时雨量的暴雨强度过程线。

2. 暴雨在空间上的分布特性

因流域内的暴雨分布不均，所以可用等雨量线来表示其分布状况。从等雨量线的中心起分别测量不同等雨量线所包围的面积并计算此面积内的平均雨深（即面雨深），可得到以面积为横坐标、面雨深为纵坐标的面积-雨深曲线，如图5-14所示，以历时为参数的面积-雨深曲线则可称为历时-面积-雨深曲线，如图5-15所示。

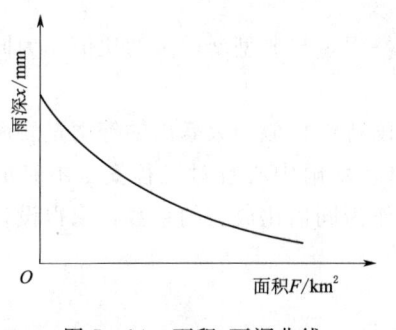

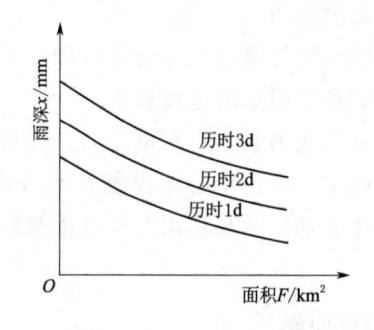

图5-14 面积-雨深曲线　　图5-15 历时-面积-雨深曲线

5.3.1.2 设计面暴雨量计算

设计暴雨的计算包括设计暴雨量及其在时间上的分配过程。推求设计洪水所需要的设计暴雨是指在设计条件下工程所在地点以上流域界线以内的流域的平均暴雨量，即设计面暴雨量。根据掌握资料情况和流域面积大小，计算方法分为直接计算和间接计算。

1. 设计面暴雨量的直接计算

当所求流域内雨量站较多、各站有长期的同期资料且各站均匀分布，能够根据资料求出较为可靠的面雨量时，我们就可以直接选取每年指定时间段的最大面暴雨量进行频率计算，求得设计面暴雨量。

2. 设计面暴雨量的间接计算

当所求流域内雨量站较少、同期观测资料不足，无法直接求得设计面雨量时，可通过求流域中心附近代表站的设计点雨量、再通过点雨量求面雨量的方法，间接求得设计面雨量。

3. 设计面暴雨量计算成果合理性分析

对计算成果可从以下几方面进行合理性分析：

（1）对各历时点、面暴雨量的统计参数（如均值、C_v值等）进行比较，统计参数应随面积增大而减小。

（2）间接计算求得的面暴雨量应与邻近流域直接计算的面暴雨量进行比较。

（3）求得的设计面暴雨量与邻近地区已出现的特大暴雨相比较。

5.3.1.3 设计暴雨的时空分布

求得设计暴雨量后，需确定设计暴雨的时程分配及地区分布。

1. 设计暴雨的时程分配

通常用典型暴雨同频率控制缩放法求设计暴雨的时程分配。

选取典型暴雨时，应遵循对工程不利原则，选取雨量比较集中、主峰靠后、对水库安全影响较大，且具有一定代表性的暴雨。

选定典型暴雨后，用同频率法对其进行分时段缩放。控制时段不应过多，一般用1d、3d、7d 3个时段。

2. 设计暴雨的地区分布

当流域内的实测暴雨资料较为充足时，求得设计暴雨的地区分布步骤如下：

（1）绘制实测资料中各次大暴雨的等雨量线图，统计暴雨中心的出现次数及位置。

（2）选取地区分布典型。一般选取雨量大、暴雨中心位置出现次数多、对工程最不利的大暴雨等雨量线图。

（3）推求设计暴雨的等雨量线图。用设计面暴雨量与典型暴雨量的比值作为同倍比放大法的系数对各等雨量值进行放大。

当流域内实测暴雨资料不足时，邻近地区暴雨特性相似的大暴雨的等雨量线图可直接被移用作为典型。暴雨中心需设置在流域内经常出现暴雨中心且对工程安全不利的地点。最后，按设计面暴雨量与移用的典型面暴雨的比值作为同倍比放大的系数，求得设计暴雨的等雨量线图。

5.3.2 设计净雨

想一想：什么是蓄满产流？什么是超渗产流？

降雨形成径流过程中，植物蒸散发、下渗等会产生水量损失，而降雨量扣除损失量后产生径流的部分称为净雨量。在数值上净雨量等于它所形成的径流深。设计净雨即为设计暴雨减去损失量，由降雨求得净雨的过程称为产流计算。

5.3.2.1 产流方式

流域的土质、植被、地形、土地利用情况、降雨特性、气候情况等均会影响流域的产流方式。在洪水的分析计算中,结合实际情况,分为以下两种模式。

1. 蓄满产流

我国湿润地区,如江淮以南地区,雨量充沛、植被良好,包气带缺水量小,一次降雨就可蓄满(包气带土壤含水量达到田间持水量)。此种情况下,降雨先被土壤吸收,土壤湿度达到田间持水量之后,扣除雨期蒸发全部产流。此时降雨下渗至潜水层的部分成为地下径流,不下渗的部分成为直接径流(地表径流、壤中流)。

2. 超渗产流

我国干旱地区,如西北黄土高原地区,雨量较少、植被较差,包气带常年缺水,一次降雨补给无法使土层达到田间持水量,在达到田间持水量之前因降雨强度超过入渗强度而产生的产流称为超渗产流。

5.3.2.2 超渗产流的产流计算

超渗产流是降雨强度大于地面下渗容量的情况下产生的,那么只需计算其产生的地面径流。计算方法有以下两种:

(1) 下渗曲线法。在实际案例中,此种方法因降雨和下渗强度资料较少而应用不广。

(2) 初损后损法。是下渗曲线法的简化方法。应用较为广泛。

初损后损法是将下渗过程简化为两个阶段,分别为初损和后损,如图 5-16 所示。初损阶段历时 t_0,是从降雨开始到超渗产流,此阶段的降雨全部损失称为初损,记为 I_0。后损阶段历时 t_c,是产流后的降雨损失,与初损阶段相比损失较少,并趋于稳定。

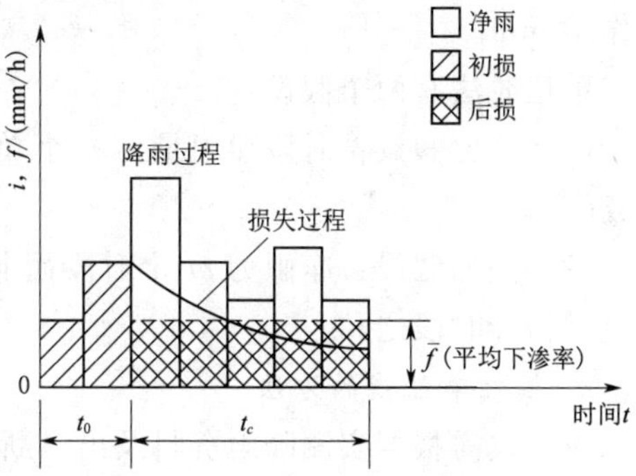

后损阶段的损失计算方法如下:

(1) 确定产流开始时刻。对于小流域,产流开始时刻可以认为是洪水过程线的起涨时刻;对于较大流域,需考虑各雨量站在流域内的位置,各雨量站的产流开始时刻因其到出口断面处的汇流时间不同而有差异。

图 5-16 初损后损示意图

(2) 计算产流开始之前降雨量,即初损值 I_0。

(3) 确定 I_0 后,根据水量平衡关系,求后损平均强度。

(4) 计算降雨所形成的净雨深度。

5.3.3 设计洪水过程线的推求

想一想:推求设计洪水过程线的方法有哪些?

净雨分为地面净雨和地下净雨,可分别通过汇流计算求得设计地面径流过程和设计地下径流过程。然后将两个过程相结合,即可求得流域出口断面处的设计洪水过程线。

常用的汇流计算方法有等流时线法和单位线法,其中单位线法简明易用,在水文计算中效果较好,因此应用更为普遍。这里仅简单介绍一下等流时线法与单位线法。

5.3.3.1 等流时线法

流域汇流：降落到流域上的雨水，从各处汇集到流域出口断面的过程。

汇流时间：净雨从流域内某处流到出口断面处的时间。

流域汇流时间：流域内最远处流到出口断面处的时间。

汇流速度：单位时间内径流流过的距离。

等流时线：流域内汇流时间相等的点的连线。

等流时面积：相邻两条等流时线之间的面积。

等流时线法有两个假设：

(1) 全流域为均匀降雨、均匀产流。

(2) 流域内各处的净雨、汇流速度完全相同。

等流时线是对地面汇流现象的简化，对于理解流域汇流是非常有帮助的。但此方法没有考虑到河网的调节，因此，用此方法求出的洪水过程线与实际情况相比有一定的误差，还需在此基础上做一些修正。

5.3.3.2 单位线法

1. 单位线的定义与假设

单位线即在该流域上单位时段内均匀分布的单位净雨量形成的流域出口断面处的地面径流过程。单位时段可根据流域大小灵活选取，一般取作 1h、3h、12h 等。单位净雨量一般取作 10mm。

单位线法有两个假设：

(1) 倍比假设：时段净雨量为 n 个单位而非 1 个单位时所形成的出流过程为单位线的 n 倍；

(2) 叠加假设：净雨为 m 个时段而非 1 个时段时所形成的出流过程为各时段形成的出流过程错开时段之和。

2. 推求单位线的方法

单位线需根据实测降雨资料及出口断面流量过程资料进行分析推求。其常用的方法有分析法、试错法和缩放法等，这里仅对分析法做简单介绍。

3. 分析法推求单位线

如某流域上的某次洪水由几个时段的净雨组成，则用分析法求解：假设地面径流过程分别为 Q_1，Q_2，Q_3，…，单位线的纵坐标则分别为 q_1，q_2，q_3，…，时段的净雨量分别为 h_1，h_2，h_3，…，根据基本假定，可以得到

$$\left.\begin{aligned} Q_1 &= \frac{h_1}{10}q_1 \\ Q_2 &= \frac{h_1}{10}q_2 + \frac{h_2}{10}q_1 \\ Q_3 &= \frac{h_1}{10}q_3 + \frac{h_2}{10}q_2 + \frac{h_3}{10}q_1 \\ &\cdots \end{aligned}\right\} \quad (5-11)$$

因此单位线求解得到

$$q_1 = Q_1 \frac{10}{h_1}$$
$$q_2 = \left(Q_2 - \frac{h_2}{10}q_1\right)\frac{10}{h_1}$$
$$q_3 = \left(Q_3 - \frac{h_2}{10}q_2 - \frac{h_3}{10}q_1\right)\frac{10}{h_1}$$
$$\cdots \quad (5-12)$$

将 Q_1，Q_2，Q_3……和 h_1，h_2，h_3……代入方程，即可得到 q_1，q_2，q_3，……。

4. 单位线法推求设计洪水过程

基于单位线法的两个基本假设，我们可以使用单位线法进行推求设计洪水过程。步骤为

（1）求各时段净雨产生的地面径流过程线。

（2）叠加各时段的地面径流过程线。

（3）结合基流，求得设计洪水过程线。

任务 5.4 小流域设计洪水

学习指导

　　目标：1. 了解小流域的概念及其特点。
　　　　　 2. 了解小流域设计暴雨的计算思路。
　　　　　 3. 了解小流域洪峰流量的计算方法。
　　　　　 4. 了解小流域推求设计洪水过程线的方法。
　　重点：1. 小流域。
　　　　　 2. 小流域设计暴雨计算。
　　　　　 3. 小流域设计洪水过程线推求方法。

集水面积不超过数百平方公里的小河小溪通常称为小流域，但也无明确限定。与中大流域相比，小流域的设计洪水计算有许多特点，如集水面积小，缺乏实测径流资料，甚至连降雨资料也没有，由于流域面积小，自然地理条件比较单一，计算时可做适当简化。

小流域设计洪水的计算方法概括起来有四种，推理公式法、地区经验公式法、历史洪水调查分析法、综合单位线法。其中应用最为广泛的是推理公式法和综合单位线法，两种方法都是以暴雨形成洪水过程的理论为基础，并按照推求设计暴雨—设计净雨—设计洪水的思路进行计算。

5.4.1 小流域设计暴雨计算

想一想：推求小流域设计洪水的方法与前面两种有什么区别？

推求小流域的设计洪水，首先要推求设计暴雨。

小流域汇流时间短，因此对设计洪峰起决定作用的因素是短历时暴雨。由于流域面积小，我们简化认为暴雨在空间上分布均匀，直接用流域中心的点雨量来代表整个流域的面雨量。根据流域的雨量资料，选取不同历时最大暴雨量作为独立样本，绘制出不同历时的最大

暴雨量的频率曲线，如图5-17所示，然后转换为不同频率的平均暴雨强度-历时曲线图，如图5-18所示，最后按此进行设计暴雨公式的选取。

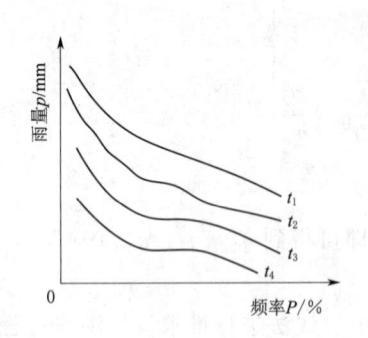

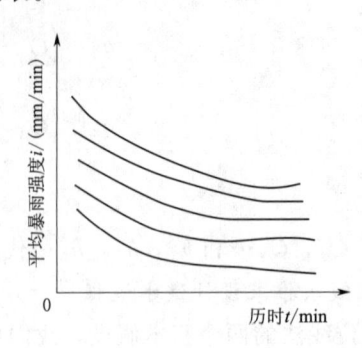

图5-17 不同历时的最大暴雨量频率曲线　　图5-18 平均暴雨强度-历时曲线图

暴雨总量相等的各暴雨可能会有不同的时程分配，因此，需根据工程设计要求对实测暴雨资料进行选取，使其最能反映本地区暴雨特点。一般来说，我们对不同时段的雨量控制进行放大，进而求得设计暴雨的分配过程。

对于小流域，最大3h或6h雨量对其洪峰流量影响较大，所以暴雨分配过程可采用最大3h、6h和24h雨量作为控制，一般来说，最长时段不超过24h。

另外，各地区的水文手册记载了设计暴雨时程分配的雨型以供参考。

5.4.2 推理公式法推求设计洪峰流量

推理公式法是由暴雨资料推求设计洪水的一种简化方法，在小流域中应用比较多，其具体的推理公式在国内外有不同的形式。

5.4.3 经验公式法计算洪峰流量

经验公式法是根据本地区的实测洪水资料或相关资料进行归纳总结出的方法，是计算小流域洪峰流量的一种简单方法，使用方便，各省（自治区）及各地的水文手册中刊载了此类公式及其使用方法，计算时可作为参考。

5.4.4 小流域设计洪水过程线

推理公式法和经验公式法只能算出设计洪峰流量，而对于中小型水库，为了分析其调洪能力和防洪效果，需提供设计洪水过程线。小流域计算设计洪水过程线的方法有概化过程线法和综合单位线法等，这里不做详细说明。

练一练：
一、选择题
1. 在一些系列洪水资料中，比系列中一般洪水大的多的洪水称为（　　），其发生在实测流量期内的称为（　　），发生在实测流量期外的称为（　　），也叫（　　）。
    A. 资料外特大洪水　　　　　　　　B. 资料内特大洪水
    C. 特大洪水　　　　　　　　　　　D. 历史特大洪水
2. 一般来说，在洪水资料审查时，样本的代表性要求洪水系列长度（　　）年，并有特大洪水加入。
    A. 10～20　　　B. 15～25　　　C. 20～30　　　D. 25～35

二、填空题

1. 洪水三要素为（　　　　　）、（　　　　　）、（　　　　　）。
2. 计算洪水之前要对资料进行（　　　　）、（　　　　）、（　　　　）的审查。
3. 放大典型洪水过程线的方法有（　　　　　　）和（　　　　　　）。
4. 同倍比放大法的系数可以是按（　　　）放大，也可以是按（　　　）放大。
5. 由暴雨资料推求设计洪水过程线的方法有（　　　　　）和（　　　　　）。

三、判断题

1. 越长年限的洪水资料的代表性越好。（　　）
2. 对洪水资料进行样本选取时，洪峰一般选固定时段的年最大值。（　　）
3. 在洪水资料审查时，当有 n 年实测资料且能调查到 N 年中的特大洪水时，我们就可以认为把 n 年资料延长到了 N 年，提高了样本代表性。（　　）
4. 1980—2000 年的资料样本数量为 $n=20$。（　　）
5. 百年一遇洪水的频率是 1‰。（　　）
6. 某流域集水面积约为 $400km^2$，可称之为小流域。（　　）

四、简答题

1. 什么叫设计洪水？
2. 什么叫特大洪水？特大洪水的重现期如何确定？
3. 简述如何由洪水资料推求设计洪水？
4. 简述独立样本法与统一样本法的异同。
5. 目估适线法的原则有哪些？
6. 设计洪水过程线是什么？由洪水资料如何推求？
7. 典型洪水的选取有什么条件？
8. 简述典型洪水放大方法及其优缺点。
9. 为什么要用暴雨资料推求设计洪水？如何推求？
10. 试比较蓄满产流与超渗产流的不同。
11. 在洪水计算中应用哪些方法来提高资料的代表性？为什么要对特大洪水进行处理？

五、计算题

1. 某站有 1945—1975 年的实测流量资料。实测期外，调查到有 1905 年及 1939 年两个历史洪水。1905—1975 年中，未漏掉 $Q \geqslant Q_{1905}$ 的洪水，当按大小排位后，前 3 项洪水为 Q_{1959}、Q_{1939}、Q_{1905}，试用独立样本法和统一样本法求各项洪水的经验频率？

2. 某水库坝址断面处有 1958—1995 年的年最大洪峰流量资料，其中最大的 3 年洪峰流量分别为 $7500m^3/s$、$4900m^3/s$ 和 $3800m^3/s$。由洪水调查知道，1835—1957 年，发生过一次特大洪水，洪峰流量为 $9700m^3/s$，并且可以肯定，调查期内没有漏掉 $6000m^3/s$ 以上的洪水，试计算各次洪水的经验频率，并说明理由。

3. 某水库坝址处有 1960—1992 年实测洪水资料，其中最大的两年洪峰流量为 $1480m^3/s$、$1250m^3/s$。此外洪水资料如下：①经实地洪水调查，1935 年曾发生过流量为 $5100m^3/s$ 的大洪水，1896 年曾发生过流量为 $4800m^3/s$ 的大洪水，依次为近 150 年以来的两次最大的洪水；②经文献考证，1802 年曾发生过流量为 $6500m^3/s$ 的大洪水，为近 200 年以来的最大一次洪水。试用统一样本法推求上述 5 项洪峰流量的经验频率。

4. 已求得某站洪峰流量频率曲线，其统计参数为 $\overline{Q}=500\text{m}^3/\text{s}$、$C_v=0.60$，$C_s=3C_v$，线型为 P-Ⅲ型，并选得典型洪水过程线见表5-7，试按洪峰同倍比放大法推求百年一遇设计洪水过程线。

表 5-7　　　　　　　　　　某站典型洪水过程线

时段（$t=6\text{h}$）	0	1	2	3	4	5	6	7	8
典型洪水/(m^3/s)	20	150	900	850	600	400	300	200	120

5. 某水库属于中型水库，已知年最大洪峰流量系列的频率计算结果为 $\overline{Q}=1650\text{m}^3/\text{s}$，$C_v=0.60$，$C_s=3.5C_v$。试确定大坝设计洪水标准，并计算该工程设计和校核标准下的洪峰流量。

6. 某水库坝址断面处有1958—1995年的年最大洪峰流量资料，其中最大的3年洪峰流量分别为 $7500\text{m}^3/\text{s}$、$4900\text{m}^3/\text{s}$、$3800\text{m}^3/\text{s}$。由洪水调查知道，1835—1957年，发生过一次特大洪水，洪峰流量为 $9700\text{m}^3/\text{s}$，并且可以确定调查期内没有漏掉 $6000\text{m}^3/\text{s}$ 以上的洪水，试计算各次洪水的经验频率，并说明理由。

项目六 径流调节计算

项目任务书

项目名称	径流调节计算		参考学时	18
学习型工作任务	任务 6.1　径流调节			2
	任务 6.2　水库兴利调节计算			6
	任务 6.3　水库防洪调节计算			6
	任务 6.4　水能计算			4
项目任务	完成径流调节相关知识学习，会进行水库兴利调节、防洪调节以及水能计算			
教学内容	1. 径流调节的作用 2. 水库特性曲线、特征水位及特征库容 3. 水库水量损失 4. 水库兴利调节的分类 5. 水库兴利调节计算的原理 6. 水库兴利调节计算的基本方法 7. 水库防洪调洪的作用 8. 水库防洪调节计算的基本原理和方法 9. 无闸门泄洪建筑物的水库防洪调节计算 10. 有闸门控制时水库防洪调节计算特点 11. 水库调洪计算的基本原理 12. 水库调洪计算的列表试算法 13. 水能开发利用的基本方式 14. 水能计算的基本公式、水电站保证出力计算 15. 多年平均年发电量计算			
教学目标	知识	1. 掌握水库特性曲线、特征水位及特征库容 2. 理解水库兴利调节的分类、掌握水库兴利调节计算的原理 3. 理解水库防洪调节的作用 4. 掌握水库调洪计算的基本原理		
	技能	1. 具有水库兴利调节计算的基本能力 2. 能够进行无闸门泄洪建筑物的水库防洪调节计算 3. 会运用水能计算公式进行保证出力和保证电能的计算		
	素养	1. 具有良好的职业道德 2. 具有团队协作精神 3. 具有敬业精神 4. 具有分析问题并解决问题的能力		
教学实施	理论实践一体化教学、案例教学法、小组学习法等			
项目成果	学会水库兴利调节计算、防洪调节计算、水能计算			

任务 6.1 径 流 调 节

学习指导

目标：1. 了解径流调节的作用。
2. 掌握水库特性曲线、特征水位及特征库容。
3. 掌握水库水量损失的概念，了解其估算方法。

重点：水库特征水位及特征库容。

6.1.1 径流调节

想一想：如何解决河川径流在时空分布上的不均衡？

天然径流的时空分布有其特定的规律，但分布是不均衡的，往往不能满足国民经济各部门对水的要求，而且在一定条件下，还会给人类造成灾害。因此，必须采取措施重新分配河川径流，以发挥其经济效益和社会效益，同时尽量避免灾害。这就要根据人们用水的需要，利用专门的水利工程控制河川径流，并对其进行重新分配，把这种调节方式称为径流调节。包括的水利工程主要有蓄水工程，引水工程和水土保持工程等。

修建水库是径流调节非常重要的工程措施，可以起到兴利和除害的双重作用。所以，有必要了解水库的相关特性资料，这些资料主要包括水库特性曲线、水库的特性水位和特征库容。

6.1.2 水库特性曲线

想一想：什么是水库特性曲线？

用来反映水库地形特性的曲线称为水库特性曲线，包括水库水位与水面面积关系曲线（简称水库面积曲线）、水库水位与容积关系曲线（简称水库容积曲线）。

水库面积曲线是以水位为纵坐标，水面面积为横坐标，如图 6-1 所示的 $Z-F$ 曲线。该曲线是研究水库库容、淹没范围及计算蒸发损失的重要依据。水库容积曲线是水库面积曲线的积分曲线，即水位 Z 与累积库容 V 的关系曲线，如图 6-1 所示的 $Z-V$ 曲线。

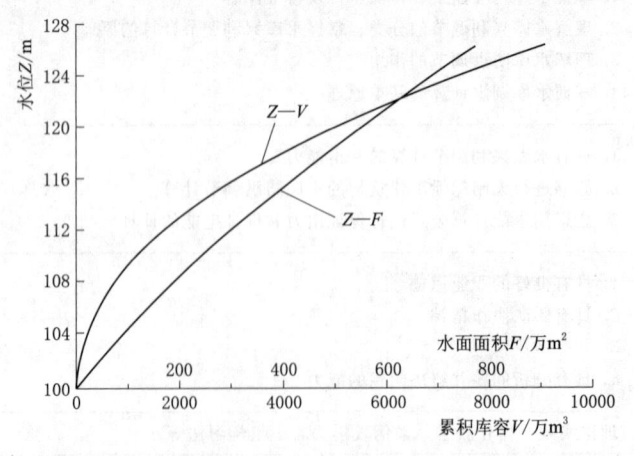

图 6-1 水库面积曲线与水库容积曲线

水库特性曲线是径流调节计算必不可少的基本资料。水库特性曲线是水库规划设计的内容之一。对于多沙河流上的水库，在蓄水运用之后，由于泥沙淤积等因素，库区地形会发生一定的变化，所以应该修正水库特性曲线，并作为编制水库控制运用方案的依据。

6.1.3 水库的特征水位和特征库容

想一想： 你知道水库都有哪些特征水位和特征库容吗？

用来反映水库工作状况的水位称为水库特征水位。相应于水库特征水位以下或两特征水位之间的水库容积称为特征库容。图6-2为水库特征水位及特征库容示意图。

水库特征水位和特征库容体现着水库正常工作的各种特定要求，它们各有其特定的任务与作用，是规划设计阶段确定主要水工建筑物的尺寸（如坝高、溢洪道堰顶高程及宽度等）及估算工程效益的基本依据，也是水库运行阶段进行运行管理的重要依据。

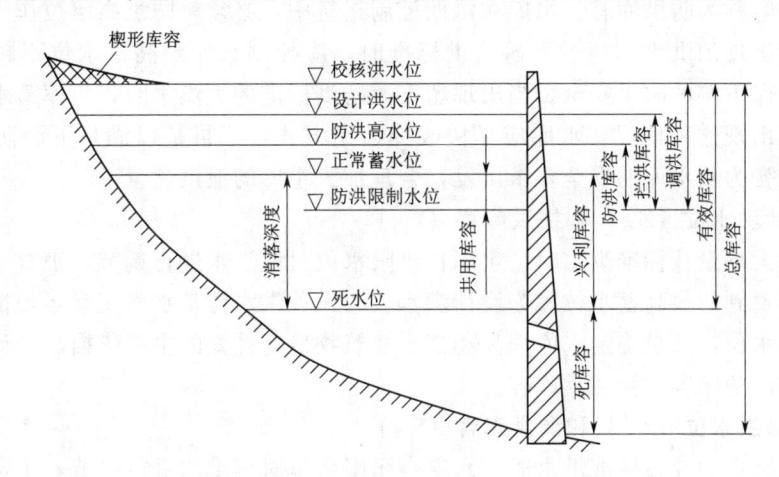

图6-2　水库特征水位及特征库容示意图

6.1.3.1 死水位（$Z_{死}$）和死库容（$V_{死}$）

水库在正常运用情况下，允许消落到的最低水位称为死水位，死水位以下的库容称为死库容或垫底库容。死库容为非调节库容，即在正常运用情况下，死库容中的蓄水量不予动用。死库容一般用于容纳水库泥沙、抬高坝前水位和水库内水深。以保证水电站有一定的工作水头，满足航运、灌溉等用水部门对水库水位的最低要求。只有在特殊情况下，如遇特干旱年份，为了保证紧急供水或发电需要，才允许临时动用死库容中的部分蓄水，一般情况下是不能动用的。

6.1.3.2 正常蓄水位（$Z_{正}$）和兴利库容（$V_{兴}$）

水库在正常运用情况下，为了满足设计的兴利要求，在供水期开始时必须蓄到的水位称为正常蓄水位。正常蓄水位与死水位之间的水库容积称为兴利库容。正常蓄水位与死水位之间的水层深度称为消落深度。当水库溢洪道无闸门控制时，溢洪道堰顶高程即为正常蓄水位；当水库溢洪道有闸门控制时，一般闸门关闭时的门顶高程即为正常蓄水位。

6.1.3.3 防洪限制水位（$Z_{限}$）和共用库容（$V_{共}$）

水库在汛期为兴利蓄水而允许达到的上限水位称为防洪限制水位，简称汛限水位。水库在运用时，汛期到来之前库水位应降到防洪限制水位，以腾空库容拦蓄随时发生的洪水。只有洪水到来时，入库洪水流量大于水库的出库流量，为了拦洪，达到滞洪、蓄洪和消减洪峰流量的目的，才允许水库水位超出防洪限制水位。一旦洪水消退，水库应迅速泄洪，使库水位尽快消落至防洪限制水位，以迎接下次洪水。

一般应尽可能将防洪限制水位定在正常蓄水位之下，以使防洪库容与兴利库容有所结合，从而可减小专用防洪库容。防洪限制水位至正常蓄水位之间的库容称为共用库容，又称重叠库容，汛期时为防洪库容的一部分，汛后则为兴利库容的一部分。若二者不能结合使用，防洪限制水位即为防洪库容与兴利库容的分界线，防洪限制水位与兴利库容的上限水位（正常蓄水位）重合。

6.1.3.4 防洪高水位（$Z_{防}$）和防洪库容（$V_{防}$）

水库承担下游防洪任务，当遇到下游防护对象的防洪标准洪水时，水库按下游安全泄量控制进行洪水调节，水库出现的坝前最高调洪水位称为防洪高水位。防洪高水位与防洪限制水位之间的库容称为防洪库容。水库在汛期控制运行中，必须将防洪高水位作为一个重要的控制水位。当出现的洪水不超过下游防洪标准时，应控制水库最高蓄水位不超过防洪高水位，同时应确保下游的防洪安全。当出现超下游防洪标准的大洪水时，水库蓄水将超出防洪高水位。一旦出现这种情况，水库应尽快改变运用方式，不再是以满足下游防洪要求为目的，而应该转变为从水库的安全要求出发，合理加大水库的泄洪流量。

6.1.3.5 设计洪水位（$Z_{设}$）和拦洪库容（$V_{拦}$）

水库遇到大坝设计标准洪水时，水库自汛限水位对该洪水进行调节，正常泄洪设施全部打开，在坝前蓄到的最高蓄水位称为设计洪水位。设计洪水位是水库正常运用情况下所允许达到的最高蓄水位，且是确定水库坝高和挡水建筑物稳定计算的主要依据。设计洪水位与防洪限制水位之间的库容称为拦洪库容。

6.1.3.6 校核洪水位（$Z_{校}$）和调洪库容（$V_{调}$）

水库遇到大坝的校核标准洪水时，水库自汛限水位对该洪水进行调节，正常泄洪设施与非常泄洪设施先后投入使用，在坝前蓄到的最高蓄水位称为校核洪水位。校核洪水位是水库非常运用情况下所允许临时达到的最高蓄水位，且是大坝坝顶高程的确定及安全校核的主要依据。校核洪水位与防洪限制水位之间的库容称为调洪库容。

6.1.3.7 总库容（$V_{总}$）和有效库容（$V_{效}$）

校核洪水位以下的库容称总库容，总库容是反映水库规模的代表性指标，可作为划分水库等级、确定工程安全标准的重要依据。校核洪水位与死水位之间的库容称有效库容。

在水库设计中，防洪库容与兴利库容结合的情况，主要取决于汛后有无足够的来水，使水库在蓄水期结束时回蓄至正常蓄水位。

水库防洪与兴利结合的形式主要有 3 种形式，即不结合（防洪限制水位与正常蓄水位重合）如图 6-3（a）所示、完全结合（防洪限制水位与死水位重合，防洪高水位与正常蓄水位重合）、部分结合（防洪限制水位低于正常蓄水位，防洪高水位高于正常蓄水位）如图 6-3（b）所示。

6.1.4 水库的水量损失

想一想：水库蓄水后的水量有哪些损失？

水库建成蓄水后，使水位抬高、水压增加、水面扩大，改变了河流的天然状态，从而引起水库额外的水量损失，即为水库的水量损失。水量损失主要有蒸发损失和渗漏损失，在冰冻地区可能还包括结冰损失。

(a) 防洪与兴利不结合　　　　　　　　(b) 防洪与兴利部分结合

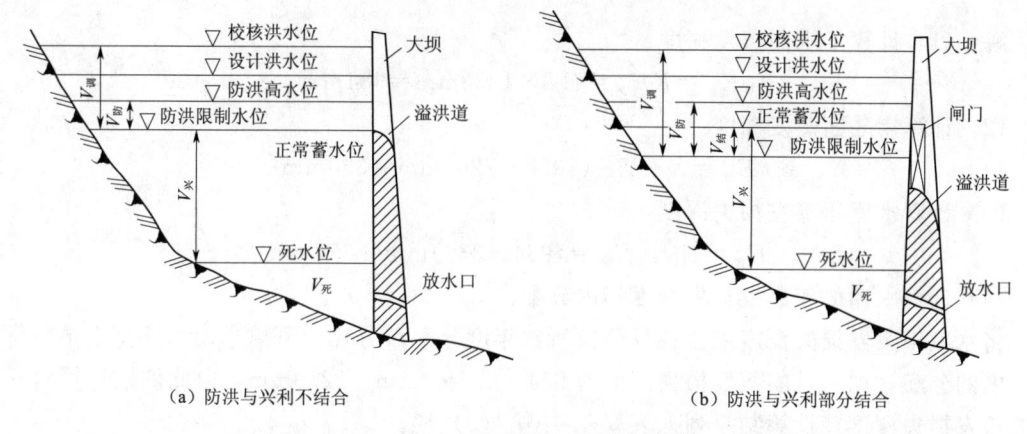

图 6-3　水库防洪与兴利关系图

6.1.4.1　水库的蒸发损失

水库的蒸发损失：指由于修建水库后，库区陆面变为水面而引起蒸发量的增值。由于水面蒸发比陆面蒸发大，因而水库蓄水后蒸发量增加。陆面蒸发量已经反映在坝址断面处的实测径流资料中，所以增加的这部分蒸发量才为水库的蒸发损失。可按下式计算：

$$W_{蒸} = E_{损}(F_{库} - f) \quad (6-1)$$

$$E_{损} = E_{水} - E_{陆} \quad (6-2)$$

$$E_{水} = KE_{测} \quad (6-3)$$

$$E_{陆} = X - Y \quad (6-4)$$

式中　$W_{蒸}$——计算时段内水库的蒸发损失量，m^3；

　　　$E_{损}$——计算时段内水库的蒸发损失深度，mm；

　　　$E_{水}$——计算时段内库区水面蒸发深度，mm；

　　　$E_{陆}$——计算时段内库区陆面蒸发深度，mm；可由各地《水文手册》中陆面蒸发等值线图查得；

　　　$F_{库}$——计算时段内水库平均蓄水水面面积，m^2；

　　　f——建库前库区原有水面面积，m^2，当 f 很小时可忽略；

　　　K——蒸发器折算系数；

　　　$E_{测}$——蒸发器实测水面蒸发值，mm；

　　　X——流域多年平均年降水深度，mm；

　　　Y——流域多年平均年径流深度，mm。

【例 6-1】　已知某水库坝址以上流域面积内多年平均年降水深 $X=1050$mm，多年平均年径流深 $Y=720$mm，由蒸发皿观测得出的年水面蒸发深度 $E_{测}=1230$mm，蒸发皿折算系数 $K=0.8$，水库蒸发年内分配百分比列于表 6-1 中第（2）栏，试计算该水库的年蒸发损失深度及其年内分配过程。

表 6-1　　　　　　　　　　　某水库蒸发损失计算表

月份	(1)	1	2	3	4	5	6	7	8	9	10	11	12	全年
百分比/%	(2)	3.5	4.1	6.2	7.0	8.2	12.8	15.1	14.8	9.8	7.8	6.5	4.2	100
蒸发损失/mm	(3)	22.9	26.8	40.5	45.8	53.6	83.7	98.8	96.8	64.1	51.0	42.5	27.5	654

解：（1）计算年水面蒸发深度：
$$E_水 = KE_测 = 0.8 \times 1230 \text{mm} = 984 \text{mm}$$

（2）计算年陆面蒸发深度：
$$E_陆 = X - Y = (1050 - 720) \text{mm} = 330 \text{mm}$$

（3）计算水库年蒸发损失深度：
$$E_损 = E_水 - E_陆 = (984 - 330) \text{mm} = 654 \text{mm}$$

（4）计算水库的年蒸发损失深度年内分配：

将水库年蒸发损失深度乘以各月蒸发所占年度分配百分比，可以求出水库蒸发损失深度在年内的分配，如1月的蒸发损失深度为 $654 \times 3.5\%$ mm = 22.9mm，以此例推计算每一月份的蒸发损失深度，计算结果列入表6-1中第（3）栏。

6.1.4.2 水库的渗漏损失

水库的渗漏损失主要通过3个途径：

（1）通过坝身以及水工建筑物渗漏。

（2）通过坝基和坝肩渗漏。

（3）通过库底与库岸渗漏。

水库渗漏损失主要与水文地质条件以及施工质量有关。实际当中，水库渗漏损失尚难精确计算，通常可按水文地质条件类似的已建水库的实测资料类比推算，或选用经验指标（表6-2）进行估算。

表6-2　　　　　　　　　估算水库渗漏损失经验指标表

水文地质条件	月渗漏量相当于月水库蓄水量的百分数/%	年渗漏量相当于年水库蓄水量的百分数/%	水库年平均水位相应的水面面积年消落深度/m
优良	0~1.0	0~10	0~0.5
中等	1.0~1.5	10~20	0.5~1.0
较差	1.5~3.0	20~40	1.0~2.0

水库渗漏损失并非固定不变，水库蓄水后的最初几年渗漏损失较大，随着库床淤积，库床空隙逐渐被淤塞，且库岸地下水位升高，渗漏损失会逐渐递减且趋于稳定。

6.1.4.3 水库的结冰损失

严寒地区，水库水面在结冰期形成冰盖，若库水位消落，一部分冰层滞留岸边便造成了损失。该项损失不大，可按结冰期始末水库蓄水面积之差乘以平均结冰厚的0.9估算。

任务6.2　水库兴利调节计算

学习指导

目标：1. 理解水库兴利调节的分类。
2. 掌握水库兴利调节计算的原理。
3. 了解水库兴利调节计算的目的和任务。
4. 掌握水库兴利调节计算的基本方法。

重点：年调节水库兴利调节计算时历列表法。

水库的径流调节分为兴利调节（枯水调节）和防洪调节（洪水调节），其中兴利调节是为了满足兴利需水而进行的调节，防洪调节主要是消减洪峰和减少洪水灾害。本任务介绍兴利调节。防洪调节在任务 6.3 中介绍。

6.2.1 水库兴利调节的分类

想一想：水库的兴利调节是如何分类的？分为哪几种类型？

调节周期：水库的蓄泄水随来水与用水的变化而变化，水库从库空（死水位）开始蓄水，蓄满（正常蓄水位）后又放水，放空后又蓄水，如此循环不断。水库由库空到库满，再到库空，完成一次循环所经历的时间称为调节周期。

兴利调节的分类：按调节周期的长短来分，兴利调节可分为日调节、周调节、年调节和多年调节。

6.2.1.1 日调节

在一日之内，水库的来水过程基本保持不变（除洪水涨落期外），而用户的需水要求一般变化较大。在一日 24h 内，当来水大于用水时，水库将多余的水蓄起来，当来水小于用水时，水库放水补充来水不足，水库水位在一日内完成一个循环。这种调节周期为 24h，按照用水部门的日内需水过程进行水库调节，称为日调节。图 6-4 为水库日调节示意图。

6.2.1.2 周调节

在枯水季，水库的来水量在一周之内变化也不大，但工作日和周末假日的用水量不一样。在一周时间内，水库将期末假日多余的水蓄起来，在工作日内在放出来使用。这种调节周期为一周，按照用水部门的周内需水过程进行调节，称为日调节。图 6-5 为水库周调节示意图。

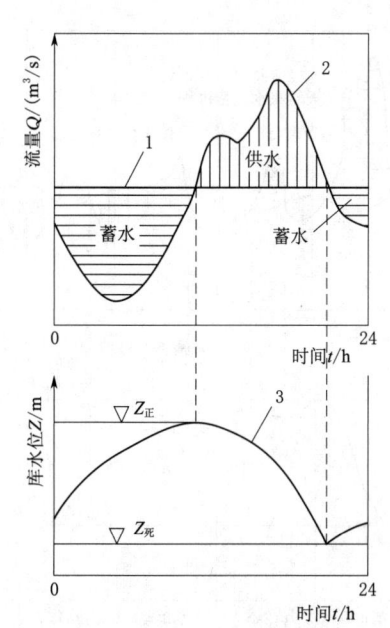

图 6-4 水库日调节示意图
1—天然来水流量过程；2—用水流量过程；
3—库水位变化过程

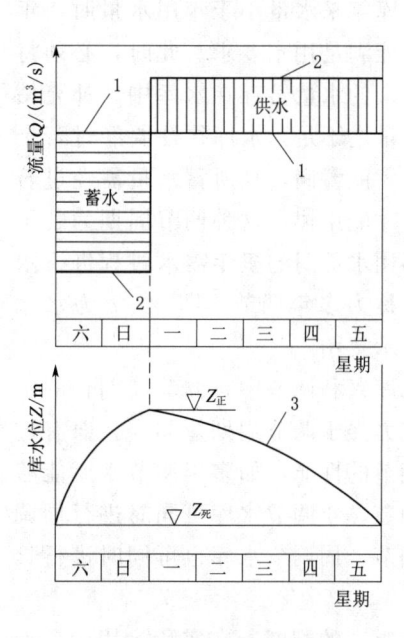

图 6-5 水库周调节示意图
1—天然来水流量过程；2—用水流量过程；
3—库水位变化过程

6.2.1.3 年调节

在一年之内，水库来水量变化很大，丰水期和枯水期流量相差悬殊。用水部门的用水也有变化，但与来水并不一致，需要进行径流调节。这种调节周期为一年，按照用水部门的年内需水过程进行水库调节，称为年调节，这里的调节年度是用水利年表示的。图 6-6 为水库年调节示意图。

在年调节中，按照水库径流调节的程度，又分为完全年调节和不完全年调节。若水库容积较大，能蓄存丰水期的全部多余水量，将年内全部来水按照用水要求重新分配而不发生弃水的径流调节，称为完全年调节。若水库容积较小，只能蓄存丰水期的一部分多余水量而产生弃水，这种调节称为不完全年调节。

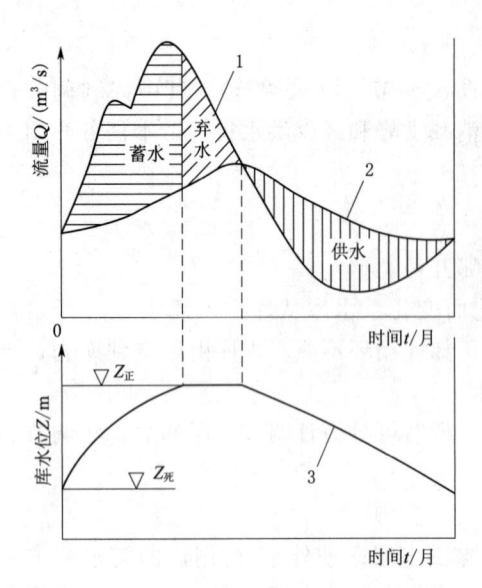

图 6-6 水库年调节示意图
1—天然来水流量过程；2—用水流量过程；
3—库水位变化过程

完全年调节和不完全年调节是从水量利用程度来考虑的。不完全年调节的年用水总量小于年来水总量；完全年调节的年用水总量与年来水总量相等。完全年调节和不完全年调节的概念是相对的，对于同一水库而言，在某些枯水年份能进行完全年调节，但当遇到水量多的丰水年份，就可能发生弃水，即只能进行不完全年调节。

6.2.1.4 多年调节

当水库年来水量小于年用水量时，年调节已不能满足用水要求。此时，必须将丰水年多余的水量蓄存在水库中，补充枯水年份水量之不足，水库往往要经过若干个丰水年才能蓄满，且所蓄水量需经过若干枯水年才能用掉，这种调节周期为若干年，按照用水部门的多年需水过程进行水库调节，称为多年调节。图 6-7 为水库多年调节示意图。

在水库兴利调节中，调节周期长的水库调节能力强于调节周期短的。且兼有进行短期调节的性能，如多年调节水库能够进行年调节，年调节水库可同时进行周调节和日调节，周调节水库也可同时进行日调节等。

调节类型的判断：在实际运用中，如何判断一个水库的调节类型，可用库容系数 β 来初步判断，库容系数 β 等于水库兴

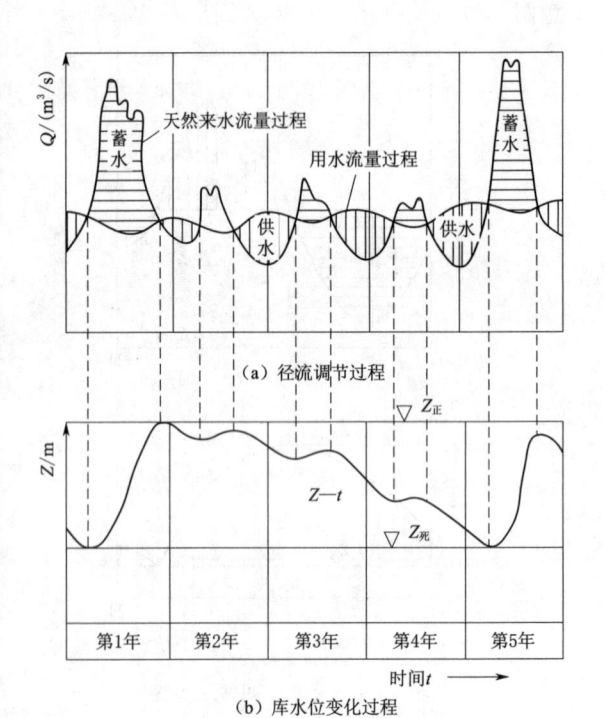

图 6-7 水库多年调节示意图

利库容 $V_兴$ 与多年平均年径流总量 $W_年$ 的比值，常用百分数表示，即

$$\beta = \frac{V_兴}{W_年} \times 100\% \tag{6-5}$$

可参照下列经验数据初步判别水库的调节类型：

(1) $\beta \geqslant 30\%$，一般属多年调节。

(2) $8\% < \beta < 30\%$，一般属年调节。

(3) $2\% < \beta \leqslant 8\%$，一般属日调节。

6.2.2 水库兴利调节计算

想一想：水库兴利调节计算应遵循什么原理，又要完成什么任务？

6.2.2.1 水库兴利调节计算的原理

水库兴利调节计算：根据国民经济各有关部门的用水要求，利用水库将天然径流进行重新分配所进行的计算。

水库兴利调节计算的原理：水库水量平衡原理，即在任一计算时段内进入水库的水量与流出水库的水量之差，等于在这一时段内水库蓄水量的变化。

针对某一时段 Δt，水库水量平衡可表示为水量平衡方程式：

$$\Delta V = (Q - q)\Delta t \tag{6-6}$$

式中 ΔV——计算时段 Δt 内水库蓄水量的变化量，蓄为正，供为负，m^3；

Q——计算时段 Δt 内平均入库流量，m^3/s；

q——计算时段 Δt 内水库出库平均流量，m^3/s；

Δt——计算时段，s。

说明：出库水量包括各兴利部门的用水量、水库水量损失及水库蓄满后产生的弃水量。计算时段的长短，根据调节周期的长短和来用水的变化情况而定。通常取法为：日调节水库取小时，周调节水库取日，对于年或多年调节水库，一般以月或旬为单位。时段划分越短，计算精度越高。

6.2.2.2 水库兴利调节计算的目的和任务

在天然来水已知的情况下，水库兴利调节计算的目的主要是确定水库的各项有关参数及效益，其任务主要有以下3类。

第一类：根据用水要求，确定兴利库容。

第二类：根据兴利库容，确定设计保证率条件的调节流量。

第三类：根据兴利库容和水库操作方案，确定水库的运用过程。

本书中主要介绍第一类情况。

6.2.2.3 年调节水库兴利库容计算

1. 年调节水库兴利库容的分析

年调节水库调节周期：年调节水库是将调节周期划分为若干个计算时段逐时段进行计算，调节周期一般采用调节年度即水利年度，是指水库自蓄水之日起至放空之日止，以蓄泄周期划分的年度，即以水库蓄泄过程的一次循环作为一年的起止点，调节年度一般为12个月，但也有个别年份超过或不足12个月。

水库的运用：水库的蓄泄过程称为水库的运用，在整个调节年度内，按照来水和用水过程的配合情况，年调节水库分为一次运用、二次运用和多次运用。

(1) 一次运用。水库在一个水利年内完成一次蓄泄过程，称为水库一次运用。如图 6-8 水库一次运用示意图所示，分析如下：

1) 水库自水利年开始的 t_0 时刻起，来水 Q 大于用水 q，至 t_2 时刻止，共有余水 V_1。

2) 自 t_2 时刻起 Q 小于 q，至 t_3 时刻止，缺水总量为 V_2，且 $V_1 > V_2$，水库只要在蓄水期蓄满 V_2 的水量，就能保证该年的用水要求。所以，该年所需的调节库容，即兴利库容 $V_兴$ 为 V_2。

3) 由于 $V_1 > V_2$，故水库可保证蓄满，且有部分余水量 $V_1 - V_2$ 要废弃。

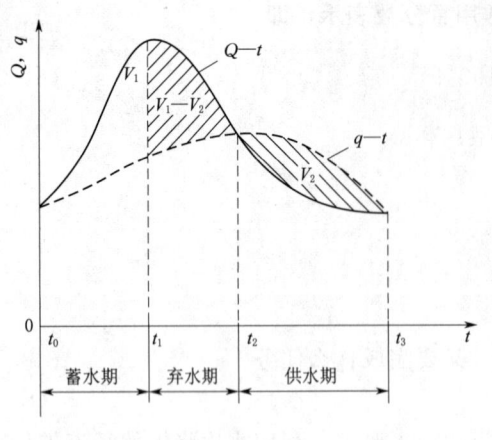

图 6-8 水库一次运用示意图
$Q-t$ 天然来水流量过程；$q-t$ 用水流量过程

(2) 二次运用。如图 6-9 水库二次运用示意图所示，水库在一个水利年内完成两次蓄泄过程，称为水库二次运用。在总水量大于总缺水量的条件下，水库兴利库容可根据余、缺水量的分配情况进行。分析如下：

1) 如图 6-9（a）所示，如果 $V_1 > V_2$，$V_3 > V_4$，则 $V_兴 = \max\{V_2, V_4\}$。图中，$V_2 > V_4$，$V_兴 = V_2$。即当两个余水量分别大于其后的两个缺水量时，水库的两次运用是相互独立的，此时水库兴利库容为两个缺水量中的大者。

2) 如图 6-9（b）所示，$V_1 > V_2$、$V_3 < V_4$，则 $V_兴 = \max\{V_2, V_4, V_2 + V_4 - V_3\}$。因 $V_3 > V_2$、$V_2 < V_4$，则 $V_兴 = V_4$。即水库可在 $t_0 \sim t_1$ 时段内蓄满兴利库容，在 $t_1 \sim t_2$ 时段内供水 V_2，在 $t_2 \sim t_3$ 时段内，由于 $V_3 > V_2$，故水库又可蓄满兴利库容，并正好满足 $t_3 \sim t_4$ 的缺水量需要。

3) 在图 6-9（c）中，$V_1 > V_2$、$V_3 < V_4$，则 $V_兴 = \max\{V_2, V_4, V_2 + V_4 - V_3\}$。因 $V_2 < V_4$，$V_3 < V_2$，则 $V_兴 = V_2 + V_4 - V_3$。即由于 $V_3 < V_2$，所以水库在 $t_0 \sim t_1$ 时段内除应蓄满 V_2 水量外，尚应再多蓄 $V_4 - V_3$ 的水量，才能满足 $t_3 \sim t_4$ 时段内的缺水要求。

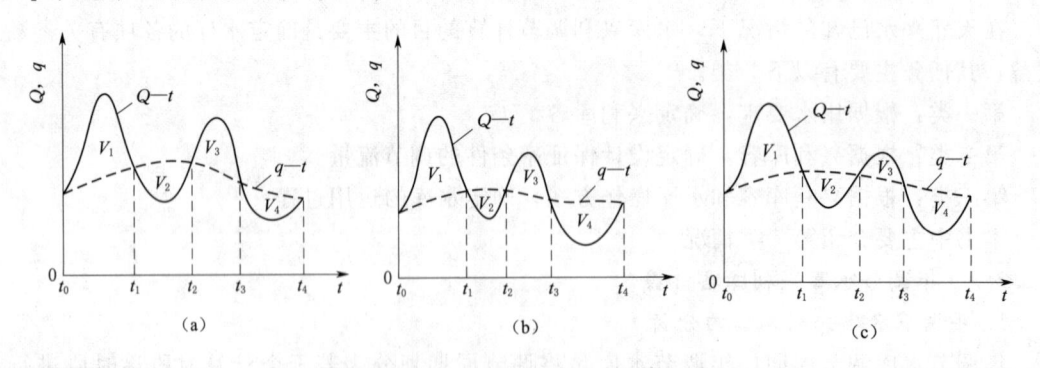

图 6-9 水库二次运用示意图
$Q-t$ 天然来水流量过程；$q-t$ 用水流量过程

(3) 多次运用。当水库在一个调节年度里，蓄泄次数多于两次时，称为多次运用。

兴利库容计算思路：在多次运用时，计算兴利库容，不能简单将年内缺水量相加求和。可以采取从调节周期末逆时序累加余、缺水量的方法进行，即由调节年度水库放空，也就是蓄水为 0 开始，遇缺水相加，遇余水相减，减后小于 0 即取为 0，求出各时段末相应的蓄水量，其中最大值即为该年所需的兴利库容。这种确定兴利库容的方法同样适合于一次运用和二次运用。

2. 年调节兴利库容的计算

(1) 年调节兴利调节计算方法。按照对径流过程描述和处理的方式，兴利调节计算方法分为两大类，即时历法和数理统计法。年调节水库兴利调节计算常采用时历法，时历法又分为时历列表法和时历图解法。时历列表法是直接利用过去观测的按时历顺序排列的径流资料，以列表形式进行调节计算；时历图解法是先根据入库流量过程线作出水量差积曲线，在水量差积曲线上进行调节计算。时历列表法计算结果较精确，且便于借助于计算机进行计算，故本书只介绍时历列表法。

(2) 时历列表法计算思路。用时历列表法计算水库兴利库容是对水利年内各时段（月或旬）来、用水和水量损失，用水量平衡计算出各时段的余、缺水量，然后按时段顺序累加各时段的余、缺水量，求得该调节年度的兴利库容。

由于这种方法可以较为严格细致地考虑各种水量损失，因此是一种最常用的方法。根据是否计入水库的水量损失，又分为不计入损失和计入损失列表计算两种情况。

(3) 时历列表法年调节兴利库容的计算。

1) 不计入损失的列表法。

【例 6-2】 已知某年调节水库水利年来水和用水过程见表 6-3，试列表计算该年所需兴利库容和水库的蓄泄过程。

表 6-3　　　　　　　某水库年调节计算表（不计水量损失）

月份	来水量 $W_来$ /万 m³	用水量 $W_用$ /万 m³	$W_来 - W_用$ 余水（+） /万 m³	$W_来 - W_用$ 缺水（-） /万 m³	月末水库蓄水量 /万 m³	弃水量 /万 m³	备注
(1)	(2)	(3)	(4)	(5)	(6)	(7)	(8)
7	12508	8850	3658		3658		水库蓄水
8	10320	5230	5090		8748		水库蓄水
9	6756	3340	3416		11898	266	蓄满弃水
10	7230	2648	4582		11898	4582	保持库满
11	4208	2030	2178		11898	2178	保持库满
12	2300	2430		130	11768		
1	2234	2534		300	11468		
2	2430	3950		1520	9948		供水水位下降，6月末兴利库容放空
3	2610	4028		1418	8530		
4	3520	6540		3020	5510		
5	4020	6028		2008	3502		
6	4852	8354		3502	0		
合计	27060	20370	18924	11898		7026	
校核	62988−55962=7026		18924−11898=7026				

解：本例以月为计算时段，计算过程如下：

a. 计算各月余、缺水量。根据表 6-3 中第（2）（3）列所列各月来、用水量，计算各月来、用水量差，即 $W_{来}-W_{用}$。差值是正为余水量，差值是负为缺水量，分别填入表 6-3 第（4）（5）列。

b. 确定兴利库容。根据第（4）（5）列的余、缺水量可以判断水库为一次运用，余水期为 6—11 月，总余水量为 18924 万 m^3。缺水期为 12 月至次年 6 月，总缺水量为 11898 万 m^3。水库一次运用时，累积供水期缺水量即为水库的兴利库容，所以该水库的兴利库容为 11898 万 m^3。

c. 推求水库蓄水量变化过程和弃水过程。计算从 7 月初开始，此刻库空，水库蓄水量为零（不包括死库容的水量）。按遇余则蓄，蓄满则弃，遇缺则供的操作方式，顺时序累加各月的余、缺水量，得水库各月的蓄水量，填入第（6）列，弃水填入第（7）列。

d. 校核计算结果。校核的方法是检查全年总水量是否平衡。按水量平衡原理年来水量－年用水量＝年弃水量。本例中，即 $62988-55962=7026$ 万 m^3，年余水量－年缺水量＝年弃水量，即 $18924-11898=7026$ 万 m^3。经校核总水量平衡，说明计算无误。

2）计入损失的列表法。在［例 6-2］计算中，没有考虑水库的水量损失，计算结果相对比较粗糙，这种处理方法一般只能用于水库的项目建议书或者可行性研究阶段。水库在兴利调节过程中，不可避免地产生水量损失，特别是对于水量损失比较大的水库来说，在水库设计阶段，兴利调节计算时必须计入水库的水量损失。

计入水库水量损失的列表计算方法是在不计入损失列表计算的基础上进行的。即先根据不计入损失近似求得水库各时段的蓄水情况，然后以时段平均蓄水量（包括死库容）求出水库各时段的水量损失，并将各时段的水量损失作为增加的用水量加到用水量中或从来水过程中减掉。然后重新进行调节计算，求得考虑水量损失后的兴利库容和水库蓄泄水过程。具体计算在此省略。

【**例 6-3**】 已知某年调节水库多次蓄、供水，蓄供水情况见表 6-4，试计算该水库的兴利库容。

表 6-4 某年调节水库年内蓄水、供水情况表

时段	0	1	2	3	4	5	6
蓄供水		$V_{蓄1}$	$V_{供1}$	$V_{蓄2}$	$V_{供2}$	$V_{蓄3}$	$V_{供3}$
蓄供水水量/万 m^3		210	60	100	80	23	123
时段末蓄水	V_0	V_1	V_2	V_3	V_4	V_5	V_6
时段末蓄水量/万 m^3	0	140	80	180	100	123	0

解：该水库为 3 次（多次）运用，按照水库多次运用确定水库兴利库容的方法，即从调节周期末兴利蓄水为 0 开始，遇缺水相加，遇余水相减，减后小于 0 即取为 0，求出各时段末相应的蓄水量，其中最大值即为该年所需的兴利库容。

$$V_6=0$$

$$V_5=V_6+V_{供3}=0+123=123(万\ m^3)$$

$$V_4 = V_5 - V_{蓄3} = 123 - 23 = 100 \text{ 万 m}^3$$

$$V_3 = V_4 + V_{供2} = 100 + 80 = 180 \text{ 万 m}^3$$

$$V_2 = V_3 - V_{蓄2} = 180 - 100 = 80 \text{ 万 m}^3$$

$$V_1 = V_2 + V_{供1} = 80 + 60 = 140 \text{ 万 m}^3$$

$$V_0 = V_1 - V_{蓄1} = 140 - 210 < 0 \quad 取 \ V_0 = 0$$

取 $V_0 \sim V_6$ 中最大值作为兴利库容。

$$取 \quad V_兴 = 180 \text{ 万 m}^3$$

6.2.2.4 多年调节水库的兴利库容计算

图 6-10 为多年调节水库运用示意图，该水库第 1、2 年来水量大于用水量，均为丰水年，各年所需库容依次为 $V_{兴1} = V_2$，$V_{兴2} = V_4$。第 3~5 年为连续枯水年，各年来水量小于用水量。对第 3 年来说，其缺水要由第 2 年的余水补充。故计算 $V_{兴3}$ 时，应将第 2、3 年联系在一起考虑，相当于水库二次运用情况，$V_{兴3} = V_6$。第 4 年则应联系前两年一起考虑，相当于水库 3 次运用情况，同时要保证第 3 年的供水，故 $V_{兴4} = V_{兴3} + (V_8 - V_7)$。同理 $V_{兴5} = V_{兴4} + (V_{10} - V_9)$。

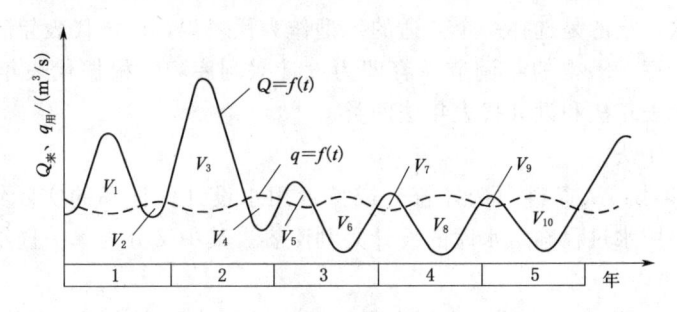

图 6-10 多年调节水库运用示意图
$Q-t$—天然来水流量过程；$q-t$—用水流量过程

6.2.2.5 水库设计兴利库容的确定

水库设计兴利库容的确定思路：根据水库每一水利年的来水、用水资料，按照时历列表法可以计算出每一水利年的兴利库容，若遇到枯水年，即年来水量小于年用水量的年份，按照多年调节方法确定水库的兴利库容。由于水库天然来水量每年都不尽相同，年内分配也不一样，即便用水过程完全相同，每年所需的兴利库容也是不一样的，但水库在设计时只能确定一个兴利库容作为设计兴利库容，一般是根据资料情况及对精度要求的不同，采用长系列法或代表年法来确定水库的设计兴利库容。

1. 长系列法

步骤：

(1) 用时历列表法计算的各年所需兴利库容。

(2) 将计算出的兴利库容由小到大排列，用经验频率计算公式计算相应的经验频率。

$$P = \frac{m}{n+1} \times 100\% \tag{6-7}$$

式中　P——等于或小于某一兴利库容的经验频率；

　　　m——兴利库容由小到大排位的顺序号，$m=1,2,\cdots,n$；

　　　n——兴利库容个数。

(3) 点绘兴利库容频率曲线，图 6-11 为兴利库容频率曲线。

(4) 根据用水设计保证率 $P_{设}$，由图 6-11 查得设计兴利库容。

把这种"先调节后排频"的计算方法叫长系列法。

长系列法直接对库容进行频率分析，求得的设计兴利库容保证率概念十分明确，计算精度较高。但需要有足够长的年、月径流及用水系列，且工作量较大。在缺乏长期的年、月径流径流资料时或初步规划阶段，常常采用代表年法。

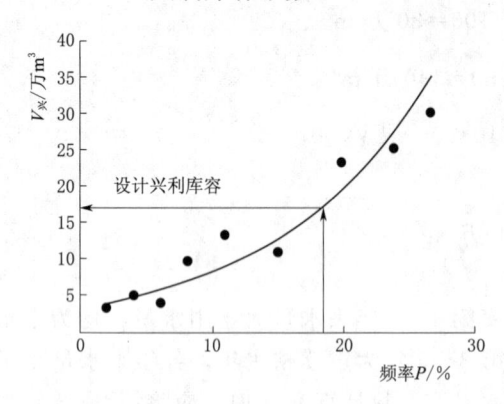

图 6-11　兴利库容频率曲线

2. 代表年法

所谓代表年法，指的是选择一个合适的年型作为代表年，以该代表年的来水过程和用水过程进行年调节计算，求得的年调节库容即为设计兴利库容。根据代表年的选择原则的不同，可分为实际代表年法和设计代表年法两类。

(1) 实际代表年法。

a. 实际代表年法：从资料中选择符合或接近用水设计保证率的实际年份作为代表年，以该年实测的来、用水过程确定水库的设计兴利库容。其中又分为单一选年法、库容排频法和实际干旱年法。

b. 单一选年法：单以来水量（或用水量）频率计算成果为依据。从资料中选择年来水量（或用水量）与相应于设计保证率的年来水量（或用水量）接近，且年内分配偏于不利的实际年份作为代表年。

c. 库容排频法：是简化了的长系列法，它是根据来水量（或用水量）频率曲线，在设计保证率左右的一定范围内，选择 3~5 个实际年来水（或用水）过程，分别进行调节计算，求得各年的兴利库容，然后再把这 3~5 个兴利库容在选用的频率范围内，由小到大排列，求出符合用水设计保证率的库容作为设计兴利库容。库容排频法在一定程度上避免了单一选年法的成果不稳定性。

d. 实际干旱年法：通过旱情与水情的调查分析，选择某一实际发生的干旱年的来、用水过程作为代表年，直接把该年调节计算求得的兴利库容作为设计兴利库容，这种方法虽然保证率的概念不明确，但成果更能符合实际情况，因而在灌溉水库的规划设计中用得较多。

(2) 设计代表年法。设计代表年法是用频率计算的方法，求得相应于设计保证率的设计年径流量及年内分配，作为水库设计枯水年的来水过程，再根据选定的设计枯水年的用水资料，进行调节计算，求得的兴利库容即为设计兴利库容，即"先排频后调节"的计算方法。设计代表年法在水电站水库的规划设计中用得较多。

任务6.3 水库防洪调节计算

学习指导
目标：1. 理解水库防洪调节的作用。
2. 掌握水库防洪调节计算的基本原理和方法。
3. 理解无闸门泄洪建筑物的水库防洪调节计算。
4. 理解泄洪建筑物设置闸门的作用。
5. 了解有闸门控制时水库防洪调节计算特点。

重点：1. 水库调洪计算的基本原理。
2. 水库调洪计算方法中的列表试算法。
3. 无闸门泄洪建筑物的水库防洪调节计算。

6.3.1 水库防洪调节的作用

想一想：水库在遇到上游洪水时，为了水工建筑物及下游防护对象的安全，如何发挥调洪作用？

水库防洪调节的作用：在河流上兴建水库后，入库洪水过程经水库调蓄后，出库洪水过程变得平缓，洪峰流量减小，洪水历时加长，起到了削峰作用。泄洪建筑物尺寸越小，下泄流量越小，所需调洪库容越大。反之，加大泄洪建筑物尺寸，将使下泄量加大，所需调洪库容减小。因此，设计洪水、泄洪建筑物型式及尺寸、调洪库容、下泄流量、调洪方式之间存在着相互关联、相互制约的关系。

下边以无闸门控制开敞式溢洪道和有闸门控制溢洪道一次洪水的蓄泄过程和库水位变化过程来说明水库的调洪过程。

6.3.1.1 水库无闸门控制开敞式溢洪道的调洪过程

图 6-12 为无闸门溢洪道水库的调洪图，设计堰顶高程与正常蓄水位齐平，图中 $Q-t$ 为入库设计洪水过程，$q-t$ 为水库下泄流量过程，$Z-t$ 为水库水位变化过程。水库对洪水的调节过程分为以下 4 步：

(1) 在 $t=t_1$ 时刻发生洪水，水库已蓄水至正常蓄水位，即起调水位为正常蓄水位，下泄流量 $q=0$。

(2) 在 $t_1 \sim t_2$ 时段，入库洪水流量 Q 增大，水库水位上升，溢洪道开始自由泄流，因入库流量 Q 大于出库流量 q，即 $Q>q$，水库水位随之升高，溢洪道泄流量 q 逐渐加大。t_2 时刻入库流量达到最大值，$Q=Q_m$。

(3) 在 $t_2 \sim t_3$ 时段，因入库流量 Q 仍然大于出库流量 q，即 $Q>q$，因而库水位继续升高，水库继续拦蓄洪水，直到 t_3 时刻 $Q=q$，水库水位和下泄流量同时达到最大值，即 $Z=Z_m$，$q=q_m$ 水库蓄水过程结束。

(4) 在 $t_3 \sim t_4$ 时段，t_3 时刻以后，由于 $Q<q$，水库水位下降，q 也随之减小。t_4 时刻水库水位重回到正常蓄水位，本次洪水调节结束。图 6-12 中阴影部分 $W_{蓄}$ 是本次洪水拦蓄在水库中的水量。该水量在 $t_3 \sim t_4$ 这一时段内逐渐泄出，如图中 $W_{泄}$。

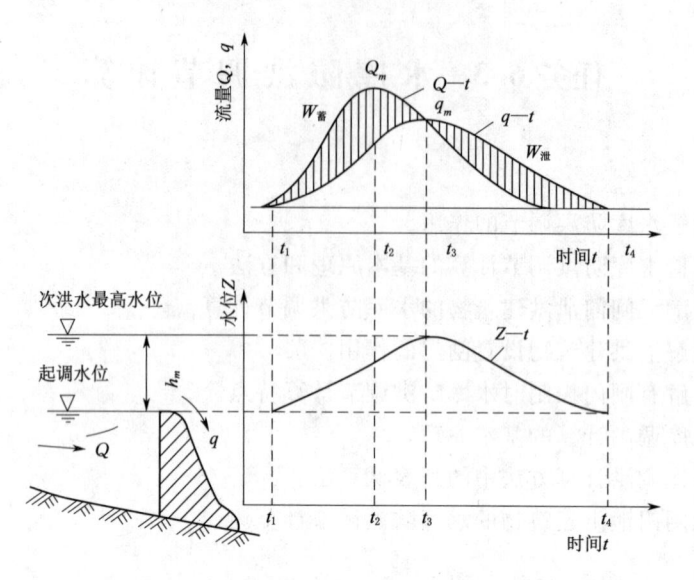

图 6-12 无闸门溢洪道水库的调洪图

6.3.1.2 水库有闸门控制溢洪道的调洪过程

图 6-13 为有闸门溢洪道水库的调洪图，设计堰顶高程低于正常蓄水位，图中 $Q-t$ 为相应下游防洪标准的洪水过程，$q-t$ 为水库下泄流量过程，$Z-t$ 为水库水位变化过程。水库对洪水的调节过程分为以下 5 步：

(1) $t=t_0$ 时刻，起调水位为汛限水位，即 $Z=Z_汛$，此时 $Z_汛 > Z_堰$，下泄量 $q=0$。

(2) 在 $t_0 \sim t_1$ 时段，下泄流量 $q=Q$，水位 $Z=Z_汛$。ab 段为控制泄流阶段。至 t_1 时刻闸门完全开启，溢洪道为自由泄流。

(3) 在 $t_1 \sim t_2$ 时段，直至 t_2 时刻 $q=q_允$。bc 段为自由泄流。

(4) 在 $t_2 \sim t_3$ 时段，$q=q_允$，$Q>q$，水库仍然处于蓄水状态，cd 段为控制泄流。

(5) 在 $t_3 \sim t_4$ 时段，t_3 时刻水库水位达到防洪高水位，即 $Z=Z_防$，库容为防洪库容，即 $V=V_防$，t_3 时刻以后，闸门开度逐渐加大，$Q<q$，完成一次泄水过程，水库迎接下次洪水。

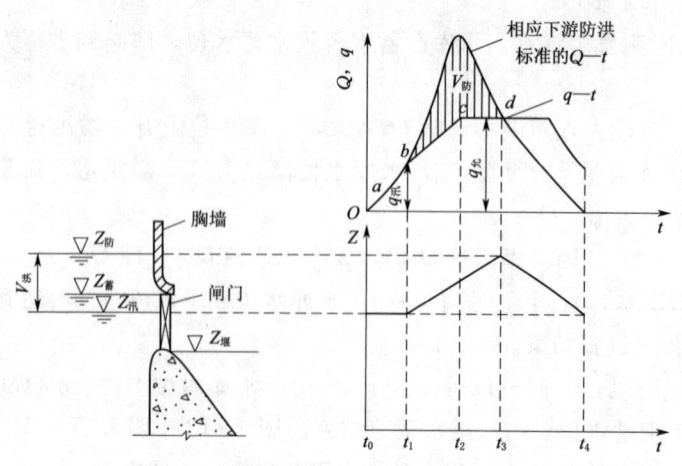

图 6-13 溢洪道设闸门控制的调洪图

6.3.2 水库防洪调节计算的任务与基本原理

想一想：水库防洪调节计算的任务是什么？又要遵循什么样的原理？

6.3.2.1 水库防洪调节计算的任务

1. 规划设计阶段

本阶段水库防洪计算的主要任务：在水工建筑物及下游防护对象防洪标准选定情况下，根据水文计算提供的设计洪水过程线、水库地形特性资料、拟定的泄流建筑物型式和尺寸、调洪方式，通过水库调洪计算及投资效益分析，确定防洪库容、坝高、泄洪建筑物尺寸及最大下泄流量。

2. 运行管理阶段

本阶段水库防洪计算的主要任务是：求出某种频率洪水（或预报洪水）在不同防洪限制水位时水库洪水位与最大下泄流量的定量关系。为编制防洪调度规程、制订防洪措施提供科学依据。

水库防洪调节计算内容可归纳如下：

(1) 收集资料。包括水文气象资料、地形地质资料等。主要有设计洪水资料（设计洪水、校核洪水、下游防洪标准洪水、区间设计洪水）、泄洪设施的泄洪能力曲线、水库容积曲线、经济资料等。

(2) 拟定方案。根据水库地形、地质、建筑材料、施工条件和洪水特性等，拟定若干个泄洪建筑物型式、位置、尺寸以及起调水位。

(3) 调洪计算。根据设计洪水过程、拟定的泄洪设施型式、尺寸及调洪运用方式进行计算，求得水库下泄流量过程线、最高洪水位及最大下泄流量。

(4) 方案选择。根据调洪计算成果，计算各比较方案的工程造价，上游淹没损失等，通过技术经济比较，选择最优方案。

6.3.2.2 水库防洪调节计算的基本原理

水库调洪计算的基本原理是：逐时段联立求解水库的水量平衡方程与蓄泄方程。

1. 水库水量平衡方程

水库的水量平衡方程：指在计算时段 Δt 内，入库水量与出库水量之差等于该时段内水库蓄水量的变化值，图 6-14 为水库水量平衡示意图。

$$\frac{Q_1+Q_2}{2}\Delta t - \frac{q_1+q_2}{2}\Delta t = V_2 - V_1 = \Delta V \tag{6-8}$$

式中 Q_1、Q_2——分别为计算时段初、末的入库流量，m^3/s；

q_1、q_2——分别为计算时段初、末的下泄流量，m^3/s；

V_1、V_2——分别为计算时段初、末的水库蓄水量，m^3/s；

Δt——计算时段，s。

2. 水库蓄泄方程

在公式（6-8）中，当已知水库入库洪水过

图 6-14 水库水量平衡示意图

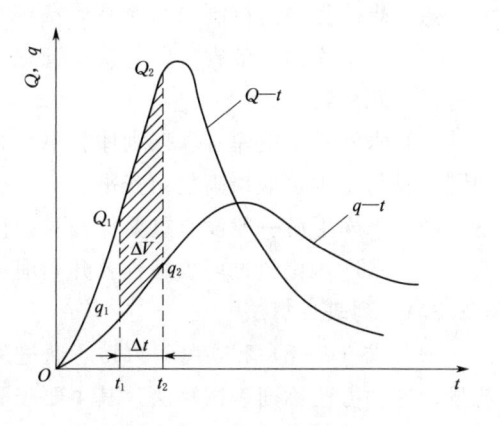

程线时，Q_1 和 Q_2 已知。计算时段 Δt 的选择，应以能较准确反应洪水过程线的形状为原则，陡涨陡落时，Δt 取短些；反之，取长些。水库蓄水量 V_1 和泄流量 q_1 是计算时段 Δt 的初始条件，只有时段末水库的蓄水量 V_2 和泄流量 q_2 是未知数，但由于一个方程存在两个未知数，为了求解，需再建立第 2 个方程，这个方程式就是水库蓄泄方程。图 6-15 为水库蓄泄关系曲线。

水库的泄洪建筑物主要指的是溢洪道和泄洪洞，水库的泄流量就是他们的过水流量。在溢洪道无闸门控制或闸门全开的情况下，溢洪道的泄流量按照堰流计算，公式如下：

$$q_{溢}=M_1BH^{3/2} \tag{6-9}$$

式中　M_1——流量系数；
　　　B——溢洪道堰顶宽度，m；
　　　H——溢洪道堰上水头，m。

泄洪洞的泄流量可按照有压管流计算，公式如下：

$$q_{洞}=M_2FH_{洞}^{1/2} \tag{6-10}$$

式中　M_2——流量系数；
　　　F——泄洪洞洞口的断面面积，m；
　　　$H_{洞}$——泄洪洞的计算水头，m。

显然，当泄洪建筑物型式和尺寸一定时，泄洪设施的泄流能力或泄流量 q，仅取决于泄洪设施的水头 H，而根据水库的水位容积曲线 $Z-V$ 可知，泄流水头 H 是水库蓄水量 V 的单值函数，所以下泄流量 q 也是水库蓄水量 V 的单值函数，即：

$$q=f(V) \tag{6-11}$$

式（6-11）称为水库蓄泄方程或蓄泄曲线。水库蓄泄关系曲线如图 6-15 所示。

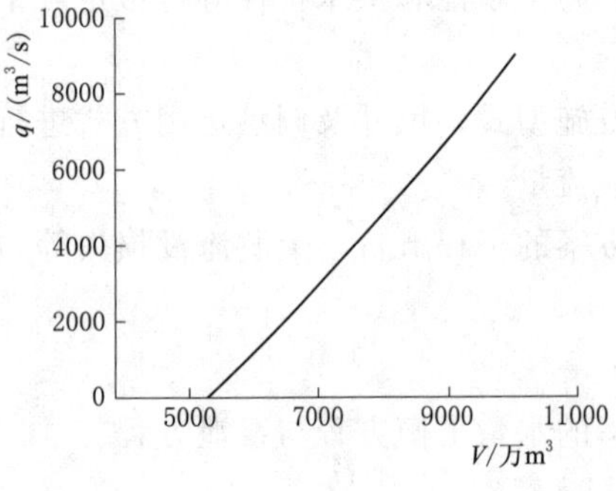

逐时段联立求解水库的水量平衡方程（6-8）与蓄泄方程（6-11），就可以得出时段末水库的蓄水量 V_2 和泄流量 q_2，从而求出水库下泄流量过程线和相应的调洪库容。

图 6-15　水库蓄泄关系曲线

6.3.3　无闸门控制的水库防洪调节计算

想一想：无闸门控制的水库有何特点？防洪调节计算有哪几种方法？

中小型水库为了节省投资、便于管理，溢洪道一般情况下不设闸门。无闸门控制的水库具有以下几个特点：

（1）水库的调洪库容和兴利库容不结合，水库的防洪起调水即防洪限制位与正常蓄水位相同，且与溢洪道堰顶高程相齐平。

（2）水库下游一般没有重要保护对即便有保护对象也难以负担下游的防洪任务。

（3）水库水位超过堰顶高程就开始泄洪，属于自由泄流状态。

6.3.3.1　列表试算法

求解式（6-8）和式（6-11），通过列表试算的方法，逐时段求出水库的蓄水量和下泄流量，这种方法称列表试算法。其主要步骤是：

（1）根据水文资料，确定水库的入库洪水过程线 $Q-t$。

任务 6.3 水库防洪调节计算

(2) 绘制水库的蓄泄曲线 q—V 关系曲线。

根据水位库容曲线和拟定的泄洪建筑物类型、尺寸，用公式 (6-9) 或式 (6-10) 计算出 q 与 V 之间的关系，并绘制 q—V 关系曲线。

(3) 调洪计算。选取合适的计算时段 Δt，由设计洪水过程线确定 Q_1、Q_2、Q_3、…。确定计算开始时刻的 q_1、V_1，然后列表试算。试算方法：由起始条已知的 q_1、V_1 和入库流量 Q_1、Q_2，假设时段末的下泄流量 q_2，利用公式 (6-8) 求出 V_2，查 q—V 关系曲线，得出 q_2，如果查得的 q_2 与假设的 q_2 相等，则说明假设与实际相符，否则重新假设 q_2，直到两者相等为止。

(4) 将上一时段末的 q_2、V_2，作为下一段的 q_1、V_1，重复上述试算，求出下一时段的 q_2、V_2。这样逐时段试算就能求出水库泄流过程和相应的水库蓄水量。

(5) 水库的入库洪水过程线 Q—t 和计算的水库蓄泄过程线绘制在一张图上，若计算的最大下泄流量 q_m 正好的二线的交点，则计算的 q_m 正确，否则不正确，此时要缩短交点附近的计算时段 Δt，重新计算，直至 q_m 正好的二线的交点为止。

(6) 由 q_m 查 q—V 关系曲线，得出水库蓄水的总库容，从中减去堰顶以下的库容，即可得到调洪库容。

列表试算法优缺点：

优点：概念清楚，适用于变时段、无闸门和有闸门泄水建筑。

缺点：计算工作量大，便于计算机计算。

【例 6-4】 某水库泄流建筑物为无闸溢洪道，堰顶高程与正常蓄水位齐平，均为 132m，堰顶净宽 $B=40$m，流量系数 $M_1=1.6$。该水库设有小型水电站，汛期按水轮机过水能力 $q_电=10$m³/s 引水发电，尾水再引入渠首灌溉。水库的水位容积关系曲线见表 6-5。设计标准为百年一遇的设计洪水过程线见表 6-6 中第 (1)(3) 栏所列。用试算法求水库泄流过程、设计最大下泄流量、设计调洪库容和设计洪水位。

表 6-5　　　　　　　　水库水位—容积关系

水位 Z/m	116	118	120	122	124	126	128	130	132	134	136	138
库容 V/万 m³	0	20	82	210	418	732	1212	1700	2730	3600	4460	4880

解： (1) 首先绘出 Z—V 关系曲线，再计算并绘制水库的蓄泄曲线 q—V。具体计算见表 6-6。利用表 6-6 中第 (5)(6) 栏对应值绘制 q—V 蓄泄曲线，如图 6-16 所示。

表 6-6　　　　　　　　水库蓄泄关系曲线计算

水位 Z/m	(1)	132	132.5	133	133.5	134	134.5	135	136	137
溢洪道堰顶水头 H/m	(2)	0	0.5	1	1.5	2	2.5	3	4	5
溢洪道泄量 $q_溢$/(m³/s)	(3)	0	22	64	118	181	253	333	512	716
发电洞泄量 $q_电$/(m³/s)	(4)	10	10	10	10	10	10	10	10	10
总泄流量 q/(m³/s)	(5)	10	32	74	128	191	263	343	522	726
库容 V/万 m³	(6)	2730	2980	3180	3420	3600	3840	4060	4460	4880

(2) 确定调洪起始条件。由于水库溢洪道无闸门控制，因此起调水位等于汛限水位并与堰顶高程齐平，即 $Z=132$m，相应库容为 2730 万 m³，初始泄量为发电流量 10m³/s。

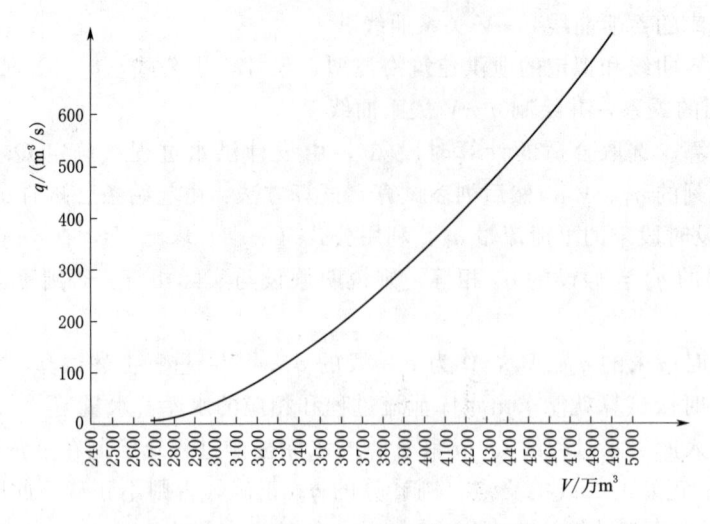

图 6-16 水库 q—V 蓄泄关系曲线

(3) 逐时段试算推求泄流过程 q—t。试算过程采用列表方式，见表 6-7。

表 6-7　　　　　　　　　某水库调洪计算表（部分）

时间/h	时段 Δt/h	Q/(m³/s)	$\dfrac{Q_1+Q_2}{2}$/(m³/s)	$\left(\dfrac{Q_1+Q_2}{2}\right)\Delta t$/万 m³	q/(m³/s)	$\dfrac{q_1+q_2}{2}$/(m³/s)	$\left(\dfrac{q_1+q_2}{2}\right)\Delta t$/万 m³	ΔV/万 m³	V/万 m³	Z/m
(1)	(2)	(3)	(4)	(5)	(6)	(7)	(8)	(9)	(10)	(11)
0		0			10				2730	132.0
8	8	100	50	144.0	16	13	37.4	106.6	2837	132.2
16	8	480	290	835.2	134	75	216.0	619.2	3456	133.6
24	8	840	660	1900.8	510	322	927.4	973.4	4429	135.9
28	4	730	785	1130.4	640	575	828.0	302.4	4731	136.6
30	2	650	690	496.8	660	650	468.0	28.8	4760	136.7
32	2	560	605	435.6	638	649	467.3	−31.7	4728	136.6
40	8	340	450	1296.0	490	564	1624.3	−328.3	4400	135.8
48	8	210	275	792.0	330	410	1180.8	−388.8	4011	134.9
…	…	…	…	…	…	…	…	…	…	…

(4) 绘制 Q—t 与 q—t 曲线，求最大下泄流量 q_m。以表 6-7 中第 (1)(3)(6) 列相应的数值，绘制 Q—t 与 q—t 曲线，如图 6-17 所示。

(5) 求设计调洪库容 $V_设$ 和设计洪水位 $Z_设$，利用表 6-7 中第 (10) 列各时段末库容值 V，在库容曲线上查得各时段末的相应库水位 Z，即表中第 (11) 列。

$q_m=660\text{m}^3/\text{s}$ 的库容为 4760 万 m³，减去堰顶高程以下库容 2730 万 m³，即为 $V_设=$ 2030 万 m³，而相应于 4760 万 m³ 的库水位，即为 $Z_设=136.7\text{m}$。

【例 6-5】 某水库库容与蓄水位关系，以及无闸溢洪道泄流量与蓄水位的关系分别如图 6-18、图 6-19 所示。

进行调洪计算的时段 Δt 取为 3h，某时段水库泄洪建筑物闸门已全部打开，时段初与时

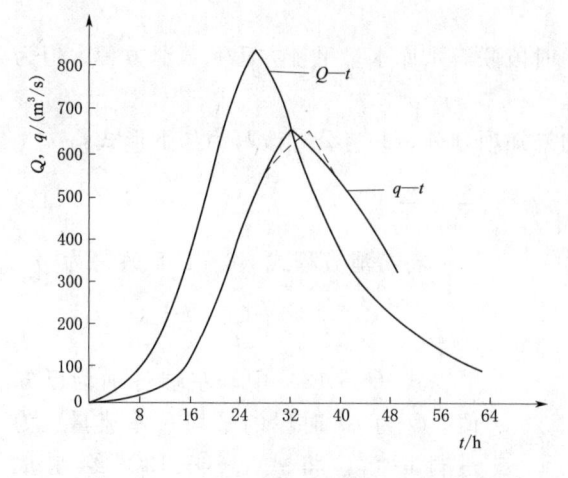

图 6-17 水库设计洪水过程线与下泄流量过程线

图 6-18 某水库库容与蓄水位关系

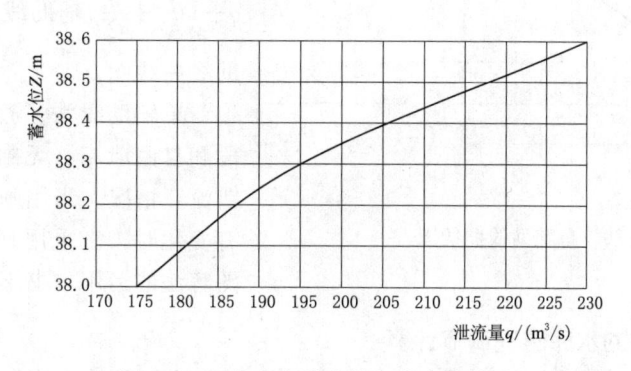

图 6-19 某水库泄流量与蓄水位关系

段末入库洪水流量分别为 $280\text{m}^3/\text{s}$ 和 $189\text{m}^3/\text{s}$，时段初水库蓄水位为 38.0m。用试算法计算该时段末的水库蓄水量和水位，以及泄洪建筑物的相应下泄流量（当计算时段末蓄水量相对误差小于或等于 2% 时，可停止试算）。

解：
(1) 用列表试算法进行水库防洪调节计算的公式为

水量平衡方程： $\dfrac{1}{2}(Q_1+Q_2)\Delta t - \dfrac{1}{2}(q_1+q_2)\Delta t = V_2 - V_1$

水库蓄泄方程： $q = f(v)$

(2) 由题意，时段初水位为 $Z_1 = 38.0\text{m}$，查图 6-18、图 6-19，可得 $V_1 = 6450$ 万 m^3，$q_1 = 175\text{m}^3/\text{s}$。

(3) 进行试算。

假设时段末水位为 $Z_2 = 38.2\text{m}$，查图 6-18、图 6-19，可得 $V_2 = 6510$ 万 m^3，$q_2 = 187.5\text{m}^3/\text{s}$。

将 q_2 代入水量平衡方程，可算得 $V_2' = 6508$ 万 m^3，与 V_2 比较，可知满足误差要求，故可取 $Z_2 = 38.2\text{m}$，$q_2 = 187.5\text{m}^3/\text{s}$。

6.3.3.2 半图解法

半图解法无须进行繁琐的试算。它又分为单辅助线法和双辅助线法，以下介绍单辅助线法。

单辅助线的半图解法的基本原理，仍是逐时段联解水库水量平衡方程和蓄泄方程。但为了避免试算，需对这两个方程作适当的变换。

将水量平衡方程式（6-8）按照已知项和未知项划分，并将公式改写为如下形式：

$$\left(\frac{V_1}{\Delta t}+\frac{q_1}{2}\right)+\overline{Q}-q_1=\left(\frac{V_2}{\Delta t}+\frac{q_2}{2}\right) \quad (6-12)$$

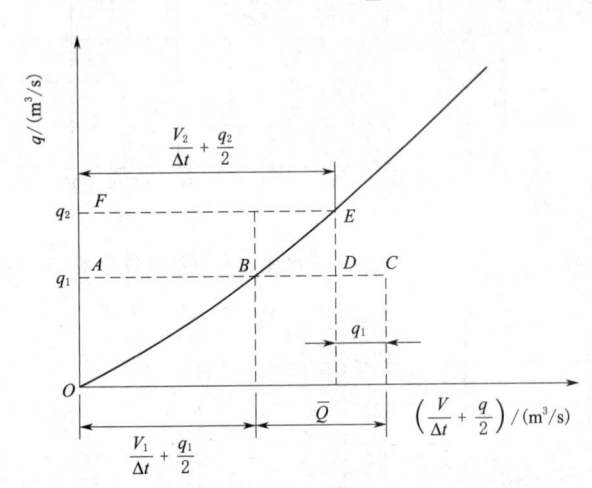

将蓄泄方程式（6-11）改写为

$$q=f\left(\frac{V}{\Delta t}+\frac{q}{2}\right) \quad (6-13)$$

式（6-12）中，左端各项为已知值，$\overline{Q}$ 为 Δt 时段的平均入库流量。为进行图解，将式（6-13）绘制成 $q-\left(\frac{V}{\Delta t}+\frac{q}{2}\right)$ 辅助线。如图6-20单辅助线曲线图。

单辅助线法只适用于 Δt 取固定时段和自由泄流（无闸门或闸门全开时的泄流）情况。当用闸门控制泄洪或当 Δt 有变化时，宜采用列表试算法。关于半图解法的运用本书不赘述。

图6-20 单辅助线曲线图

6.3.4 有闸门控制的水库防洪调节计算

想一想：有闸门控制的水库防洪调节计算与无闸门控制时的水库防洪调节计算有什么不同？

6.3.4.1 泄洪建筑物设置闸门的作用

泄洪建筑物如果以溢洪道为例，设置闸门的作用主要有以下几个方面：

（1）有闸门溢洪道的堰顶高程要低于防洪限制水位，这样当水库水位相同时，有闸溢洪道的泄流能力要比无闸溢洪道的泄流能力大。

（2）在防洪库容一定的情况下，有闸门溢洪道水库能够减少最大下泄流量，从而减轻下游的洪水灾害，提高防洪能力。在同样满足下游河道允许安全泄量的情况下，有闸溢洪道水库的防洪库容要比无闸门溢洪道的防洪库容小，从而减少大坝投资以及水库上游的淹没损失。图6-21为溢洪道有闸与无闸控制时调洪情况的比较。

（3）当下游有较大区间洪水时，有闸控制泄流可以通过闸门调节下泄流量，让洪水暂时滞留在水库，使上游洪水与下游区间洪水错开，避免洪峰遭遇，从而有效地削减下游河段高峰流量。

（4）溢洪道设置闸门，可以使正常蓄水位高于防洪限制水位，从而使调洪库容和兴利库容有机结合，提高了水库的综合利用效益。

（5）水库溢洪道设置闸门后，便于考虑洪水预报，可以提前预泄。

6.3.4.2 有闸门控制的水库防洪调节计算特点

水库泄洪建筑物有闸门控制的防洪调节计算和无闸门控制的计算原理相同，但比无闸门

任务6.3 水库防洪调节计算

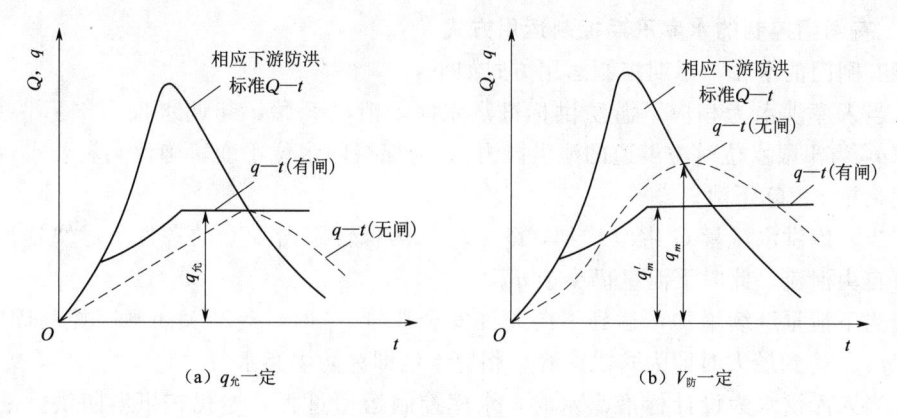

图6-21 溢洪道有闸与无闸控制时调洪情况的比较

控制时计算要复杂,其特点如下:

(1) 溢洪道有闸门控制时,水库调洪计算的起调水位为防洪限制水位,此水位一般比正常蓄水位低,比堰顶高程高,即 $Z_堰 \leqslant Z_限 \leqslant Z_蓄$,图6-22为溢洪道设置闸门时水库的各种特征水位,这样在防洪限制水位和正常蓄水位之间的库容,既可兴利又可防洪,也就是防洪与兴利相结合,从而协调了防洪腾空库容与兴利蓄水之间的矛盾。而汛限制水位高于堰顶高程,从洪水开始时就得到较高的泄流水头,增大洪水初期的泄洪量,从而减轻下游防洪压力。对于以兴利为主的水库,防洪限制水位的确定应以汛后能蓄满兴利库容为原则。

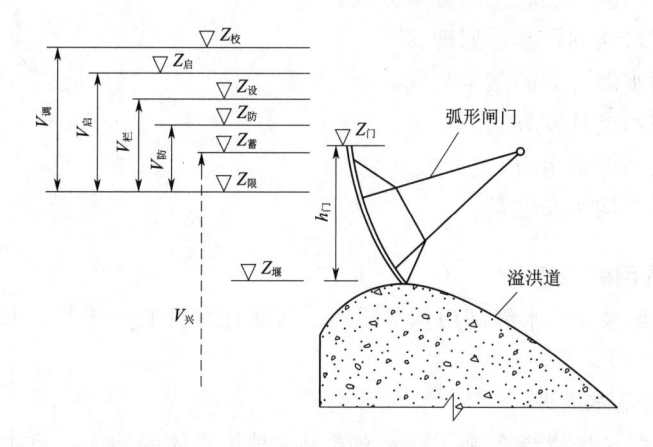

图6-22 溢洪道设置闸门时水库的各种特征水位

(2) 有闸泄洪建筑物,可以通过闸门的启闭控制泄流量大小,属控制泄流,调洪计算时需拟定相应的泄洪方式,并直接用水量平衡方程计算。只有闸门全开才属自由泄流,这时相当于无闸门控制,可用列表试算法或单辅助曲线法进行调洪计算。

(3) 水库溢洪道有闸门控制的调洪计算,要结合下游是否有防洪要求所拟定的调洪方式进行。

如果承担下游防洪任务,需要进行下游防洪标准洪水、设计标准洪水及校核标准洪水的水库调洪计算。

关于有闸门控制的水库防洪调节具体的计算内容这里不赘述。

6.3.4.3 有闸门控制的水库汛期控制运用方式

对于有闸门的水库，汛期控制运用方式如下：

（1）当入库洪水为相应下游防洪标准洪水时，泄洪开始，起调水位为 $Z_限$，初始阶段 $Q \leqslant q_限$（$q_限$ 为汛限水位时溢洪道的泄洪能力），为保持库水位不变，确保兴利要求，应控制闸门开度，按 $q=Q$ 下泄。

（2）当入库洪水流量 Q 继续增加，$Q>q_限$，为保证下游安全的条件下尽快排洪，闸门全部打开自由泄流，此时下泄量仍小于 $q_限$。

（3）当下泄量继续增加，达到下游允许安全泄量 $q_允$ 时，逐渐关闭闸门控制固定泄流，即使 $q=q_允$，达到最大时即为防洪库容，相应水位即为防洪高水位 $Z_防$。

（4）当入库洪水为设计标准洪水时，水库控制运用过程开始仍按下游防洪标准洪水操作，直到水位达到 $Z_防$ 为止，此后入库洪水仍然是 $Q>q_允$，库水位继续上涨，应以保证大坝本身安全为主，故控制运用改为再次闸门全开，转入自由泄流，直至出现最大库容和最高水位。

（5）当入库洪水为校核标准洪水时，如同前方法一样，仍按分级调洪演算。

任务6.4 水 能 计 算

学习指导

  目标： 1. 了解水能开发利用的基本方式。
     2. 理解水能利用基本原理。
     3. 掌握水能计算的基本公式。
     4. 掌握水能计算方法。
  重点： 1. 水电站保证出力。
     2. 多年平均年发电量。

6.4.1 水能计算的目的与任务

想一想： 什么是水能？水能利用基本原理、水能计算目的与任务、水能计算的基本公式是什么？

6.4.1.1 水能利用基本原理

水能是一种能源，是清洁能源，是绿色能源，是指水体的动能、势能和压力能等能量资源。水能是一种可再生能源，水能主要用于水力发电。

水能利用基本原理：水的落差在重力作用下形成动能，从河流或水库等高位水源处向低位处引水，利用水的压力或者流速冲击水轮机，使之旋转，从而将水能转化为机械能，然后再由水轮机带动发电机旋转，切割磁力线产生交流电，将机械能变成电能，最后通过输、配电设备将电能输送出去，为人类服务。以水力发电的工厂称为水力发电厂，简称水电厂，又称水电站。图 6-23 为水力发电示意图。

6.4.1.2 水能计算目的与任务

水能计算目的：确定水电站的保证出力、多年平均发电量指标、水电站的工作情况。由于水电站的保证出力和发电量计算，是水能计算的重要环节，故通常将保证出力和发电量计

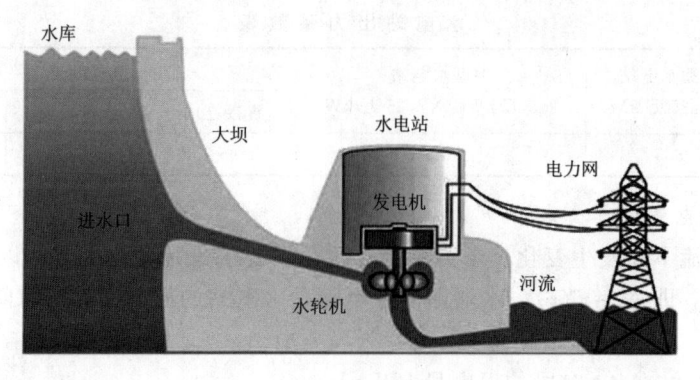

图 6-23 水力发电示意图

算称为水能计算。

水能计算任务：确定电站效益与工程规模之间的关系。电站效益通常用保证出力和多年平均电能两指标来衡量，而工程规模则以水库正常蓄水位和有效库容、引水渠道尺寸及电站装机容量为指标。水能计算的主要内容是通过不同方案的综合经济比较来选定合理的正常蓄水位，保证出力，装机容量和多年平均电能。

6.4.1.3 水能计算公式

1. 水电站出力计算公式

根据推导（此处略去）计算水流出力基本公式为

$$N = 9.81QH \tag{6-14}$$

式中　N——水电站的出力，kW；
　　　Q——天然流量，m^3/s；
　　　H——河段落差，m。

通过公式（6-14）计算出来的是天然水流出力，是水流具有的理论出力，也就是水电站可用的输入能量。而水电站的输出能量是指发电机定子端线送出的出力，它与输入能量在数量上是有一定的差别的。因为水电站从天然水能到生产电能需要经过两个阶段，即能量的获取和能量的转换，在这两个阶段中不可避免地会引起水量、水头、功率等损失。综合考虑这 3 种损失便得出水电站的出力计算公式：

$$N = 9.81\eta Q_电 H_净 \tag{6-15}$$

式中　N——水电站的出力，kW；
　　　η——水电站的效率；
　　　$Q_电$——发电引用流量，m^3/s；
　　　$H_净$——水电站净水头，m。

水电站的效率 η 与机组类型、水轮机、发电机传动形式等因素有关，且随工况而发生变化。初步水能计算时，机组尚未确定，先假定 η 为常数，待进行机组选择时，再考虑效率变化对其产生的影响，并进行修正。

令 $A = 9.81\eta$，则 $N = AQ_电 H_净$ (6-16)

A 称为出力系数。在初步水能计算中，按照表 6-8 水电站出力系数表，选择出力系数 A。

表 6-8　　　　　　　　　　　　　水电站出力系数表

类型	大型水电站 $N>25$ 万 kW	中型水电站 2.5 万 $kW \leqslant N \leqslant 25$ 万 kW	小型水电站 $N<2.5$ 万 kW		
			直接连用	皮带转动	经两次转动
出力系数	8.5	8.0	7.0~7.5	6.5	6.0

2. 水电站发电量计算公式

由于河川径流不断发生变化，电力系统对负荷的要求也是变化的，所以水电站的出力随时间而发生变化，即 $N=f(t)$。水电站的发电量是水电站的出力和相应时间的乘积。

即
$$E=\sum \overline{N} \cdot \Delta t \tag{6-17}$$

式中　E——水电站在 Δt 时段的发电量 kW·h；

Δt——计算时段，h，时段长短主要取决于水电站出力变化情况及计算精度要求。对于无调节水电站及日调节水电站，一般取 $\Delta t=24h$（1d），对于年调节水电站及多年调节水电站，一般取 $\Delta t=730h$（1个月）；

$\overline{N}$——水电站在 Δt 内的平均出力，kW。

6.4.2　河川水能开发方式

想一想：河川水能开发的方式有哪些？

从式（6-16）可以看出，水电站出力主要取决于河流中流量和河段落差。由于落差是沿河分散的，且流量变化很大，需要通过工程措施将分散的落差集中起来，并调节天然径流的变化，因此水能的开发方式主要是考虑集中落差和引取流量。根据河段地形、地质及水文等自然条件的不同，一般采取以下3种开发方式。

6.4.2.1　坝式开发

在河道中修建挡水建筑物，如闸、坝等，以抬高上游水位，集中落差，形成发电水头，这种水能开发方式称为坝式开发，相应的水电站称为坝式水电站。坝式水电站按厂房布置位置的不同，又分为坝后式水电站和河床式水电站。如图6-24、图6-25所示。

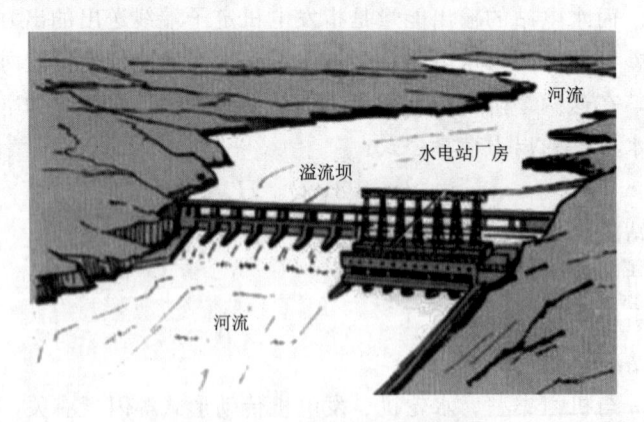

图 6-24　河床式水电站开发示意图

坝式开发方式的特点：

(1) 水头相对较小。

(2) 一般能形成蓄水水库，电站引用流量大。

(3) 综合利用效益高。

图 6-25 坝后式水电站开发实景图

（4）投资大，工期长，通常单位造价高，且上游形成淹没区。

坝式开发方式的适用条件：适于流量大，坡降缓，且有筑坝建库条件的河段。

6.4.2.2 引水式开发

当开发河段的坡降较陡，或存在瀑布、急滩等情况时，若采用坝式开发，即使修筑较高的坝，所形成的库容也不大，而且造价较高，显然不合理。若在河段上游修建低坝，将水导入引水道，引水道坡降小于原河道的坡降，所以在引水道末端和天然河道之间形成了落差，在引水道末端接压力水管，将水引入水电站厂房发电，这种开发方式称为引水式开发。引水式开发电站分为有压引水式水电站和无压引水式水电站。如图 6-26、图 6-27 所示。

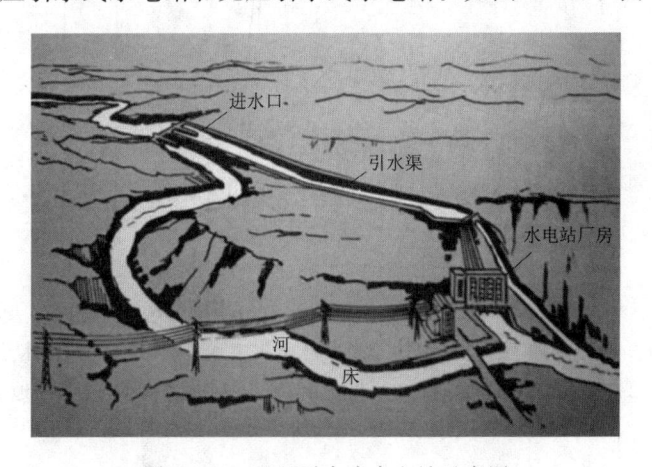

图 6-26 无压引水式水电站示意图

引水式开发特点：

（1）水头较高。

（2）电站引用流量小，水量利用率差，综合利用效益低。

（3）无水库淹没损失，工程量小，单价一般较低。

引水式开发适用条件：适用于河道坡降较陡、流量较小或地形、地质条件不允许筑坝的河段。

6.4.2.3 混合式开发

在河段的上游筑坝来集中一部分落差，并形成水库调节径流，再通过有压引水道来集中

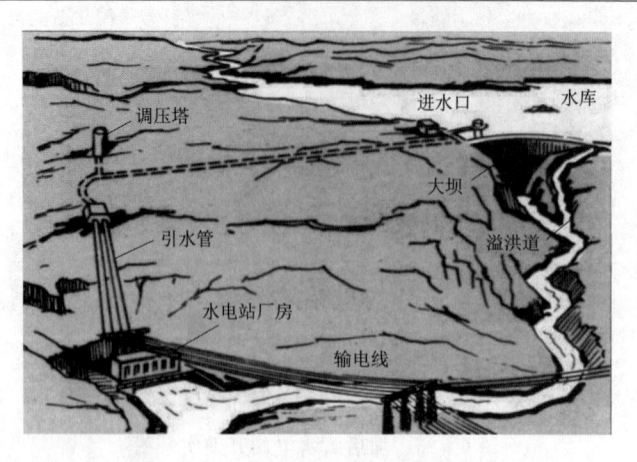

图 6-27 有压引水式水电站示意图

坝后河段的落差。这种在一条段上，用坝和有压引水渠道结合的方式集中落差，把这种开发方式称为混合式开发，相应的水电站称为混合式水电站。如图 6-28 所示。

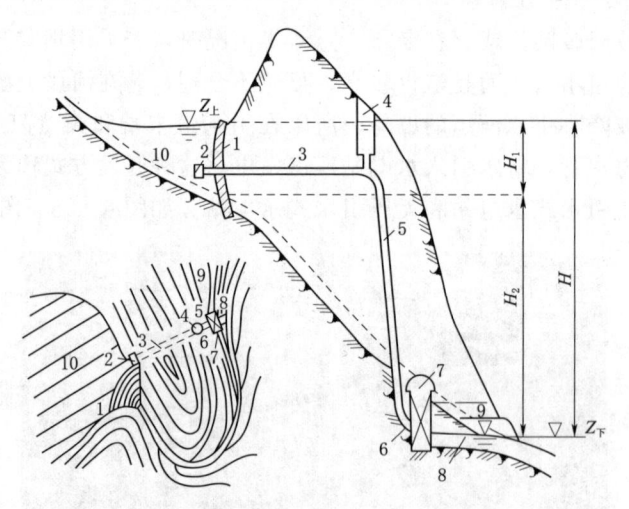

图 6-28 混合式水电站示意图

H_1—坝上游集中水头；H_2—引水隧洞集中水头；H—电站总水头；
1—坝；2—进水口；3—隧洞；4—调压井；5—斜井；6—钢管；7—地下厂房；
8—尾水渠；9—交通洞；10—蓄水库

就集中落差的方式来看，坝式开发和引水式开发是两种最基本的类型，混合式开发是两种基本类型的组合。实际应用中应根据当地水文、地质、地形、建材及经济条件等综合考虑，因地制宜地选择技术上可行、经济上合理的开发方式。

6.4.3 水电站保证出力的计算

想一想：什么是水电站保证出力？如何计算？

6.4.3.1 水电站保证出力

水电站的保证出力：水电站的工作受河川径流变化的影响很大，水电站能否保证正常工作，关键在于枯水时段出力和发电量能否满足正常供电要求。相应于水电站设计保证率的枯水时段的平均出力称为水电站的保证出力。水电站保证出力是水电站的一项重要的动能指标，是水电站装机容量选择的基本依据。

对保证出力含义有以下认识：

（1）保证出力是时段平均出力，表示水电站在控制时段内提供电能的能力，而不是提供瞬时出力的能力。

（2）保证出力的计算时段是枯水时段，这个时段的长短与水电站的调节性能有关。

1）无调节水电站和日调节水电站的发电流量取决于当日天然流量，故其保证出力的计算时段取日。

2）年调节水电站保证出力的计算时段取供水期。

3）多年调节水电站保证出力的计算时段取供水年组。

水电站的保证电能：与水电站保证出力时段相应的发电量为水电站的保证电能。由于无调节及日调节水电站保证出力的计算时段为日，所以，无调节及日调节水电站的保证电能为保证出力乘以 24h。同理，年调节水电站的保证电能为其保证出力乘以相应供水期的时间。多年调节水电站的保证电能为其保证出力乘以相应供水年组的时间。

6.4.3.2 水电站保证出力计算

1. 无调节水电站保证出力的计算

无调节水电站：指水电站上游没有调节水库或库容过小，不能调节天然径流，所以其出力取决于河中当日的天然流量。

无调节水电站保证出力：指相应于水电站设计保证率的日平均出力。

无调节水电站保证出力的计算方法：代表年法。

计算步骤：

（1）选丰、中、枯 3 个代表年，以日为计算时段，按出力公式 $N=AQ_{电}H_{净}$ 逐日计算日平均出力。

（2）将日平均出力按由大到小顺序排队，计算其频率，可绘制日平均出力频率曲线。

（3）据已知的设计保证率 $P_{设}$，从该频率曲线中查得相应的日平均出力，即为无调节水电站的保证出力。

计算说明：

1）$Q_{电}$ 计算：出力计算中的 $Q_{电}$ 为日平均天然流量减去水量损失及上游各部门引用流量。

2）$H_{净}$ 计算：无调节水电站的上游水位为常数 $Z_{正}$，下游水位可据下泄流量查下游水位流量关系曲线求得，上、下游水位差再减去水头损失即为出力计算中的净水头 $H_{净}$。

【例 6-6】 某引水式中型水电站，无水库进行径流调节，按照有关条件取设计保证率为 80%。水电站所在河流断面日平均流量频率分析计算结果见表 6-9，水电站上下游水位差受流量影响不大，发电净水头可取为 20.0m，试计算水电站的保证出力及保证电能。

表 6-9　　　　　某水电站所在河流断面日平均流量频率表

频率/%	10	20	30	50	70	80	90
流量 $Q/(m^3/s)$	210.3	162.2	75.4	40.4	15.6	10.2	4.8

解： 由表 6-9 可知，日调节水电站相应于设计保证率的日平均流量 $Q_{电}=10.2m^3/s$。

由于水电站为中型水电站，查表 6-8，取出力系数 $A=8.0$。

由题意知：$H_{净}=20.0m$。

保证出力为
$$N_{保}=AQ_{电}H_{净}=8.0\times10.2\times20.0=1632(kW)$$
$$E_{保}=24N_{保}=24\times1632=39168(kW\cdot h)$$

2. 日调节水电站保证出力的计算

日调节水电站可按发电要求调节日内径流，但其保证出力与无调节水电站相同，也为相应于设计保证率的日平均出力。因此，日调节水电站保证出力计算的列表格式和计算步骤与无调节水电站相同。只是日调节水电站的上游水位是在正常蓄水位与死水位之间变化。简化计算时可取平均水位，即根据平均库容 $V_{死}+1/2\times V_{兴}$ 查容积曲线，得上游平均水位。

3. 年调节水电站保证出力的计算

年调节水电站：指水库容积能在一年之内进行河流水量重新分配使用的水电站。一年四季河流天然来水量有较大变化，但系统要求电站提供的电能变化较小，将丰水期（蓄水期）的多余水量储存起来供枯水期（供水期）使用，在年内进行调节，可提高水量的利用率和电站效益。能将丰水期多余水量全部储存起来供枯水期使用而不发生弃水者称完全年调节水电站，反之称不完全年调节水电站。

年调节水电站保证出力：一般指水电站相应于符合设计保证率要求的供水期的平均出力，相应供水期的发电量即为保证电能。

年调节水电站保证出力计算方法：长系列法。

（1）在水库规模已定，即正常蓄水位和死水位已定的条件下，用水库已有的长系列水文资料进行水能计算，求得长系列每一年供水期的平均出力 $N_{供}$，并对其进行频率计算，求得供水期平均出力频率曲线。

（2）按照选定的设计保证率 $P_{设}$，查频率由该曲线，便得 $N_{保}$。

此法精度虽然高，但工作量比较大，一般在规划设计阶段常采用设计枯水年法，即采取对设计枯水年进行水能计算，求得该年供水期的平均出力，将其作为水电站的保证出力。

【例6-7】 某水电站为年调节水电站，供水期为11月至次年的4月，已知供水期的月平均出力见表6-10，试计算水电站的保证出力及保证电能。

表6-10　　　　　　　　某水电站供水期的月平均流量

月份	11	12	1	2	3	4
月平均出力/万 kW	29.3	25.5	24.2	23.6	20.4	19.8

解： 供水期的平均出力为
$$(29.3+25.5+24.2+23.6+20.4+19.8)\times10^4\div6=23.8(万\ kW)$$
供水期的平均出力即为水电站的保证出力，即 $N_{保}=23.8$ 万 kW
$$E_{保}=730\times6\times N_{保}=730\times6\times23.8\times10^4=104244(万\ kW\cdot h)$$

4. 多年调节水电站保证出力的计算

多年调节式水电站：将不均匀的多年天然来水量进行优化分配、调节，多年调节的发电站水库容量较大，将丰水年的多余水量存入水库，补充枯水年份的水量不足，以保证电站的可调出力。

多年调节水电站的保证出力：通常指符合设计保证率要求的枯水系列的平均出力。由于多年调节水电站的调节周期较长，即便是采用长系列水文资料，其包括的枯水系列的个数也不多，所以难以按枯水系列平均出力频率曲线来确定保证出力。通常采用计算设计枯水系列平均出力的方法来计算多年调节水电站的保证出力。具体计算和年调节水电站保证出力的计算基本相同。

将保证出力乘以一年的时间（8760h）即为多年调节水电站的保证电能。多年调节水电站水能计算具体方法略去。

6.4.4 水电站的多年平均发电量计算

想一想：水电站的多年平均发电量如何计算？

水电站多年平均发电量：是指水电站在多年工作期间，平均每年所能生产的电能。多年平均发电量是水电站的重要动能指标。在规划设计阶段，按照计算精度的要求不同，可采用不同方法计算水电站的多年平均发电量。

6.4.4.1 无调节、日调节及年调节水电站多年平均发电量的计算

1. 中水年法

对于设计中水年（$P=50\%$），进行水能计算。无调节、日调节水电站按旬或日进行调节计算，年调节水电站按月进行调节计算，求得各时段调节流量及水头，并计算各时段平均出力及各时段发电量。

当计算所得时段出力大于水电站装机容量时，该时段的电能仅能按装机容量计算。对各时段的发电量求和，可得到设计中水年的年发电量，并可将其作为水电站多年平均发电量的估算值。

2. 三个代表年法

对于三个代表年（即丰水年、中水年、枯水年），分别计算每个代表年的年发电量，取其平均值作为多年平均年发电量，即

$$E_年 = 1/3(E_丰 + E_中 + E_枯) \tag{6-18}$$

式中 $E_丰$、$E_中$、$E_枯$——分别表示丰水年、中水年、枯水年的年发电量。

3. 长系列法

当计算精度要求较高，应对全部水文资料，取旬或日为计算时段，计算各时段发电量，将各时段发电量累加，依次求得各年的年发电量，取其平均值作为多年平均发电量。

6.4.4.2 多年调节水电站多年平均发电量的计算

多年调节水电站多年平均发电量的计算可采用设计中水系列法。若要求计算精度高，也可采用长系列法，其计算方法与年调节水电站多年平均发电量的计算类似。

练一练：

一、问答题

1. 什么是水库特征水位和特征库容？
2. 什么是水库的死水位和死库容？
3. 什么是水库的正常蓄水位和兴利库容？
4. 什么是水库的防洪限制水位？什么是水库的共用库容？
5. 什么是水库的防洪高水位和防洪库容？
6. 什么是水库的设计洪水位和拦洪库容？
7. 什么是水库的校核洪水位和调洪库容？
8. 水库防洪与兴利结合的形式主要有哪几种？各有何特点？

9. 什么是水库的水量损失？它主要包括哪几部分？
10. 什么是水库的调节周期？
11. 水库的兴利调节分为哪几种类型？
12. 水库的完全年调节和不完全年调节有何区别？
13. 什么是水量平衡原理？写出水库兴利调节计算中的水量平衡方程式，并说明式中各项的含义。
14. 年调节水库分为哪几种运用形式？简要解释说明。
15. 年调节水库多次运用，兴利库容计算思路是什么？
16. 用时历列表法计算兴利库容的思路是什么？
17. 用长系列法计算水库设计兴利库容的基本步骤是什么？
18. 水库防洪调节的作用是什么？
19. 简述水库无闸门控制开敞式溢洪道的调洪过程。
20. 简述水库防洪调节计算的列表试算法和半图解法的适用情况有何不同。
21. 泄洪建筑物设置闸门的作用是什么？
22. 溢洪道设置闸门时水库的各种特征水位之间的关系是什么？
23. 水能利用的基本原理是什么？
24. 写出水电站的出力计算公式，并说明公式符号意义。
25. 河川水能开发的方式有哪些？
26. 什么是水电站的保证出力和保证电能？

二、选择题

1. 水库在正常运用情况下，为了满足设计的兴利要求，在供水期开始时必须蓄到的水位称为（　　）。

　　A. 正常蓄水位　　　B. 防洪限制水位　　C. 防洪高水位　　D. 设计洪水位

2. 只有洪水到来时，入库洪水流量大于水库的出库流量，为了拦洪才允许水库水位超出（　　）。

　　A. 正常蓄水位　　　B. 设计洪水位　　　C. 防洪限制水位　　D. 校核洪水位

3. 水库在运用时，汛期到来之前库水位应降到（　　）。

　　A. 正常蓄水位　　　B. 设计洪水位　　　C. 防洪限制水位　　D. 死水位

4. 水库校核洪水位与死水位之间的库容称为（　　）库容。

　　A. 有效　　　　　　B. 总　　　　　　　C. 调洪　　　　　　D. 防洪

5. 水库的蒸发损失是指水库（　　）。

　　A. 建库前蒸发值　　　　　　　　　　　B. 建库后蒸发值
　　C. 建库前与建库后的蒸发水量差值　　　D. 水库运行中的水面蒸发值

6. 兴建水库后，进入水库的洪水经水库拦蓄和阻滞，使得其洪峰流量（　　），泄流过程（　　）。

　　A. 增大、缩短　　　B. 增大、延长　　　C. 削减、缩短　　　D. 削减、延长

7. 调节周期是水库从死水位开始蓄水，达到（　　）后又泄放消落到死水位所经历的时间。

　　A. 设计水位　　　　B. 正常蓄水位　　　C. 防洪限制水位　　D. 防洪高水位

8. 水库的调洪作用是（　　）。
   A. 临时拦蓄洪水于水库中　　　　B. 滞后洪峰出现时间
   C. 削减洪峰　　　　　　　　　　D. 上述三点均具备
9. 水库调洪计算的半图解法适用于（　　）时进行调洪计算。
   A. 计算时段发生变化
   B. 泄洪建筑物开度发生变化
   C. 计算时段和泄洪建筑物开度均不发生变化
   D. 计算时段发生变化而泄洪建筑物开度不发生变化
10. 一般情况下，计算年调节水电站保证出力的时段是（　　）。
    A. 一年　　　　B. 供水期　　　　C. 设计枯水年　　　　D. 若干枯水年

三、判断题

1. 在水库兴利调节中，调节周期长的水库调节能力强于调节周期短的。（　　）
2. 库容系数 β 等于水库兴利库容 $V_兴$ 与多年平均年径流总量 $W_年$ 的比值。（　　）
3. 在年调节中，按照水库径流调节的程度，又分为完全年调节和不完全年调节。（　　）
4. 水库调洪计算的基本原理是逐时段联立求解水库的水量平衡方程与蓄泄方程。（　　）
5. 水库水位超过堰顶高程就开始泄洪，属于自由泄流状态。（　　）
6. 当水库溢洪道无闸门控制时，溢洪道堰顶高程即为正常蓄水位。（　　）
7. 列表试算法是用列表试算方法逐时段联立求解水库水量平衡方程与蓄泄量方程式，以求得水库下泄流量过程。（　　）
8. 有闸门溢洪道的堰顶高程低于防洪限制水位，当水库水位相同时，有闸溢洪道的泄流能力大于无闸溢洪道的泄流能力。（　　）
9. 无调节水电站保证出力指相应于水电站设计保证率的日平均出力。（　　）
10. 多年调节水电站的保证出力通常指符合设计保证率要求的洪水系列的平均出力。（　　）
11. 水电站多年平均发电量是指水电站在多年工作期间，其中最高一年所生产的电能。（　　）
12. 多年调节水电站的保证电能是将保证出力乘以一年的时间（8760h）。（　　）
13. 年调节水电站的保证电能为其保证出力乘以相应丰水期的时间。（　　）
14. 多年调节水电站的保证电能为其保证出力乘以相应供水年组的时间。（　　）
15. 无调节水电站的保证电能为保证出力乘以 24h。（　　）
16. 年调节水库调节年度是 12 个月，不可能超过或不足 12 个月。（　　）

四、计算题

1. 已知某大型水库以上流域面积内多年平均年降水深 $X=850$ mm，多年平均年径流深 $Y=600$ mm，由蒸发皿观测得出的年水面蒸发深度 $E_测=1020$ mm，蒸发皿折算系数 $k=0.8$，水库蒸发年内分配百分比列于表 6-11 中，试计算该水库的年蒸发损失深度及其年内分配过程。

表 6-11　　　　　某水库蒸发损失计算表

月份	1	2	3	4	5	6	7	8	9	10	11	12	全年
百分比/%	3.2	5.0	6.8	7.1	8.4	11.5	15.8	13.6	11.1	7.2	5.8	4.5	100
蒸发损失/mm													

2. 已知某年调节水库蓄供水情况见表 6-12，试计算该水库的兴利库容。

表 6-12　　　　　　　　　某年调节水库年内蓄供水情况表

时段	1	2	3	4	5	6
蓄供水	$V_{蓄1}$	$V_{供1}$	$V_{蓄2}$	$V_{供2}$	$V_{蓄3}$	$V_{供3}$
蓄供水水量/万 m³	89	45	66	100	35	78

3. 已知某年调节水库为二次运用，年内来水过程为 $Q—t$，用水过程 $q—t$ 见图 6-29 蓄供水情况见表 6-13，试计算该水库的兴利库容。

表 6-13　　　　　　　　　某年调节水库年内蓄供水情况表

时段	1	2	3	4
蓄供水	V_1	V_2	V_3	V_4
蓄供水水量/万 m³	125	48	70	95

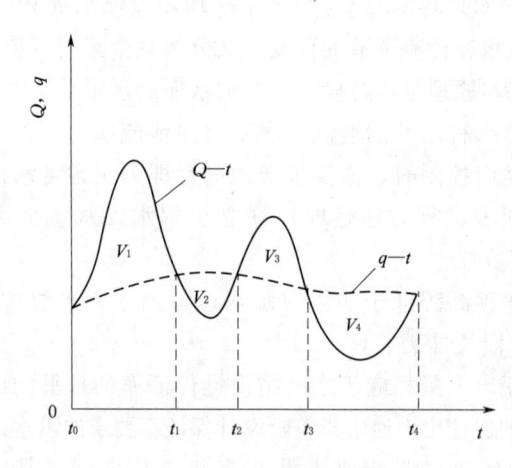

图 6-29　水库二次运用示意图

4. 某无调节大型水电站，设计保证率为 80%。水电站所在河流断面日平均流量频率分析计算结果见表 6-14，水电站上下游水位差受流量影响不大，发电净水头可取为 22.0m，试计算水电站的保证出力及保证电能。

表 6-14　　　　　　　　某水电站所在河流断面日平均流量频率表

频率/%	10	20	30	50	70	80	90
流量 $Q/(m^3/s)$	190.3	156.5	68.5	35.9	14.8	11.4	5.6

5. 某年调节水电站，供水期为 12 月至次年的 4 月，已知供水期的月平均出力见表 6-15，试计算该水电站的保证出力及保证电能。

表 6-15　　　　　　　　　某水电站供水期的月平均流量

月份	12	11	12	1	2	3	4
月平均出力/万 kW	32.2	30.5	20.4	18.8	21.5	19.4	16.9

项目七 水资源保护与管理

项目任务书

项目名称	水资源保护与管理		参考学时	22
学习型工作任务	任务 7.1 水资源保护			6
	任务 7.2 水资源管理			8
	任务 7.3 水资源评价			8
教学内容	1. 水资源保护的概念 2. 水资源保护的内容 3. 水资源保护的核心 4. 水资源保护的地位及重要性 5. 水体污染的概念、来源与分类 6. 水体自净 7. 水质标准 8. 地表水资源的监测项目 9. 地表水资源的保护措施 10. 水资源管理的概念和重要性 11. 水资源管理的原则和方法 12. 水资源管理的内容 13. 水资源最严管理制度 14. 水资源评价的内涵及意义 15. 水资源评价分区 16. 水资源基础评价 17. 水资源质量评价			
教学目标	知识	1. 知道水资源保护的概念、内容、核心、地位及其重要性 2. 知道水体污染的概念、来源及分类 3. 理解水体自净过程 4. 掌握水质标准 5. 知道地表水资源的监测项目 6. 掌握地表水资源的保护措施 7. 了解水资源管理的概念及重要性 8. 知道水资源管理的原则和方法和内容 9. 知道水资源最严管理制度 10. 了解河长制 11. 了解水资源评价的内涵及意义 12. 掌握水资源基础评价的流程及方法 13. 掌握水资源质量评价的流程和方法		
	技能	1. 能够根据水质标准判断水质是否达标 2. 能够根据水资源的实际情况合理选择保护措施 3. 能够对水资源进行基础和质量两方面评价		
	素养	1. 培养学生实事求是,严谨认真的工作态度 2. 培养学生吃苦耐劳的敬业精神		
教学实施	理论实践一体化教学、案例教学			
项目成果	对某河湖进行水资源评价,并根据实际情况提出保护与管理的措施			

任务 7.1 水 资 源 保 护

学习指导

目标：1. 了解水资源保护的概念、内容和核心。
　　　2. 知道水体污染的概念、分类及来源。
　　　3. 理解水体自净工作过程。
　　　4. 知道水质标准。
　　　5. 知道水质监测项目。
　　　6. 掌握水资源保护措施。
重点：1. 理解水体自净工作过程。
　　　2. 知道水质监测项目。
　　　3. 掌握水资源保护措施。

7.1.1 水资源保护概述

想一想：什么是水资源保护？为什么要进行水资源保护？

水是生命之源，它滋润万物，哺育生命。在日常生活中，我们绝不将垃圾扔进河流与湖泊就是对水资源的保护，我们不将生活污水直接排放到自然水体中就是对水资源的保护，我们积极巡河护河行动也是对水资源的保护。除此之外，我们将水资源的利用效率提高，实现循环利用，亦是对水资源的一种保护。由此我们可以看出，水资源的保护不仅仅局限于不污染，同时还要减少水资源的浪费。

7.1.1.1 水资源保护概念

水资源保护是指通过法律、行政、经济、技术等手段保护水资源在使用过程中不被污染和破坏，保证水资源的质量和供应，防止水污染、水土流失等问题的出现。

水资源保护应涉及水质和水量两方面的保护，要尽可能地满足经济社会可持续发展对淡水资源的需求。

7.1.1.2 水资源保护的内容

水资源保护应从质和量两个方面进行保护。

在水量方面，要对水资源进行统筹规划、改革管理体制，实施水资源的统一管理，合理分配水资源，保护与水资源有关的生态系统，建设节水型农业和社会。

在水质方面，要提高水污染控制和污水资源化的水平，制定水环境保护的法律法规及标准，加大执行力度，对水质进行监测评价，研究水体中污染物质的迁移、转化和降解及水体自净的作用规律，通过科学和法律等手段保证水质管理的效果。

7.1.1.3 水资源保护的核心

根据水资源的时空分布及其演化规律，调整和控制人类的各种取用水行为，使水资源系统维持良性循环状态，以达到水资源的永续利用和经济社会的持续发展。

水资源保护不是以恢复或保持各水体天然状态为目的的活动，而是为了促进水资源开发利用更合理、更科学，更加满足经济社会对淡水资源的需求。

水资源保护与水资源开发利用是对立统一的，既相互制约，又相互促进。只有保护工作做得好，水资源才能永续开发利用；开发利用科学合理了，同时也达到了保护的目的。

7.1.1.4 水资源保护的地位及重要性

水资源保护与传统水利行业相比，显得非常年轻。经过近40年的努力，人们的意识发生了翻天覆地的变化，从持续破坏的无意识去保护，到如今的保护意识全面觉醒。

法规体系也经历了从严重不足到各种国家地方标准的出台、水资源保护法规体系逐步健全。监督管理从结构单一的机构队伍发展成为有监测、有管理、有科研技术支持的强大水行政管理机构与体系。水资源保护工作的法律地位和重要性正在逐步得到体现和重视。

2002年修订施行的《中华人民共和国水法》中确定了水资源保护的地位，规定了水资源保护的职能，首次明确了水功能区管理制度。此法于2016年7月再次进行了修正。2011年中共中央国务院《关于加快水利改革发展的决定》中又提出建立水功能区限制纳污制度，实施最严格的水资源管理。次年，国务院以国发〔2012〕3号印发《关于实行最严格水资源管理制度的意见》。进一步强调了水资源保护的重要性，也对水资源保护工作提出的新要求。

7.1.2 水污染与水体自净

想一想：什么是水污染？举例说明哪些是水污染？有哪些指标可以判定水体污染的情况？水体又是否可以自身进行净化呢？

7.1.2.1 水体污染

1. 水污染概念

水体污染主要是指人类活动过程中将污染物排放至水体中，导致水体的物理、化学、生物等方面特性发生改变，造成水质下降或使用价值下降或丧失的现象。

造成水体污染主要有两方面原因，一方面是人为因素造成的，比如工业废水、农业废水、生活污水的排放，另一方面是自然因素，比如，火山喷发等。

2. 水体污染物来源

水体污染物根据来源主要分为以下几个方面：

（1）工业废水。工业废水（industrial wastewater）包括生产废水、生产污水及冷却水，是指工业生产过程中产生的废水和废液，其中含有随水流失的工业生产用料、中间产物、副产品以及生产过程中产生的污染物。是水体产生污染最主要的污染源。

工业废水的种类繁多，污染物质复杂，浓度高，毒性污染物最多，难以净化和处理。将未经过处理的工业废水集中直接排放至河渠、湖泊、海域或地下水，就会造成污染甚至会影响人类的健康，比如水俣病、痛痛病等。

按污染物性质的工业废水的分类见表7－1。

表7－1　　　　　　按污染物性质的工业废水的分类

工业废水类别	举 例
含无机废水	采矿工业的尾矿水、采煤炼焦工业的洗煤水等
含有机废水	石油化工业、食品工业中的蛋白质、酚、醇类物质 炼油、焦化、煤气化工业等排放的含有多环芳烃和芳香胺的致癌物
含有毒物质废水	冶金工业、化学工业等排放的含有汞、铅、砷等废水
含病原体废水	生物制品厂、屠宰场以及医院废水中含有病毒、寄生虫等
含放射性物质废水	原子能发电厂、核燃料加工厂排放的冷却水
冷却水	热电厂、钢铁厂废水

(2) 生活污水。生活污水是人类在日常生活中所产生的污水总称，包括住宅、学校、医院、机关单位、公共场所的厨房、卫生间等排出的污水。生活污水的污染源主要来自城市，一般呈弱碱性。

生活污水以有机物污染为主、可生化性好，但随着饮食结构的改变以及医疗药品的更新，部分排泄物与生活污水混为一体，使污水结构趋于复杂并使处理难度增加。

(3) 农业污水。农业污水是指农牧业在生产排出的污水和降水或是灌溉水流过农田或经农田渗漏排出的水。包括农作物栽培，牲畜饲养，农产品加工等过程中流出的污水。

农作物生长的过程中会喷洒农药和化肥，其中含有大量的氮、磷等元素，只有少部分留在农作物上，大部分则随着农业灌溉、排水、降雨等过程进入地表和地下径流，从而造成水体富营养化。

除此之外，有机氯农药的半衰期非常长，会污染地表水从而使得水生生物、鱼贝类有较高的农药残留，在生物富集作用下，如果食用会危害人类的健康和生命。

(4) 降尘与降水。大气中有很多污染物，比如二氧化硫、氮氧化物、悬浮颗粒等，其中二氧化硫和氮氧化物也是造成酸雨的两大主要成分。这种污染物质自然降落至水体中或者随着降水被挟带至水体中，都会造成水体污染。

3. 水体污染的分类

水体污染根据污染物的性质可以分为物理型污染、化学型污染、生物型污染三大类。

(1) 物理型污染。物理型污染主要包括色度和浊度物质污染、悬浮物污染、热污染、放射性污染。

色度和浊度物质主要来源于泥沙、有色废水、可溶性矿物质等。

悬浮物会提高水的浊度，降低了光的穿透能力，增加净化工艺的复杂性。在水体中的悬浮物可能会堵塞鱼鳃从而导致鱼类的死亡。并且悬浮物会随着水体的流动和迁移，扩大污染区域。

热污染主要是来源于冷却水，温度较高的冷却水排入河流会导致水体的温度上升，溶解氧含量降低，某些有毒物质的毒性作用增强，对水生生物以及鱼类的生长非常不利。

放射性污染是指放射性物质通过自身的衰变放射出具有一定能量的射线，从而损伤生物和人体组织。

(2) 化学型污染。化学污染主要是指化学物质比如酸、碱、有机污染物以及无机污染物等排入水体后对水体造成的污染。污染物质从化学角度可以分为四大类。

1) 无机无毒污染物。无机无毒污染物主要包括酸、碱、无机盐、氮、磷等植物营养物质。

酸性和碱性污染物会改变水体的pH，影响微生物和水生生物的自净作用，并且使水体不适宜作为引用水源或者工业和农业用水。

氮、磷过多会导致水体富营养化。

2) 无机有毒污染物。无机有毒污染物主要包括重金属、砷及其砷化物、氰化物、氟化物等。在毒性物质中的汞、镉、铅、铬、砷被称为五毒元素（表7-2）。其中前四个物质为重金属，砷是类金属物质，三氧化二砷是砒霜的主要成分。

除了五毒元素外，氰化物也是一种剧毒物质，达到浓度后可致人死亡。

表 7-2　　　　　　　　　　　　　五毒物质的介绍

序号	名　称	危　害
1	汞（Hg）	水俣病；甲基汞，可致死 可抑制水体的自净作用；可以使水生生物和鱼类死亡
2	镉（Cd）	痛痛病；可致死 损害肾脏；骨质疏松；心血管疾病 可抑制水体的自净作用；可以使水生生物和鱼类死亡
3	铅（Pb）	危害人体；智力低下；贫血；神经炎 破坏水体自净作用；对鱼类致死
4	铬（Cr）	气管炎；鼻炎；肺癌；死亡
5	砷（As）	消化系统那个障碍以及各种癌症的发病率增高

含氰废水对鱼类有很大毒性，当水中 CN^- 含量达 0.3～0.5mg/L 时，鱼可死亡，世界卫生组织定出鱼的中毒限量为游离氰 0.03mg/L；生活饮水中氰化物不许超过 0.05mg/L。

3）有机无毒污染物。有机无毒污染物主要包括碳水化合物，脂肪，蛋白质等等。这类物质多来源于生活污水。

4）有机有毒污染物。有机有毒物质主要包括苯酚、多环芳烃、有机氯农药等等。

苯酚对皮肤、黏膜有强烈的腐蚀作用，可抑制中枢神经或损害肝、肾功能，可死于呼吸衰竭。眼接触可致灼伤，经灼伤皮肤吸收后，在一定潜伏期后引起急性肾衰竭。

有机氯农药是用于防治植物病、虫害的组成成分中含有有机氯元素的有机化合物。但由于其危害性，中国早已禁止将 DDT、六六六用于蔬菜、茶叶、烟草等作物上。轻度中毒会有咳嗽、咽痛等症状，中度会导致呼吸困难，重度会导致昏迷甚至死亡。

（3）生物型污染。主要是指细菌、病毒的污染。

7.1.2.2　水体自净

污染物排入水体后，经过物理、化学、生物的作用，使水体中的污染物浓度降低，经过一段时间后，水体往往能恢复到受污染前的状态，并在微生物的作用下进行分解，从而使水体由不洁恢复为清洁，这一过程称为水体的自净过程（图 7-1）。

水体自净的过程复杂，按照机理可以分为物理作用、化学作用、物理化学作用和生物化学作用。其中生物化学作用过程为主，其他为辅。

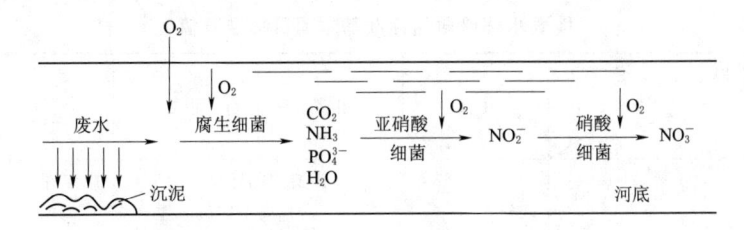

图 7-1　水体自净图

1. 物理作用

水体中的污染物质由通过稀释、扩散、挥发、沉淀等物理作用而使水体污染物质浓度降低的过程，稀释是一个较为重要的物理净化过程。

2. 化学作用

水体中的污染物通过氧化、还原、吸附、酸碱中和等反应使其浓度降低的过程。

3. 生物化学作用

水中微生物新陈代谢作用降解有机物，使得污染物的浓度降低。

影响水体自净的因素有很多，比如污染物的浓度、种类、水温、溶解氧浓度、水的流速、流量以及水生生物的活性等。

7.1.3 水质标准

想一想：我国的水环境质量标准都有哪些？对于污水排放有哪些标准？生活中的饮用水标准又是如何规定的？

水质标准是国家、部门或地区规定的各种用水或排放水在物理、化学、生物学性质方面所应达到的要求，是定量规范。

7.1.3.1 水环境质量标准

目前，我国颁布并正在执行的水环境质量标准有《地表水环境质量标准》（GB 3838—2002）、《海水水质标准》（GB 3097—1997）、《地下水质量标准》（GB/T 14848—2017）等。

1. 《地表水环境质量标准》（GB 3838—2002）

标准项目分为地表水环境质量标准项目、集中式生活饮用水地表水源地补充项目和集中式生活饮用水地表水源地特定项目。

依据地表水水域环境功能和保护目标，按功能高低依次划分为 5 类。

Ⅰ类：主要适用于源头水、国家自然保护区。

Ⅱ类：主要适用于集中式生活饮用水地表水源地一级保护区、珍稀水生生物栖息地、鱼虾类产卵场、仔稚幼鱼的索饵场等。

Ⅲ类：主要适用于集中式生活饮用水地表水源地二级保护区、鱼虾类越冬场、洄游通道、水产养殖区等渔业水域及游泳区。

Ⅳ类：主要适用于一般工业用水区及人体非直接接触的娱乐用水区。

Ⅴ类：主要适用于农业用水区及一般景观要求水域。

对应地表水上述 5 类水域功能，将地表水环境质量标准基本项目标准值分为 5 类，不同功能类别分别执行相应类别的标准值。水域功能类别高的标准值严于水域功能类别低的标准值。同一水域兼有多类使用功能的，执行最高功能类别对应的标准值。

表 7-3　　　　　　　　　地表水环境质量标准基本项目标准限值　　　　　　　　单位：mg/L

序号	标准值　分类　项目		Ⅰ类	Ⅱ类	Ⅲ类	Ⅳ类	Ⅴ类
1	水温/℃		\multicolumn{5}{c}{人为造成的环境水温变化应限制在：周平均最大温升≤1　周平均最大温降≤2}				
2	pH 值（无量纲）		\multicolumn{5}{c}{6～9}				
3	溶解氧	≥	饱和率 90%（或 7.5）	6	5	3	2
4	高锰酸盐指数	≤	2	4	6	10	15

续表

序号	标准值 分类 项目		Ⅰ类	Ⅱ类	Ⅲ类	Ⅳ类	Ⅴ类
5	化学需氧量（COD）	≤	15	15	20	30	40
6	五日生化需氧量（BOD_5）	≤	3	3	4	6	10
7	氨氮（NH_3-N）	≤	0.15	0.5	1.0	1.5	2.0
8	总磷（以P计）	≤	0.02（湖、库0.01）	0.1（湖、库0.025）	0.2（湖、库0.05）	0.3（湖、库0.1）	0.4（湖、库0.2）
9	总氮（湖、库，以N计）	≤	0.2	0.5	1.0	1.5	2.0
10	铜	≤	0.01	1.0	1.0	1.0	1.0
11	锌	≤	0.05	1.0	1.0	2.0	2.0
12	氟化物（以F^-计）	≤	1.0	1.0	1.0	1.5	1.5
13	硒	≤	0.01	0.01	0.01	0.02	0.02
14	砷	≤	0.05	0.05	0.05	0.1	0.1
15	汞	≤	0.00005	0.00005	0.0001	0.001	0.001
16	镉	≤	0.001	0.005	0.005	0.005	0.01
17	铬（六价）	≤	0.01	0.05	0.05	0.05	0.1
18	铅	≤	0.01	0.01	0.05	0.05	0.1
19	氰化物	≤	0.005	0.05	0.2	0.2	0.2
20	挥发酚	≤	0.002	0.002	0.005	0.01	0.1
21	石油类	≤	0.05	0.05	0.05	0.5	1.0
22	阴离子表面活性剂	≤	0.2	0.2	0.2	0.3	0.3
23	硫化物	≤	0.05	0.1	0.2	0.5	1.0
24	粪大肠菌群/(个/L)	≤	200	2000	10000	20000	40000

2.《海水水质标准》（GB 3097—1997）

按照海域的不同使用功能和保护目标，将海水水质分为4类。

Ⅰ类：适用于海洋渔业水域，海上自然保护区和珍稀濒危海洋生物保护区。

Ⅱ类：适用于水产养殖区，海水浴场，人体直接接触海水的海上运动或娱乐区，以及与人类食用直接有关的工业用水区。

Ⅲ类：适用于一般工业用水区，滨海风景旅游区。

Ⅳ类：适用于海洋港口水域，海洋开发作业区。

3.《地下水质量标准》（GB/T 14848—2017）

依据我国地下水质量状况和人体健康风险，参照生活饮用水、工业、农业等用水质量要求，依据各组分含量高低（pH）除外，分为5类。

Ⅰ类：地下水化学组分含量低，适用于各种用途。

Ⅱ类：地下水化学组分含量较低，适用于各种用途。

Ⅲ类：地下水化学成分含量中等，以《生活饮用水卫生标准》（GB 5749—2006）为依据，主要适用于集中式生活饮用水水源及工农业用水。

Ⅳ类：地下水化学成分含量较高，以农业和工业用水质量要求以及一定水平的人体健康风险为依据，适用于农业和部分工业用水，适当处理后可作为生活饮用水。

Ⅴ类：地下水化学成分含量高，不宜作为生活饮用水水源，其他用水可根据使用目的选用。

7.1.3.2 污水排放标准

控制水污染，保护江河、湖泊、运河、渠道、水库和海洋等地面水以及地下水水质的良好状态，保障人体健康，维护生态平衡，促进国民经济和城乡建设的发展，国家颁布了《污水综合排放标准》（GB 8978—1996）和《城镇污水处理厂污染物排放标准》（GB 18918—2022）。

GB 8978—1996 中的医疗、煤炭以及皂素的标准分别被《医疗机构水污染物排放标准》（GB 18466—2005）、《煤炭工业污染物排放标准》（GB 20426—2006）、《皂素工业水污染物排放标准》（GB 20425—2006）代替。

《城镇污水处理厂污染物排放标准》（GB 18918—2022）于 2015 年进行修订，目前并未发布。

1. 《污水综合排放标准》（GB 8978—1996）

污水综合排放标准级别及可排入区域见表 7-4。

表 7-4　　　　　污水综合排放标准级别及可排入区域一览表

标准级别	可排入区域	
	地表水	海水
一级	Ⅲ类（划定保护区和游泳区除外）	Ⅱ类
二级	Ⅳ类和Ⅴ类	Ⅲ类
三级	排入设置二级污水处理厂的城镇排水系统的污水	

本标准将排放的污染物按其性质及控制方式分为两类，第一类污染物，不分行业和污水排放方式，也不分受纳水体的功能类别，一律在车间或车间处理设施排放口采样，其最高允许排放浓度必须达到本标准要求（采矿行业的尾矿坝出水口不得视为车间排放口）。第二类污染物，在排污单位排放口采样，其最高允许排放浓度必须达到本标准要求。

2. 《城镇污水处理厂污染物排放标准》（GB 18918—2022）

本标准规定了城镇污水处理厂出水、废气排放和污泥处置（控制）的污染物限值。适用于城镇污水处理厂出水、废气排放和污泥处置（控制）的管理。居民小区和工业企业内独立的生活污水处理设施污染物的排放管理，也按本标准执行。

根据城镇污水处理厂排入地表水域环境功能和保护目标，以及污水处理厂的处理工艺，将基本控制项目的常规污染物标准值分为一级标准、二级标准、三级标准。一级标准分为 A 标准和 B 标准。部分一类污染物和选择控制项目不分级（表 7-5）。

表 7-5　　　　　城镇污水处理厂污染物排放标准及可排入区域一览表

标准级别		可排入区域
一级	A	稀释能力较小的河湖作为城镇景观用水和一般回用水等用途
	B	排入地表水Ⅲ类功能水域（划定的饮用水水源保护区和游泳区除外）、海水二类功能水域和湖、库等封闭或半封闭水域
二级		排入地表水Ⅳ、Ⅴ类功能水域或海水三、四类功能海域
三级		非重点控制流域和非水源保护区的建制镇的污水处理厂，采用一级强化处理工艺时

7.1.3.3 生活饮用水卫生标准

生活饮用水卫生标准是从保护人群身体健康和保证人类生活质量出发，对饮用水中与人群健康的各种因素（物理、化学和生物），以法律形式作的量值规定，以及为实现量值所作的有关行为规范的规定。

《生活饮用水卫生标准》（GB 5749—2022）于 2022 年 3 月 15 日发布，自 2023 年 4 月 1 日起实施。新标准的主要内容包括：生活饮用水水质要求、生活饮用水水源水质要求、集中式供水单位卫生要求、二次供水卫生要求、涉及饮用水卫生安全的产品卫生要求、水质检验方法。新标准中水质指标数量由 2006 版的 106 项调整为 97 项，包括常规指标 43 项和扩展指标 54 项。

根据目前我国的水质现状、制水工艺现状和对人体健康的影响，增加了高氯酸盐、乙草胺、2-甲基异莰醇、土臭素 4 项指标，删除了滴滴涕、硫化物等 13 项指标，删除指标主要是我国多年前已经禁止生产使用和近年来未检出的指标。新标准更加关注感官指标、更加关注消毒副产物、更加关注风险变化并且提高部分指标限值。

由此可以看出，新标准更加关注饮用水的口感，对消毒副产物的控制更加严格，对净水工艺以及水质监测能力提出了更多的要求。

7.1.4 地表水资源保护

想一想：什么是水质监测？监测哪些内容？为什么要进行水质监测？我们如何应该根据监测结果来保护我们的地表水呢？

7.1.4.1 水质监测

1. 水质监测概述

水质监测是为了掌握水质的现状以及变化趋势，并且能够对水质参数进行测定和分析。监测项目主要包含：水温、pH、溶解氧、氨氮、总氮、总磷、总硬度、重金属、氯化物、细菌、大肠菌群等。

根据监测项目可以分为常规监测和专门监测。

常规监测是对某些指定的污染指标所进行的长期的、连续的或定期的测定，目的是为了评价水体环境质量，掌握其变化规律，并能够对发展趋势进行预测，同时积累底值资料。常规监测具有长期性和连续性的特点，是水质监测的主体。

专门监测是为了某一项特定研究服务，通常情况下，监测项目与影响水质因素同时观察，需要多方协作，合理安排。

2. 水质监测项目

表 7-6　　　　　　　　　　水质监测项目一览表

类型		项目
地表水		水温、pH、DO、高锰酸盐指数、COD、BOD$_5$、氨氮、总氮、总磷、重金属、氟化物、氰化物、硫化物、挥发酚、石油类、阴离子表面活性剂、粪大肠菌群
生活饮用水		色、臭、味、浑浊度、pH、总硬度、重金属、挥发酚类、阴离子合成洗涤剂、硫酸盐、氯化物、溶解性总固体、耗氧量、氰化物、氟化物、硝酸盐、氯仿、四氯化碳、细菌总数、总大肠菌群、粪大肠菌群、游离余氯、总放射性等
污水	车间排放口	总汞、烷基汞、总镉、总铬、六价铬、总砷、总铅、总镍、苯并[a]芘、总铍、总银、总 α 放射性、总 β 放射性。
	单位排放口	pH、色度、悬浮物、生化需氧量、化学需氧量、石油类、动植物油、挥发性酚、总氰化物、硫化物、氨氮、氟化物、磷酸盐、甲醛、苯胺类、硝基苯类、阴离子表面活性剂、总铜、总锌、总锰

7.1.4.2 地表水资源保护措施

1. 减少污水的产生与排放

(1) 改革生产工艺。通过改革生产工艺，尽可能减少生产用水，不用或少用容易产生污染的原料、设备及工艺。

(2) 重复利用废水。采用重复用水及循环用水系统，使废水排放量减少至最少。比如可以将某一个工段的废水送往其他工段使用，实现一水多用。

2. 加强污水处理力度，改善水生态环境

由于废水中的污染物种类繁多，不能只依靠一种方法就将污染物全部去除，因此在处理时需要几种方法组成的处理系统进行处理，才能达到处理要求。

根据处理程度的不同，分为一级处理、二级处理和深度处理，一级处理只是去除了水体中的悬浮物，只经过一级处理的废水是达不到排放要求的，需进行二级处理。二级处理主要是将废水中的有机污染物去除，通常是以生物处理为核心，使得BOD_5和COD大幅度降低。经过二级处理的废水基本可以达到排放标准，但是废水中仍旧会存在微生物无法降解的有机物以及无机盐。深度处理则是进一步去除悬浮物质和无机盐类物质，以达到工业用水和城市用水要求的水质标准。

3. 污水再利用，实现资源化

水资源日益紧张，把处理过的城市污水作为新的水源使用，可以在一定程度上满足工业、农业、城市建设等方面的需要。既能节约大量的水资源，缓和工业与农业以及工业与城市生活的用水矛盾，同时又可以大大减轻纳污水体受污染的程度。

(1) 回用于工业。可用于冷却水、锅炉供水、生产工艺供水等，其中冷却水最为普遍。但是在使用过程中要保证冷却水系统中不产生腐蚀、结垢，并且要防止产生过多的泡沫。

(2) 回用于农业。我国作为农业大国，每年的农业需水量占总需水量的60%左右。污水回用于农业后，可以大大降低其对淡水资源的使用。但是在使用过程中仍要注意，由于二级处理后的城市污水仍含有有害物质，因此使用时要根据土壤性质、作物特点以及污水性质，采用妥善的灌溉方法和制度，制定严格的灌溉标准并执行。如果使用不当，会对环境造成污染和危害，甚至可能会造成土壤毒化、盐碱化，作物减产等，得不偿失。

(3) 回用于娱乐与景观。随着城市化进程的加快，城市建设中的娱乐用水和景观用水也越来越多，若是用于与人体接触的娱乐和体育方面的用途，必须符合相关标准，不能含有刺激皮肤和咽喉的有害物质，不能含有病原菌。

4. 提高节约用水意识，加强管理

(1) 推广节水工艺、设备和器具。对于新建、改建、扩建的工业项目，在项目主管部门批准建设和水行政主管部门批准取水许可时，以生产工艺达到规定的取用水定额要求为标准。

对于新建的住宅区、机关事业以及商业服务业等用水可以采取强制推广使用节水型器具，不符合要求的，不可以投入使用。

(2) 建设节水型农业。大力推广抗旱且优质的农作物品种，将工程措施、管理措施、生物措施相结合，推广高效节水农业配套技术，实行节奖超罚制度，适度开征农业水资源费，由工程节水向制度节水转变。

(3) 启动节水型社会试点工作。改革用水制度，建立与用水指标控制相适应的水资源管理体制，抓好水权分配、定额制定、制度建设等，大力开展节水型社区和企业的创建活动。

（4）深化水价改革。国务院下发了《关于推进水价改革促进节约用水保护水资源的通知》。发展改革委和水利部联合颁布了《水利工程供水价格管理办法》，完善了水价的形成机制和管理手段。国家发展改革委、水利部印发《"十四五"水安全保障规划》中提出，到2025年，农业水价综合改革深入推进，基本完成改革任务，促进农业节水。

利用价格杠杆促进节约用水、保护水资源，逐步提高城市供水价格。合理确定非传统水源的供水价格，再生水的价格要根据补偿成本和合理收益原则，按城市供水价格的一定比例确定，积极实行阶梯式水价。

5. 合理开发利用水资源

（1）严格限制水资源开采和使用。已被划定为深层地下水严重超采区的城市，除为解决农村饮水困难，确需取水的情况外，不再审批开凿新的自备井，市区供水管网覆盖范围内的自备井，限时全部关停；对于公共供水不能满足用户需求的自备井，安装监控设施，实行定额限量开采，适时关停。

（2）贯彻水资源论证制度。国民经济和社会发展规划以及城市总体规划的编制，重大建设项目的布局，应与当地水资源条件相适应，并进行科学论证。调整产业结构、产品结构和空间布局，切实做到以水定城、以水定地、以水定人、以水定产，确保用水安全，以水资源可持续利用支撑经济可持续发展。

（3）优化水资源配置，促进水资源可持续利用。鼓励使用再生水、雨水等非传统水资源，优先利用浅层地下水，控制开采深层地下水，采用行政、经济手段实现配置优化。

6. 保障制度落实到位

水资源管理、水价改革和节约用水涉及范围大、政策性强、实施难度大，各部门要提高认识，确保责任到位、政策到位。

落实建设项目节水措施"三同时"（同时设计、同时施工、同时投产）和建设项目水资源论证制度。取水许可和入河排污口审批、污水处理费和水资源费征收、节水工艺和节水器具的推广都要有法律、法规作为保障，对违法、违规行为要依法查处，确保各项制度措施落实到位。

要大力做好宣传工作，使人民群众充分认识我国水资源的严峻形势，提高水资源的忧患意识和节约意识，形成"节水光荣，浪费可耻"的良好社会风尚，形成共建节约型社会的合力。

任务7.2 水资源管理

学习指导

  目标： 1. 了解水资源管理的概念和重要性。

    2. 知道水资源管理的原则和方法。

    3. 知道水资源管理的内容。

    4. 理解水资源最严管理制度。

    5. 了解河长制。

重点：1. 知道水资源管理的内容。
　　　　2. 理解水资源最严管理制度。

7.2.1　水资源管理的概念及其重要性

想一想：什么是水资源管理？举例说明。我们为什么要进行水资源的管理呢？

7.2.1.1　水资源管理的概念

水资源管理是通过法律、行政、经济以及技术等手段，提高水资源的有效利用效率，保护水资源的合理开发和利用，实现水资源的可持续利用，使其发挥最大的经济、社会和环境效益，从而促进经济社会的可持续发展。

水资源管理虽然使用较为广泛，但目前学术界尚无统一规范的解释。

《中国大百科全书·大气科学·海洋科学·水文科学》中的定义：水资源管理是水资源开发利用的组织、协调、监督和调度。运用行政、法律、经济、技术和教育等手段，组织各种社会力量开发水利和防治水害；协调社会经济发展与水资源开发利用之间的关系，处理各地区、各部门之间的用水矛盾；监督、限制不合理的开发水资源和危害水源的行为；制定供水系统和水库工程的优化调度方案，科学分配水量。水资源管理就是通过法律、行政、经济、技术等手段实现对水资源的开发、组织、协调、监督和调度。

《中国大百科全书·环境科学》中的定义是：水资源管理是防止水资源危机，保证人类生活和经济发展的需要，运用行政、技术立法等手段对淡水资源进行管理的措施。水资源管理工作的内容包括调查水量，分析水质，进行合理规划、开发和利用，保护水源，防止水资源衰竭和污染等。同时也涉及水资源密切相关的工作，如保护森林、草原、水生生物、植树造林、涵养水源、防止水土流失、防止土地盐渍化、沼泽化、砂化等。

1996年联合国教科文组织国际水文计划工组将可持续水资源管理定义为：支撑从现在到未来社会及其福利而不被破坏他们赖以生存的水文循环及其生态系统的稳定性的管理与使用。

7.2.1.2　水资源管理的重要性

水资源是基础性的自然资源和战略性的经济资源，是生态与环境的控制性要素，是一个国家综合国力的有机组成部分。水资源虽是可再生资源，但我国是水资源短缺的国家，位列13个贫水国之一。华北和西北地区严重缺水，年人均水资源占有量仅为世界年人均水资源占有量的1/4。

随着国民经济的发展，人们逐渐对水有了新的认识，认为水是整个国民经济的命脉，因此我们必须加以保护和管理。

7.2.2　水资源管理的原则和方法

想一想：如果你是水资源的管理者，你会如何进行水资源的管理呢？应该遵循哪些原则和方法呢？

7.2.2.1　水资源管理的原则

1. 所有权原则

《中华人民共和国水法》规定水资源属于国家所有，水资源的所有权由国务院代表国家行使，这从根本上确立了我国的水资源所有权原则。

2. 统一管理与分级管理相结合原则

在水的资源管理上，必须统一，即由国务院水行政主管部门和其授权的省（自治区）水行政主管部门及流域机构实施水资源的权属管理。

对于水资源开发利用的管理，可由不同部门管理，但开发利用水资源必须首先取得水行政主管部门许可。

3. 综合利用原则

开发利用水资源和防治水害，应当全面规划、统筹兼顾、综合利用、讲究效益，充分发挥水资源的多种功能。

调蓄径流和分配水量，应当兼顾不同地区和部门的合理用水需求，优先保证城乡居民和生态基本用水需求，兼顾工农业生产用水。

《中华人民共和国水法》规定，开发、利用水资源应当先满足城乡居民用水，并兼顾弄农业、工业、生态环境用水以及航运等需要。在干旱和半干旱地区开发、利用水资源，应当充分考虑生态环境用水需要。

4. 经济手段管理原则

《中华人民共和国水法》规定："国家对水资源依法实行取用水许可制度和有偿使用制度。依法取得水资源使用权的单位和个人，必须按使用水量的多少向国家缴纳一定的费用。"

5. 保护优先原则

《中华人民共和国水法》规定："国家保护水资源，采取有效措施，保护植被，植树种草，涵养会员，防治水土流失和水体污染，改善生态环境。"

7.2.2.2 水资源管理的方法

水资源的管理方法可以归纳为法律方法、行政方法、经济方法和技术方法等。

1. 法律方法

（1）法律方法的内涵和特点。法律是统治阶级意志的表现在社会主义制度下，各种法律规范是人民利益和意志的表现。法律具有强制性，能够保证为水资源管理提供保障。

水资源管理的法律方法就是通过制定并贯彻执行各种法律法规来调整人们在开发利用、保护水资源和防治水害过程中人与人的关系以及人与自然的关系。

《中华人民共和国水法》的颁布实施是我国依法管理水资源的重要标志。水法有广义和狭义之分。狭义的水法就是指《中华人民共和国水法》。广义的水法是指调整在水的管理、保护、开发、利用和防治水害过程中所发生的各种社会关系的法律规范的总称。

除了《中华人民共和国水法》之外，还颁布了许多水法规，比如《中华人民共和国水污染防治法》《中华人民共和国水土保持法》《中华人民共和国防洪法》《中华人民共和国环境保护法》《中华人民共和国河道管理条例》《取水许可证制度实施办法》等，已初步形成我国水法规体系。

我国水法规体系可分为4个层次：①全国人大制定的法律；②国务院制定的行政法规；③国务院有关部委制定的规章；④省、自治区、直辖市地方权力机关制定的地方性法规。

水资源管理的法律方法有以下特点：

1）权威性和强制性。水法规是由国家权机关制定和颁布的，并以国家的强制力作为坚强后盾，带有相当的严肃性，任何组织和个人都必须无条件地遵守，不得对水法规的执行进行阻挠和抵抗。

2) 规范性和稳定性。文字表述严格准确，其解释权在相应的立法、司法和行政机构，绝不允许对其作出任意性的解释。同时水法规一经颁布施行，就将在一定时期内有效并执行，具有稳定性。

(2) 法律方法的作用。

1) 维护正常管理秩序。法律和法规规定了参与水资源开发、利用和管理的各方职责、权利和义务。减少矛盾，保证了管理能够有效的实施。

2) 加强管理的稳定性。法律最大的特点在于它的强制性，权威性，规范性和稳定性。管理制度和方法以法律的形式固定下来并严格执行就能够加强管理的稳定性，避免主观臆断和随意性。

3) 有效调节各管理因素之间的关系。法律规定了各管理因素的权力和义务，同时还通过各种约束保证了管理对象内外各种组织的关系协调。当管理因素在管理过程中发现矛盾时，可以及时调节。

4) 推进管理系统的发展。法律可以维护必要的管理秩序，加强管理系统稳定性，并且能够及时调节各管理因素之间的管理，因此法律方法不仅能提高管理效率还能够增加管理系统的功效，推动管理系统的自身发展。

2. 行政方法

(1) 行政方法的内涵和特点。行政方法又称为行政手段，是依靠行政组织或行政机构的权威，运用决定、命令、指令、规定、指示、条例等行政措施，以鲜明的权威和服从为前提，直接指挥下属工作。因此，行政管理方法也带有强制性。

众所周知，水资源是人类社会生存和发展不可替代的自然资源，不同地区、部门甚至个人都在开发或利用水资源，而水资源又是一种极其有限的自然资源，过度无序的开发活动将会导致水资源总量减少以及水质功能下降，从而导致人类社会可持续发展难以维持，并且会引发地区间、部门间的水事矛盾，这就需要对各项开发利用水资源的活动进行管理、指导、协调和控制。

我国《中华人民共和国水法》中明确规定，水资源属于国家所有，政府负责对水资源的分配和使用进行管理和控制。政府应充分发挥行政机构的权威，采取强有力的行政管理手段，制订计划、控制指标和任务，发布具有强制性的命令、条例和管理办法，才能够更好的效开发利用水资源，协调不同地区、部门和各用水户之间的关系以及使经济社会发展和水资源承载能力相适应，规范行为，保证管理目标的实现。

水资源的行政管理必须建立在尊重水资源的客观规律的基础上，结合本地区水资源的条件、开发利用现状及未来的供求形势分析，从而做出正确的行政决议、决定、命令、指令、规定、指示等。切忌主观主义和个人专断式的瞎指挥。

(2) 行政方法的运用。行政方法是我国进行水资源管理最常用的方法。

中华人民共和国成立以来，我国在水的行政管理方面取得了较好的成绩，国务院、水利部以及地方人大、政府都颁布了大量的有关水资源管理的规章和决定，这些规章和决定在水资源管理中起到了统一目标、统一行动的作用。

如水利部根据1993年国务院颁布的《取水许可制度实施办法》，分别于1994年、1995年、1996年发布了《取水许可申请审批程序规定》《取水许可水质管理规定》《取水许可监督管理办法》等，从而保证了取水许可制度的有效实施；1990年水利部颁发了《制定水长期供求计划导则》，规范了水长期供求计划编制的技术要求。2013年国务院颁布了《实行最严格水资源管理制度考核办法》确保最严格水资源管理制度的顺利推行与实施。

经过长期的实践证明，有许多水事问题需要依靠行政权威处置，所以《水法》规定：地区间的水事纠纷由县级以上人民政府处理，这是行政手段在法律上的运用。《水法》还规定，水量分配方案由各级水行政主管部门制订并报同级政府批准和执行，这都是以服从为前提的行政方法在水资源管理中的运用。

3. 经济方法

（1）经济方法的内涵、内容及作用。水资源管理的经济方法是运用经济手段，按照经济原则和经济规律处理，讲究经济效益，运用一系列经济手段为杠杆，组织、调节、控制和影响管理对象的活动，从经济上规范人们的行为，使水资源的开发、利用、保护等活动更趋合理化，间接地强制人们为实现水资源的管理目标而努力。

经济政策是经济方法得以实现的基础和保障。我国曾在很长一段时期内实行水资源的无偿使用和低水价政策，即水资源使用权的获得是无偿的，国家将水资源无偿划拨给用水户使用，水价标准低于供水成本，供水工程的运行、维护不足部分由国家补贴。从而导致的后果是用水需求增长过快，水资源的利用效率不高，浪费严重，人们的节水意识不强。实践证明，只依靠行政手段，难以有效解决上述问题，利用经济手段则可以弥补行政手段的不足。经济手段通过提高用水的机会成本，促使用水户减少用水而少支付相应的费用，从而达到抑制用水需求增长速度和节约用水的目的。

水资源管理的经济方法主要包括以下几个方面：

1) 制定标准。制定合理的水价、水资源费（或税）等各种水资源价格标准。

2) 制定水利工程投资政策。明确资金渠道，按照工程类型和受益范围、受益程度合理分摊工程投资。

3) 建立经济补偿机制。建立保护水资源、恢复生态环境的经济补偿机制，任何造成水质污染和水环境破坏的，都要缴纳一定的补偿费用，用于消除危害。

4) 采用经济奖惩制度。对保护水资源及计划用水、节约用水等各方面有功者实行经济奖励，而对那些破坏水资源，不按计划用水，任意浪费水资源以及超标准排放污水等行为实行严厉的罚款。

5) 培育水市场。允许水资源使用权的有偿转让，使得水资源得到的合理配置与使用。

（2）经济方法的运用。20世纪70年代后期，我国北方地区出现了严重的水危机，为扭转局面，各级水资源主管部门自70年代起相继采用了经济手段以强化人们的节水意识。如1985年国务院颁布了《水利工程水费核定、计收和管理办法》，对我国水利工程水费标准的核定原则、计收办法、水费使用和管理首次进行了明确的规定，这是我国利用经济手段管理水资源的有益尝试。为将经济管理的方法纳入法制轨道，1988年1月全国人大常委会通过的《中华人民共和国水法》明确规定："使用供水工程供应的水，应当按照规定向供水单位缴纳水费。""对城市中直接从地下取水的单位，征收水资源费。"这使水资源的经济管理方法在全国范围内开展获得了法律保证。该法律于2002年继进行了修订。1997年国家计委颁布的《水利产业政策》和水利部于1999年颁布的《水利产业政策实施细则》，对使用经济手段管理水资源有了更进一步的发展。2006年《取水许可和水资源费征收管理条例》以及

2013年由多部门联合发布的《关于水资源费征收标准有关问题的通知》都对水资源有偿使用进行了详细说明。

由于经济方法是以价值规律为基础，带有一定的盲目性和自发性，因此经济方法配合行政和法律方法才能收到最佳的管理效果。

4. 技术方法

随着科学技术不断地发展与进步，为人类进行科学的水资源管理提供了强有力的技术支持，使得水资源管理工作的开展更加科学、合理和高效。

（1）"3S"技术。"3S"技术是高新技术的代表，是以地理信息系统（GIS）、遥感技术（RS）、全球定位系统（GPS）为基体而形成的一项新的综合技术（表7-7）。"3S"技术在水资源管理中的应用见表7-8。

表7-7　　　　　　　　　　"3S"技术的用途及特点

技术名称	技术用途	特点
GIS	对整个或部分地球表层空间中的有关地理分布数据进行采集、储存、管理、运算、分析、显示和描述	强大的数据处理及分析能力
RS	对远距离目标所辐射和反射的电磁波信息，进行收集、处理、及成像，从而对地面各种景物进行探测和识别	快速、实时获取信息
GPS	在全球任何地方以及近地空间都能够提供准确的地理位置及精确的时间信息	高精度、全天候、全球覆盖

表7-8　　　　　　　　　　"3S"技术在水资源管理中的应用

应用	具体体现
水资源调查评价	（1）查清流域范围、面积、覆盖类型、河长、河网密度、河流弯曲度等，判读水资源的分布以及水量。 （2）实现定点定位校核，建立相对应的数据库
监测	（1）河流的流量、水位、断流以及灾害情况。 （2）水环境质量。 （3）污染源、扩散途径及速度
水文模拟及预报	构建现代水文模型，模拟一定空间区域内水的运动，并结合监测结果，对各水文要素进行科学、合理的预测

（2）节水技术。随着时代的发展，水资源短缺已经成为了制约社会和经济发展的主要因素。为解决这一个问题，很多国家都行动起来，通过法律、行政、经济、技术、宣传等一系列手段推广节水技术。我国作为水资源短缺的国家，北京市作为水资源短缺的城市，也一直在大力推行节水工作。

《"十四五"节水型社会建设规划》聚焦农业农村、工业、城镇、非常规水源利用等重点领域，全面推进节水型社会建设。农业农村节水要求坚持以水定地、推广节水灌溉、促进畜牧渔业节水、推进农村生活节水。工业节水要求坚持以水定产、推进工业节水减污、开展节水型工业园区建设。城镇节水要求坚持以水定城、推进节水型城市建设、开展高耗水服务业节水。非常规水源利用要求加强非常规水源配置、推进污水资源化利用、加强雨水集蓄利用、扩大海水淡化水利用规模。

北京市委生态文明建设委员会于2020年发布了《北京市节水行动实施方案》，在方案中明确指出，截至 2019 年，北京市的工业用水、农业用水的数量和效率都得到了显著提高，处于全国先进水平。但是水资源短缺依旧是必须长期面对的基本市情水情。

1) 农业节水增效。

a. 采用先进的节水灌溉技术，继续发展"两田一园"高效节水灌溉。

b. 优化调整作物种植结构，培育节水品种，从育种的角度高效节水。

c. 推广畜牧渔业节水方式，推进先进适合的养殖方式，推广节水型设备技术、工艺。

2) 工业节水减排。

a. 加强污水治理及其回收利用。

b. 改进和发展新型节水工艺，一水多用，循环梯级利用，提高水的利用效率。

c. 减少输水过程中的损失，开辟新的水源。

3) 城市节水降损、控额、限量。随着城市化进程不断加快，城市生活用水占城市用水总量的比例越来越高，因此，城市生活节水对促进城市节水具有中重要意义。

a. 公共服务降损。提升公共服务用水效率，推广节水新技术、新工艺、新产品。公共机构如购物中心、交通客运站、医院、宾馆、学校等带头使用节水产品，逐步实现节水器具"全覆盖"。

严控高耗水服务业用水，加强对洗车、洗浴、滑雪场等行业用水的监管力度，从严控制用水计划，优先使用再生水、雨水等非常规水源。

b. 绿化节水限额。推进园林绿化精细化用水管理，完善配套的用水计量措施，加快实现用水"全计量"、"全收费"，严控用水计划。

加大园林绿化非常规水利用，加大再生水、雨洪水、河湖水利用的推广度，使得自来水和地下水退出灌溉行列。

4) 教育节水引导。强化校园节水文化培育，坚持教育先行，将节水纳入教育范畴，普及节水知识，开展节水宣传，引领带动家庭及全社会节约用水。

(3) 水处理技术。工业废水、生活污水和农业废水的产生使得清洁的淡水资源受到了污染，进一步加剧了水资源短缺的危机，并且会威胁到人类的身体健康，比如水俣病。因此水污染治理已经成为了重要的战略目标。

水处理方法根据原理可以分为物理处理方法、化学处理方法、物理化学处理方法和生物处理方法 4 类（表 7-9）。

表 7-9 水 处 理 方 法 分 类

分　类	具　体　方　法
物理处理方法	沉淀、过滤、离心分离、气浮法等
化学处理方法	中和法、混凝法、电解法、氧化还原法等
物理化学处理方法	吸附法、离子交换法等
生物处理方法	好氧生物处理、厌氧生物处理等

在废水处理的过程中，根据水中污染物质的类型和性质选择不同的、合适的处理方法，构成完成的处理工艺，实现废水的无害排放目标。同时也可以根据实际情况对废水进行多级处理达到回用水的水质要求使其能够循环利用。

(4) 海绵城市。海绵城市是新一代城市雨洪管理概念，是指城市能够像海绵一样，在适应环境变化和应对雨水带来的自然灾害等方面具有良好的弹性，也可称为"水弹性城市"。海绵城市示意图如图7-2所示。

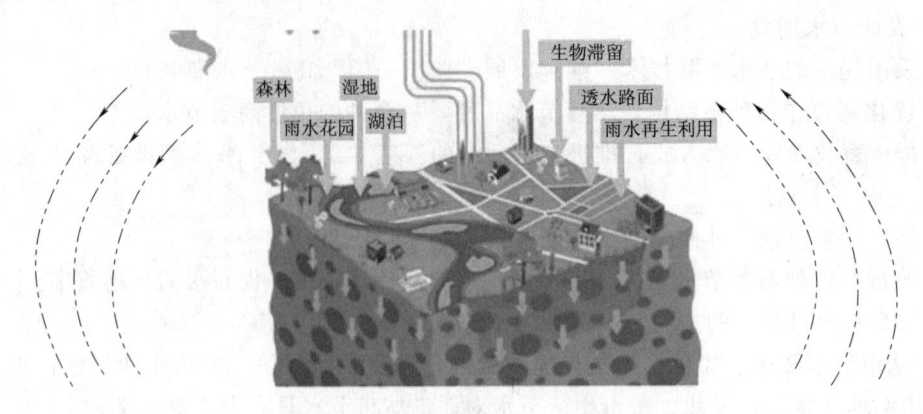

图 7-2 海绵城市示意图

2012年4月，在《2012低碳城市与区域发展科技论坛》中，"海绵城市"概念首次提出，在过去的10年里，我国多个城市成为海绵城市的建设试点（表7-10），虽然在过程中出现了一些问题，但都是具有一定示范意义的。

表 7-10　　　　　　　　　　　　海绵城市建设试点名单

时　　间	试　点　城　市
2015年（第一批）	迁安、白城、镇江、嘉兴、池州、厦门、萍乡、济南、鹤壁、武汉、常德、南宁、重庆、遂宁、贵安新区、西咸新区
2016年（第二批）	北京、天津、大连、上海、宁波、福州、青岛、珠海、深圳、三亚、玉溪、庆阳、西宁、固原

北京市通州区在建设副中心的过程中，北京市对通州区提出了要求，对于城市副中心2020年20%的建成区面积将达到海绵城市建设要求；2022年35%的建成区面积实现海绵城市建设目标；2030年80%建成区面积达到海绵城市建设要求。因此通州区在设计建造时考虑到这个问题，对雨水进行停留，镜河河道两侧地下埋设了排水方涵，其容积之大甚至可容私家车通行，可容纳约55万 m^3 雨水。在方圆 $6km^2$ 的行政办公区，雨水全部汇入方涵暂时存储，一旦降雨大于20年一遇标准，方涵内的溢流堰将把河水分流至镜河，再排入北运河。这些存储用水，通过净化，用于城市清扫和浇灌，及减少了自来水的使用，又增加了城市的存水能力。

根据政府部门的持续4年监测表明，城市副中心海绵城市建设工作实施后，年平均地下水位较2016年回升了4m，并有明显的继续上涨趋势。城市的地下水恢复了，曾经的华北区域的地下水出现超采的情况，导致地下水资源匮乏，出现了采空区，现在海绵城市正在一步步的纠正过去我们犯下的错误。过去我们担心雨水太大，发生内涝现象，现在情况发生很大变化，人们不再担心雨水泛滥成灾，而是纠结于雨水总是白白地流走。经过4年多的探索与实践，已形成了生态城全域建设海绵城市优秀示范片区及镜河、运河商务区、城市绿心等一批特色优质典范项目。

海绵城市的主要目的在于坚持生态为本、自然循环，充分发挥山水林田湖草等原始地形地貌对降雨的积存作用，充分发挥植被、土壤等自然下垫面对雨水的渗透作用，充分发挥湿地、水体等对水质的自然净化作用,实现城市水体的自然循环。在城市的使用上逐步实现小雨不积水、大雨不内涝、水体不黑臭、热岛有缓解。

7.2.3 水资源管理的内容

想一想:什么是水权么?相关的法律有哪些?如何从行政方面进行管理呢?

水资源管理是一项复杂的水事行为,涉及的范围和内容较为广泛,主要包含以下几个方面:

7.2.3.1 水资源水权管理

水权是指以水资源的所有权为基础的一组权利,包含开发权、使用权、收益权、处分权以及与水开发利用有关的各种用水权利。它是一种权益界定的规则,可以帮助调节个人之间、地区与部门之间以及个人、集体与国家之间使用水资源及相邻资源的矛盾,也是水资源开发规划与管理的法律依据和经济基础。

《中华人民共和国水法》规定水资源属于国家所有。国务院是水资源所有权的代表,可以代表国家对水资源行使占有、使用、收益和处分的权利。

7.2.3.2 水资源法律管理

水资源法律管理就是通过制定并贯彻执行各种水法规来调整人们在开发利用、保护水资源和防治水害过程中的活动。由于法律是有国家制定,具有强制性和保障性,因此法律管理是实现水资源价值和可持续利用的有效手段。

7.2.3.3 水资源行政管理

行政管理是指国家各级水行政主管部门及其相关机构,在法律法规允许的范围内,从事对与水资源有关的各种社会公共事务的管理活动,但不包括水资源行政组织对内部事务的管理。

7.2.3.4 水资源信息与技术管理

建立水资源综合管理信息系统,及时掌握水资源变动情况,如水量与水质的变化、供水能力与需求变化、各行业用水与需水情况变化。同时要推行水资源持续利用评价,建立一种水资源政策分析机制,以便适时调整或评价水资源政策。

7.2.3.5 水资源规划管理

水资源的开发、利用、节约、保护和水害防治,应当按照流域和区域统一制定规划,规划分为流域规划和区域规划,根据规划的具体内容又可以分为综合规划和专业规划。

综合规划是对水资源开发、利用、节约、保护以及谁还防治的总体部署,编制的依据是经济社会发展需要和水资源开发利用现状。

专业规划是指某一项具体内容的规划,比如防洪、治涝、灌溉、航运、供水、水力发电、竹木流放、渔业、水资源保护、水土保持、防沙治沙、节约用水等规划。

7.2.3.6 水资源安全管理

水资源管理的最终目标是水资源安全。

水是事关国计民生的基础性自然资源和战略性经济资源,是生态环境的控制性要素,因此水资源安全是人类生存与社会可持续发展的基础条件。

7.2.4 水资源管理的制度

想一想:水资源制度有哪些?为什么会产生最严格的水资源管理制度?它的产生具有哪

些意义呢？

7.2.4.1 最严格水资源管理制度

1. 最严水资源管理制度的产生

2009年1月，在全国水利工作会议上，回良玉副总明确提出"从我国的基本水情出发，必须实行最严格的水资源管理制度。"同年召开的水资源工作会议上，陈雷部长发表了题为"实行最严格的水资源管理制度，保障经济社会可持续发展"的重要讲话，对实行最严格水资源管理制度工作进行了部署，提出要坚持6个原则，实现6个转变，做好8方面工作，完善6项保障措施，并指出当前的重点任务就是建立并落实水资源管理的"三条红线"。

2011年中央1号文件和中央水利工作会议明确要求实行最严格水资源管理制度，确立水资源开发利用控制、用水效率控制和水功能区限制纳污"三条红线"，从制度上推动经济社会发展与水资源、水环境的承载力相适应。

2. 最严水资源管理制度的指导思想

深入贯彻落实科学发展观，以水资源配置、节约和保护为重点，强化用水需求和用水过程管理，通过健全制度、落实责任、提高能力、强化监管，严格控制用水总量，全面提高用水效率，严格控制入河湖排污总量，加快节水型社会建设，促进水资源可持续利用和经济发展方式转变，推动经济社会发展与水资源水环境承载能力相协调，保障经济社会长期平稳较快发展。这一指导思想体现了最严水资源管理制度的科学内涵，为实行最严格水资源管理制度指明了方向。

3. 最严水资源管理制度的内涵

在理念上，集中体现了科学发展的要求。

在实践上，体现了3个层次的要求，分别是建立严格的水资源管理法律制度，严格实施现有的水资源管理法律制度，严格执法监督。

(1) 建立水资源开发利用控制红线，严格实行用水总量控制。

1) 制定水量分配方案，建立取用水总量控制指标体系，地下水开采总量控制指标。

2) 严格规划管理和水资源论证，严格实施取水许可和水资源有偿使用制度，强化水资源统一调度等。

3) 开发利用控制红线指标主要是用水总量。

(2) 建立用水效率控制红线，坚决遏制用水浪费。

1) 制定区域、行业和用水产品的用水效率指标体系，改变粗放用水模式，加快推进节水型社会建设。

2) 建立国家水权制度，推进水价改革，建立健全有利于节约用水的体制和机制。

3) 强化节水监督管理，严格控制高耗水项目建设，全面实行建设项目节水措施"三同时"管理（同时设计、同时施工、同时投入生产和使用），加快推进节水技术改造。

(3) 建立水功能区限制纳污红线，严格控制入河排污总量。

1) 基于水体纳污能力，提出河入河湖限制排污总量，作为水污染防治和污染减排工作的依据。

2) 建立水功能区达标指标体系，严格水功能区监督管理，完善水功能区监测预警监督管理制度，加强饮用水水源保护，推进水生态系统的保护与修复。

4. 最严水资源管理制度的主要体现

(1) 管理目标更加明晰。最严格水资源管理制度明确建立三条红线,提出了全国用水总量、用水效率和水功能区达标的约束性指标并将全省的目标分解到各流域和市、县,使得水资源管理目标在各个管理层面明晰化、定量化。

(2) 制度体系更加严密。《中华人民共和国水法》《取水许可和水资源费征收管理条例》等法律法规奠定了水资源管理制度的框架。最严格水资源管理就是要在已有制度框架下,丰富、细化用水总量控制制度、取水许可制度和水资源有偿使用制度、水资源论证制度、节约用水制度、水功能区管理制度等各项制度的具体内容和实施要求,提高各项制度的可操作性,形成严密、精细、系统、完善的管理制度体系,使得每一项水资源开发、利用、节约、保护和管理行为都有法可依、有章可循。

(3) 管理措施更加严格。最严格水资源管理制度提出了比以往更为严格的管理措施,如下:

1) 对取水总量已达到或超过控制指标的地区,暂停审批建设项目新增取水。

2) 对取水总量接近控制指标的地区,限制审批新增取水。

3) 对超过用水计划及定额标准的用水单位,依法核减取用水量。

4) 对达到一定取用水规模以上的用水户实行重点考核。

5) 对新、改、扩建的建设项目,实行节水设施与主体工程同时设计、同时施工、同时投入使用。

6) 实行用水产品用水效率标识管理。

7) 对现状排污量超出水功能区限制排污总量的地区,限制审批新增取水、限制审批入河排污口等。

(4) 责任主体更加明确。《中华人民共和国水法》、国务院"三定"规定等法律法规明确了各级水行政主管部门水资源管理的主要职责。最严格水资源管理制度进一步明确各级地方人民政府、用水户和全社会的责任。

建立考核机制,考核结果作为对各级政府领导干部和相关企业负责人综合考核评价的重要依据。用水户具有节约保护水资源的义务,并应依法接受水行政主管部门的监督检查。

全社会要形成节约水、保护水、爱护水的社会风尚,并通过强化舆论监督,公开曝光浪费水、污染水的不良行为。

5. 最严水资源管理制度的主要措施

(1) 6项原则。

1) 强化水资源社会管理与公共服务职能,切实保障引水安全、经济发展用水安全和生态用水安全。

2) 牢固树立人与自然和谐的理念,正确处理水资源开发利用与生态保护的关系。

3) 把水资源管理的重心放在合理配置、全面节约和有效保护上,强化需水管理,建设节水防污型社会。

4) 是注重发挥水资源的综合功能和效益,统筹水资源与经济社会发展,协调好生活、生产和生态用水。

5) 针对不同地区水资源条件、环境状况及经济发展阶段的差异,制定水资源分区管理的政策措施。

6）树立先进管理理念，创新管理方式方法，加强管理科技支撑，改进管理手段措施，逐步建立体制健全、机制合理、法制完备的水资源管理制度。

(2) 6大转变。

1）管理：加快从供水管理向需水管理转变。

2）规划：把水资源开发利用优先转变为节约保护优先。

3）保护：加快从事后治理向事前预防转变。

4）开发：加快从过度开发、无序发向合理开发、有序开发转变。

5）用水：加快从粗放利用向高效利用转变。

6）管理：加快从注重行政管理向综合管理转变。

(3) 8方面工作。

1）以总量控制为核心，抓好水资源配置。

2）以提高用水效率和效益为中心，大力推进节水型社会建设。

3）以水功能区管理为载体，进一步加强水资源保护。

4）以流域水资源统一管理和区域水务一体化管理为方向，推进水管理体制改革。

5）以加强立法和执法监督为保障，规范水资源管理行为。

6）以国家推进资源性产品改革为契机，建立健全合理的水价形成机制。

7）以重大课题研究和技术研发为重点，夯实水资源管理科技支撑。

8）强化基础工作为抓手，提高水资源管理水平。

7.2.4.2 河长制

1. 河长制的背景

2003年长兴创新，在全国率先对城区河流试行河长制，由时任水利局、环卫处负责人担任河长，对水系开展清淤、保洁等整治行动，水污染治理效果非常明显。2008年浙江的其他地区开始陆续推行河长制。北京市海淀区于2015年先行探索区-镇两级"河长制"，落实"河长"及其工作职责，编制管理考核标准和工作台账，设立专项经费并与考核结果直接挂钩。通过"河长制"试点，区域监测水体断面水质综合达标率同比提高22%，水务精细化管理水平明显提高，在防汛工作中发挥了突出作用。

2016年年底，中央下发《关于全面推行河长制的意见》，明确提出在2018年年底全面建立河长制。

2. 河长制的概念

在相应的水域设立河长，由河长对其责任水域的治理、保护予以监督和协调，督促或者建设政府及相关主管部门履行法定职责、解决责任水域存在的问题的体制和机制。河长制体系图如图7-3所示。

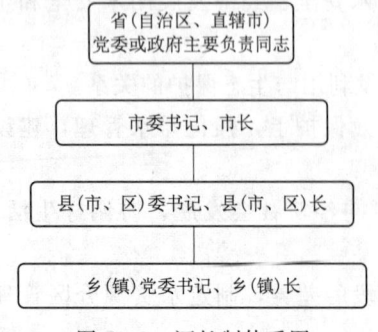

图7-3 河长制体系图

3. 河长制的原则

(1) 坚持生态优先、绿色发展。

(2) 坚持党政领导、部门联动。

(3) 坚持问题导向、因地制宜。

(4) 坚持强化监督、严格考核。

4. 河长制的任务

(1) 加强水资源保护。全面落实最严格水资源管理制度,严守"三条红线"。

(2) 加强河湖水域岸线管理保护。严格水域、岸线等水生态空间管控,严禁侵占河道、围垦湖泊。

(3) 加强水污染防治。统筹水上、岸上污染治理,排查入河湖污染源,优化入河排污口布局。

(4) 是加强水环境治理。保障饮用水水源安全,加大黑臭水体治理力度,实现河湖环境整洁优美、水清岸绿。

(5) 加强水生态修复。依法划定河湖管理范围,强化山水林田湖系统治理。

(6) 加强执法监管。严厉打击涉河湖违法行为。

任务7.3 水资源评价

学习指导

目标：1. 了解水资源评价的内涵及意义。
2. 掌握水资源评价分区。
3. 能够对水资源进行基础评价。
4. 能够对水资源进行质量评价。

重点：1. 知道水资源基础评价内容，并能进行评价。
2. 知道水资源质量评价目标，并能进行评价。

7.3.1 水资源评价概述

想一想：什么是水资源评价？为什么要进行水资源评价呢？

7.3.1.1 水资源评价内涵

1992年由联合国教科文组织和世界气象组织对水资源评价进行了定义，认为水资源评价是为了水的利用和管理，对水资源的来源、范围、可以来程度和质量进行确定，据此评估水资源利用、控制和长期发展的可能性。

水资源评价一方面是计算和评估水资源的质量与数量，另一方面则是对水资源的开发利用、合理配置以及控制管理进行研究。

因此，水资源评价活动的内容包括评价范围内全部的水资源量及其时空分布特征的变化幅度及特点、可利用水资源量的估计、用水的现状及其前景、全区及其分区水资源供需状况的评价及预测、可能解决供需矛盾的途径、为控制自然界水源所采取的工程措施的效益评价，以及政策性建议等。

7.3.1.2 水资源评价的意义

1. 水资源评价是水资源合理开发利用的前提

随着社会发展，人民的生活水平不断提高，用水量也随之大幅度增大，同时水体还不断受到污染，水的供需矛盾日益尖锐。因此水资源的开发利用已经成为了各国政府和人民关注的问题。

想要合理的开发利用水资源，就必须要对本国或者本地区的水资源状况有全面的了解，这其中就包括：水源有哪些、水资源量、可开发利用量、水质量、水环境状况等。因此能够科学的评价水资源状况是合理开发利用的前提。

2. 水资源评价是水资源科学规划的基础

我国曾于20世纪70年代末、80年代初组织开展过全国第一次水资源调查评价工作，是"全国农业自然资源调查和农业区划会议"提出的"水资源的综合评价和合理利用的研究"项目的组成部分。通过调查和分析，基本查明了全国各地区地表水资源的数量及其时空分布特点，研究了降水、蒸发和径流等水平衡三要素的关系，为全国各地区水资源评价、水利规划、水利化区划以及农业区划提供了重要的科学依据。

3. 水资源评价是保护和管理水资源的依据

水是人类不可缺少而又有限的自然资源，因此必须保护好、管理好，才能兴利去害，持久受益。水资源的保护、管理、供需平衡、合理配置、可持续利用，水质免遭污染，水环境良性循环，水资源保护和管理的政策、法规、措施的制定等，其根本依据就是水资源评价成果。

7.3.1.3 水资源评价分区

1. 水资源分区的目的及意义

水资源评价分区能够准确掌握不同地区水资源的数量与质量以及三水（降水、地表水、地下水）的转化关系。水资源的数量评价、质量评价和利用现状及其影响评价均应使用统一分区。

水资源评价分区的目的是把分区内错综复杂的自然条件和社会经济条件，根据不同的分析要求，选用相应的特征指标，通过划区实现分区概化，使分区单元的自然地理、气候、水文和社会经济、水利设施等各方面条件基本一致，便于因地制宜有针对性地进行开发利用。

2. 水资源分区的主要原则

（1）保持流域、水系的完整性。

（2）同一供水系统划在一个区内。

（3）边界条件清楚，区域基本封闭，有一定的水文测验或调查资料可供计算和验证。

（4）能反映水资源条件在地区上的差别，自然地理条件和水资源开发利用条件基本相似的区域划归一区。

（5）照顾行政区划的完整性。

7.3.2 水资源基础评价

想一想：我们如何开展水资源评价呢？评价过程中查找的资料是否可以直接进行使用呢？

水资源基础评价是水资源评价中的基础性工作，包括对评价范围内的水文、气象、地质等基本资料的统计及其系统整理、图表化工作等。由于基础性工作是长期的、连续的，因此需要在具有条件的区域内进行。条件主要是指评价区内有足够的水文和气象站网，能够积累一定长度观测资料，有各类水文资料的整编或者分析技术能力及水平，有该区域内地形、地质、地貌、土壤、植被及土地利用的情况的调查和评价，还需要具备有关的已有的成果，如各类地图、专用图、等值线图、图标、整编资料或者资料库等。

水资源基础评价包括评价目的、范围、项目、各类资料的收集标准、评价方法以及预期成果。

7.3.2.1 评价目的与范围

在评价之前，必须要明确评价目的以及评价的意义，才能合理的确定评价范围。比如，为进行国家级水平的全国水资源评价，那么范围一个国家的国土范围。在评价过程中，各类指标均指在国界范围以内定值。如果是为某一特定目的的水资源评价，就可以在某一特定区域内进行，可以不限于流域界或行政区。

7.3.2.2 资料的收集

1. 地表水资源资料收集

地表水资料收集一览表见表 7-11。

表 7-11　　　　　　　　　　　地表水资料收集一览表

序号	类别	具 体 内 容
1	自然地理特征资料	地理位置、地形、地貌、地质、土壤、植被、气候、土地利用情况以及流域面积、形状、水系、河流长度、湖泊分布等特征
2	社会经济资料	人口、耕地面积（水田、旱田等）、作物组成、耕作制度、工农业产值以及工农业与生活的用水情况
3	水文气象资料	水文站网分布，各测站实测的水位（潮水位）、流量、水温、冰情及洪、枯水调查考证等
4	已开发利用情况	在建的蓄、引、提水工程，堤防、分洪、蓄滞洪工程，水土保持工程及决口、溃坝等 农业比重大：集灌溉面积、灌溉定额、渠系有效利用系数、田间回归系数等
5	以往成果	省级、市县级水资源调查评价、水资源综合规划、灌区规划、城市应急供水规划、跨流域调水规划以及水文图集、水文手册、水文特征值统计

2. 地下水资料收集

地下水资料收集一览表见表 7-12。

表 7-12　　　　　　　　　　　地下水资料收集一览表

序号	类别	具 体 内 容
1	水文资料	降水、蒸发、径流、泥沙、水温、气温等
2	流域特征资料	地形、地貌、土壤、植被、河流、湖泊等
3	水利工程概况	大、中型水库的蓄水变量和灌溉面积；引、提水工程的引、提水量及灌溉面积；全区域的灌溉面积、灌溉定额、渠系有效利用系数、田间回归系数等
4	水文地质资料	岩性分布，地下水平均埋深、矿化度，补给与排泄特性，地下水开采情况，地下水动态观测资料及有关参数分析成果
5	经济社会资料	人口、耕地面积（水田、旱田等）、作物组成、耕作制度、工农业产值以及工农业与生活的用水情况
6	水质监测资料	河流水质监测资料，工业农业和城镇生活的排污量
7	以往成果	《水文图集》《水文手册》《水文特征值统计》以及省级、市县级水资源调查评价结果

7.3.2.3 资料的审查

由于水资源评价成果的精确度取决于收集的资料的可靠程度，为了保证成果的质量，对所收集的资料都要进行可靠性与一致性审查。

1. 可靠性审查

可靠性审查主要从资料来源、整编精度、测验方法、水量平衡等方面进行，重点可以放在质量较差的新中国成立前的资料,以及测站的人员、方法、或控制条件发生变化的时间点也要注意。

2. 一致性审查

一致性是指产生资料的条件要一致,比如某一断面流量系列资料应该是在同样的气候条件、下垫面条件以及测流断面以上流域同样的开发利用水平和同一测流断面条件下获得的。

径流资料分析方法分为两大类:一类是用来判断资料整体趋势的方法,比如 Mann-Kendall 非参数秩次相关检验法、滑动平均检测方法等,另一类则是判断资料中跳跃成分的方法,比如累积曲线法,有序聚类分析法等。本教材中不进行赘述。

7.3.2.4 各类水文循环要素的分析计算

在水资源的基础评价工作中,对降水、径流、政法、地下水观测资料系列在确定适用的同步观测期后,就可以进行选样及统计分析。

1. 整理降水资料

包括单站降水深的多年平均值及其变化系数的分析计算,采用矩法估计(利用样本矩来估计总体中相应的参数)统计参数,然后通过适线法(将随机变量样本值及相应经验频率在几率纸上点绘出适当频率曲线以求得参数的一种方法。)确定,并按照水文站所控制的流域面积计算各个控制面积上的多年平均径流深。

根据实际需要,可以对降水、河川径流按照月、季及每年最大 4 个月(或最大 3 个月、2 个月、1 个月)与每年最小 3 个月(或者最小 2 个月、1 个月)的径流量进行选择和统计分析。

对于代表性好的且具有较长期的观测系列的雨量站和流量站,除进行所采取的同步观测期内的各项统计参数分析外,还要对全部观测资料进行统计分析,以备进行比较。

2. 整理蒸发能力资料

根据不同蒸发皿的实测资料进行折算到大面积水体的蒸发量后,再进行年、月蒸发能力的统计。通过对比观测试验,不同类型蒸发器皿的折算系数在一年内随季节变化而变化,且随着地理环境的不同,同一类型的蒸发器皿折算系数也不尽相同,都需要通过对比试验确定。

在水资源的基础评价中,降水和蒸发是参考项,但并不直接参与水资源量的计算。降水和蒸发在评价中对确定评价范围内的干旱或湿润程度是关键因素,因此通常有必要在进行评价时进行统计分析。

3. 水资源量的计算

水资源量是水资源基础评价的一项重要成果,包括河川径流和浅层地下水两部分,也称地表水资源量和地下水资源量,以及包括二者在内的水资源总量。

在水量评价中,地表水资源量主要是指河川径流量。地下水资源量是指地下水补给量,由于地表水、地下水相互联系,相互转化,故河川径流量中包括了一部分地下水排泄量,而地下水补给量又有一部分来自于地表水体的入渗,因此不可能将地表水资源量和地下水资源量直接相加作为水资源总量,而是应该扣除相互转化的重复水量。

7.3.3 水资源质量评价

想一想:水资源质量评价都包含哪些评价?

水资源质量评价是合理开发利用和保护水资源的一项基本且重要的工作,水资源质量即水质,是指天然水及其特定水体中的物质成分、生物特征、物理性状和化学性质以及对于所有可能的用水目的和水体功能,其质量的适应性和重要性的综合特征。

7.3.3.1 水资源质量评价的分类

在水资源的开发利用和水环境保护的生产实际中,水质评价通常以各类水资源开发利用工程和水体类型作为评价主体。下面将从水质指标、地表水水质评价和地下水水质评价3个方面介绍水质评价方法(图7-4)。

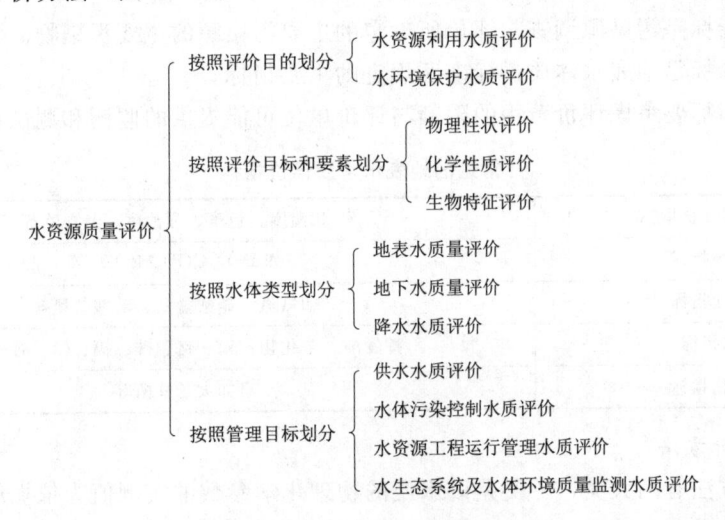

图7-4 水资源质量评价分类

7.3.3.2 水质指标

水质指标是指水样中除去水分子外所含杂质的种类和数量,它是描述水质状况的一系列依据。水质指标必须具备科学性、针对性、可比性、可操作性和可量化性的特点。

水质指标分为物理指标、化学指标和生物指标3类。常用水质指标一览表见表7-13。

表7-13 常用水质指标一览表

指标类型		具 体 指 标
物理指标		色度、嗅味、温度、固体含量、泡沫
化学指标	无机	pH、电导率、硬度、碱度、重金属、硝酸盐、亚硝酸盐、磷酸盐、硫化物、氯化物、高锰酸盐指数
	有机	化学需氧量(COD)、生物化学需氧量(BOD)、总需氧量(TOD)、总有机碳(TOC)
生物指标		细菌指数、大肠菌群

7.3.3.3 地表水水质评价

地表水水质评价是指根据水质标准,选择合适的评价指标体系对地表水水体的质量进行定性或者定量的评定过程。主要有以下几个环节。

1. 明确评价标准

评价标准是评价的依据,因此确定合适的标准至关重要,在选择标准时应该选择被认可的或者统一的标准。因为对同一水体采取不同的标准会得出不同的结论。因此在评价时一般采用国家规定的最新标准或者相应的地方标准。

评价不同功能区的水域要采用不同类别的水质标准,比如地表水环境质量标准、生活饮用水水质标准、农业灌溉用水标准、渔业用水标准等。

2. 选择评价指标

由于在评价时无法考虑全部的目标，因此地表水水体质量的评价与所选定的目标有很大的关系（表7-14），如果选择不当，会影响评价结论的正确性和可靠性。在选择指标的时候应该遵循以下原则：

（1）评价指标满足评价目的和评价要求。

（2）评价指标是污染源调查与评价所确定的主要污染源的主要污染物。

（3）评价指标是地表水体质量标准所规定的主要指标。

（4）评价指标要考虑评价费用的限额与评价单位可能提供的监测和测试条件。

表7-14　　　　　　　　　　常见的地表水水质评价指标

感官物理性状指标	如温度、色度、浑浊度、悬浮物等
氧平衡指标	如DO、COD、BOD_5等
营养盐指标	如氨氮、硝酸盐氮、磷酸盐氮等
毒物指标	挥发酚、氢化物、汞、铬、砷、镉、铅、有机氯等
微生物指标	如大肠杆菌等

3. 选择评价方法

水质评价方法有两大类，一类是以水质的物理化学参数的实测值为依据的评价方法；另一类是以水生物种群与水质的关系为依据的生物学评价方法。

较多采用的是物理化学参数评价方法，其中又分为

单项参数评价法即用某一参数的实测浓度代表值与水质标准对比，判断水质的优劣或适用程度。

多项参数综合评价法即把选用的若干参数综合成一个概括的指数来评价水质，又称指数评价法。指数评价法用两种指数即参数权重评分叠加型指数和参数相对质量叠加型指数两种，这里不做过多赘述，介绍几种应用较为广泛的评价方法。

（1）单因子指数法。计算公式如下：

$$I_i = \frac{C_i}{S_i} \qquad (7-1)$$

式中　I_i——某指标实测值对标准值的比值，无量纲；

　　　C_i——某指标实测值；

　　　S_i——某指标的标准值（或对照值）。

（2）综合指数法。地表水体的污染一般由多种污染物引起的，用单因子指数法进行评价，往往不能反映水质的综合状况，为此多因子指数法应运而生。但是多数的多因子评价方法只能回答相对于水质要求的相当类别或相对的水质优劣，即使对于严格的水质绝对标准，多因子的评价方法也只能确定现状水质的相似类别的相对污染程度。所以多因子水质评价方法只是水环境监控的一种手段。

1）综合等标污染指数。

$$I = \sum_{i=1}^{n} P_i = \sum_{i=1}^{n} \frac{C_i}{S_i} \qquad (7-2)$$

式中　n——评价因子数；
　　　i——第 i 种评价因子。

2）平均综合等标污染指数。

$$I = \frac{1}{n}\sum_{i=1}^{n} P_i \tag{7-3}$$

3）内梅罗指数法。

该方法不仅考虑了影响水质的一般水质指标，还考虑了对水质污染影响最严重的水质指标。起计算公式为

$$I_{ij} = \sqrt{\frac{\left[\left(\frac{C_i}{S_{ij}}\right)^2_{\max} + \left(\frac{1}{n}\sum_{i=1}^{n}\frac{C_i}{S_{ij}}\right)^2\right]}{2}} \tag{7-4}$$

当 $\frac{C_i}{S_{ij}} > 1$ 时，$\frac{C_i}{S_{ij}} = 1 + k\lg\left(\frac{C_i}{S_{ij}}\right)$；当 $\frac{C_i}{S_{ij}} \leqslant 1$ 时，用 $\frac{C_i}{S_{ij}}$ 的实际值。

$$I_i = \sum_{j=1}^{m} W_j I_{ij} \tag{7-5}$$

式中　i——水质指标项目数，$i=1, 2, \cdots, n$；
　　　j——水质用途数，$j=1, 2, \cdots, m$；
　　　I_{ij}——j 用途 i 指标项目的内梅罗指数；
　　　C_i——i 指标实测值；
　　　S_{ij}——j 用途 i 指标项目的标准值；
　　　$\frac{1}{n}\sum_{i=1}^{n}\frac{C_i}{S_{ij}}$——$n$ 个 $\frac{C_i}{S_{ij}}$ 的平均值；
　　　k——常数，采用 5；
　　　I_i——几种用途的综合指数，取不同用途的加权平均值；
　　　W_i——不同用途的权重，$\sum_{j=1}^{m} W_j = 1$。

根据上述公式计算结果，将水质分为 3 类：

(a) 人类直接接触（$j=1$），包括饮用、游泳、饮料制造等。

(b) 人类间接接触（$j=2$），养鱼、农业用水等。

(c) 人类不接触（$j=3$），工业用水、冷却水、航运等。

内梅罗将第一类和第二类用途的权重各定为 0.4，第三类为 0.2。

内梅罗指数法将水体用途分为三类：

(a) $I_{ij} > 1$，水质污染较重。

(b) $0.5 \leqslant I_{ij} \leqslant 1$，水质已受到污染。

(c) $I_{ij} < 0.5$，水质未受到污染。

(3) 综合评级法。综合评级方法的主要思路是按水质要求对各种综合性评价指标或单一评价指标划分出水质优劣或污染程度的分级标准或评分标准，然后对实测水质的单指标评分和总分或综合指标进行计算，并使之与评价标准比较，给出环境水质的评级结论。具体方法有评分法、坐标法及分级评价法等。例如打分评级的 n 种水质指标综合评价标准见表 7-15。将水质

实测浓度与评分标准比较，确定各评价因子的水质评分，再按下式求得水质综合评分：

$$M = \frac{10}{n}\sum_{i=1}^{n} A_i \qquad (7-6)$$

式中　M——水质综合评分百分制分值；

　　　A_i——第 i 种评价因子的水质评分；

　　　n——评价因子数。

将综合评分按照表 7-15 的水质分级进行分级评定。

表 7-15　　　　　　　　　水 质 分 级 评 定

分级	理想级/评分值	良好级/评分值	污染级/评分值	重污染级/评分值	严重污染级/评分值
A_1	S_1，1/10	S_1，2/8	S_1，3/6	S_1，4/4	S_1，5/2
A_2	S_2，1/10	S_2，2/8	S_2，3/6	S_2，4/4	S_2，5/2
…	…	…	…	…	…
A_i	S_i，1/10	S_i，2/8	S_i，3/6	S_i，4/4	S_i，5/2
…	…	…	…	…	…
A_n	S_n，1/10	S_n，2/8	S_n，3/6	S_n，4/4	S_n，5/2

表 7-16　　　　　　　　　综合评级方法评分标准

M	100~96	95~76	75~60	59~40	<40
水质评级	理想级	良好级	污染级	重污染级	严重污染级

（4）生物指数法。该法是依据水体污染影响水生生物群落结构，用数学形式表示这种变化从而指示水体质量状况。

7.3.3.4　地下水水质评价

1. 评价目的

地下水资源评价是水资源评价中的一个重要组成部分，根据其用途不同，对地下水的水质要求也不尽相同，因此，通过对地下水的水质进行评价，可以确定其满足某种用水功能需求的程度，为地下水的合理开发提供了科学依据。

2. 评价工作程序

（1）环境水文地质的调查及其资料的收集整理。环境水文地质资料内容包括区内已有的水文地质、工程地质、环境地质、矿产普查、地球化学等各项资料。

应对区内地下水动态观测、水质分析、土壤分析、地下水开发利用现状、城市规划、污染源分布、污水排放情况等资料进行全面收集和分析整理。如上述资料不足，应进行区内水文地质调查，内容包括含水层水文地质条件、地下水埋藏、补给和排泄条件、地下水开发利用现状、污染源分布及排污方式等。

（2）地下水动态观测和水质监测。动态观测点与水质监测网的布设，要根据当地水文地质特点和地下水污染性质，按点面结合的原则来安排，力求对整个评价区都能适当控制。检测项目依评价目的确定，一般应满足生活饮用水标准要求。除对地下水进行监测外，还要对大气降水、河水、污废水、土壤等进行同步监测，以确定地下水、地表水、大气降水之间的相互补给关系。

（3）环境水文地质勘探。利用勘探钻孔了解含水层厚度、结构、地下水污染范围、污染程度，污染物迁移路线和扩散情况等。钻孔的布置，视当地水文地质条件和评价目的而定。

3. 地下水水质评价方法

（1）选择评价因子。一般根据区域内的实际情况选择评价因子，通常选择生活饮用水标准中对人体健康危害较大，且超标率或检出率又高的项目作为评价因子。基本分为理化指标、金属、非金属、有机毒物和生物污染物。

（2）确定评价标准。地下水源多作为饮用水水源，因此评价时多以国家饮用水标准作为评价标准。但是地下水从未污染、开始污染到严重污染甚至无法饮用经历了一个较长的时间且发生了质的变化，因此有人提出了用水污染起始值作为地下水水质评价标准，水污染起始值也称为水污染对照值、水质量背景值。由于地下水目前已受到普遍且严重的污染威胁，而评价的基本原则是不允许地下水遭受污染，故用污染起始值作为评价标准更好。

计算公式为

$$X_0 = \overline{X} + 2S = \overline{X} + 2\sqrt{\frac{\sum_{i=1}^{n}(\overline{X}-X_i)^2}{n-1}} \tag{7-7}$$

式中 X_0——污染起始值，即最大区域背景值；

$\overline{X}$——某种污染物的区域背景值，即背景值调查的平均值；

X_i——背景调查中各水井该种污染物的实际含量；

n——背景调查样品的数量；

S——污染物统计方差。

（3）评价方法。

1）一般统计法。一般统计法是指以监测点的检出值与背景值以及饮用水的卫生标准作比较，统计其检出率、超标率、超标倍数等。此方法适用于环境水文地质条件简单、污染物单一的地区，或者可以在初步评价阶段采用。

2）环境水文地质制图法。基础图件：反映地表地质、地下水赋存条件和地标污染源分布等情况的表层地质环境分区图。

水质或污染现状图：用水质等值线或符号表示地下水的污染类型、污染范围和污染程度。

评价图：以多项污染物质、多项指标等综合因素来评价水质好坏，划分水质等级，并将其用图区和线条表示出来。

3）综合指数法。这些方法多数是为评价地表水体而提出来的，在对地下水质量进行评价是借用过来的。

常用的方法有：N. L. Nemerow 综合指数、姚志麟综合指数、水文地质域环境地质研究所公式等。

练一练：

一、问答题

1. 为什么要进行水资源保护？
2. 水资源保护的核心是什么？
3. 水体自净包含哪些作用？发挥主要作用的是什么？

4. 地表水环境质量标准将水资源分成了几类？不同类别是适用于什么范围？
5. 地表水的监测项目有哪些？
6. 生活饮用水的监测项目有哪些？
7. 地表水资源的保护措施是什么？
8. 什么是水资源管理？为什么要进行水资源管理？
9. 水资源管理的原则和内容分别是什么？
10. 水资源管理的方法是什么？（举例说明）
11. 最严水资源管理制度的措施有哪些？是如何实现的？（结合案例说明）
12. 为什么要进行水资源评价？具有哪些实际意义？
13. 地表水资源进行基础评价时应该收集哪些资料？从哪些方面对资料进行审查？
14. 水资源评价的分类有哪些？
15. 水资源评价的环节包括哪几个？
16. 评价地表水资源的方法有哪些？并进行比较。

二、判断题

1. 因为自然界中的水不断循环运动，水资源是可以再生的，所以一个区域中的水资源是无限的。（   ）
2. 气候条件造成我国水资源的分布与补给在空间和时间上分布都比较均匀。（   ）
3. 水资源可持续利用的根本在于尊重自然规律和经济规律，人与水和谐共处。（   ）
4. 我国水资源面临着严峻的形势及诸多问题，水资源已难以支撑经济社会的可持续发展。（   ）
5. 水功能区分为水功能一级区和水功能二级区。（   ）

三、选择题

1. 下列有关水资源的说法，正确的是（   ）。
A. 通常说的水资源主要是指陆地上的所有水资源
B. 通常说的水资源主要是指陆地上的淡水资源
C. 广义地说，水资源是指除海水外的水资源
D. 海水是咸水，不能直接利用，所以不属于水资源
2. 水资源的分布具有明显的地区差异，下列说法不正确的是（   ）。
A. 水资源的分布具有明显的地区差异的主要原因是由于降水量的空间分布不均
B. 水资源的分布具有明显的地区差异的主要原因是由于人口和城市的空间分布不均
C. 降水量小，水循环不活跃的地区，水资源一般较为贫乏
D. 降水量大，水循环活跃的地区，水资源一般较为丰富
3. 下列有关水资源的利用正确的是（   ）。
A. 虽然人口持续增长，但人们的节水技术和节水意识将提高，人们对水资源的需求量将会有所下降
B. 人口持续增长和经济高速发展将导致人类对水资源的需求量越来越大
C. 经济高速发展导致科技水平迅速提高，人们的节水技术和循环利用水资源的技术将会使人类对水资源的需求量越来越低
D. 修建水库是解决水资源空间分布不均的重要措施，跨流域调水是解决水资源时间上

分布不均的重要措施

4. 我国水土流失、生态恶化的趋势没有得到有效遏制的表现包括（　　）。

A. 牧区草原沙化得到控制

B. 少部分地区地下水超采严重

C. 个别湖泊萎缩，滩涂消失

D. 一些地区出现"有河皆干、有水皆污、湿地消失、地下水枯竭"的情况

附　　录

附表 1　　　　　P-Ⅲ型频率曲线的离均系数 Φ_P 值表

C_s \ $P/\%$	0.01	0.10	0.20	0.33	0.50	1.00	2.00	5.00	10.00	20.00	50.00	75.00	90.00	95.00	99.00
0	3.72	3.09	2.88	2.71	2.58	2.33	2.05	1.64	1.28	0.84	0.00	−0.67	−1.28	−1.64	−2.33
0.1	3.93	3.23	3.00	2.82	2.67	2.40	2.11	1.67	1.29	0.84	−0.02	−0.68	−1.27	−1.62	−2.25
0.2	4.15	3.38	3.12	2.92	2.76	2.47	2.16	1.70	1.30	0.83	−0.03	−0.69	−1.26	−1.59	−2.18
0.3	4.37	3.52	3.24	3.03	2.86	2.54	2.21	1.73	1.31	0.82	−0.05	−0.70	−1.24	−1.55	−2.10
0.4	4.60	3.67	3.36	3.14	2.95	2.62	2.26	1.75	1.32	0.82	−0.07	−0.71	−1.23	−1.52	−2.03
0.5	4.82	3.81	3.48	3.25	3.04	2.68	2.31	1.77	1.32	0.81	−0.08	−0.71	−1.22	−1.49	−1.96
0.6	5.05	3.96	3.60	3.35	3.13	2.75	2.35	1.80	1.33	0.80	−0.10	−0.72	−1.2	−1.45	−1.88
0.7	5.27	4.10	3.72	3.45	3.22	2.82	2.40	1.82	1.33	0.79	−0.12	−0.72	−1.18	−1.42	−1.81
0.8	5.50	4.24	3.85	3.55	3.31	2.89	2.45	1.84	1.34	0.78	−0.13	−0.73	−1.17	−1.38	−1.74
0.9	5.73	4.39	3.97	3.65	3.40	2.96	2.50	1.86	1.34	0.77	−0.15	−0.73	−1.15	−1.35	−1.66
1.0	5.96	4.53	4.09	3.76	3.49	3.02	2.54	1.88	1.34	0.76	−0.16	−0.73	−1.13	−1.32	−1.59
1.1	6.18	4.67	4.20	3.86	3.58	3.09	2.58	1.89	1.34	0.74	−0.18	−0.74	−1.10	−1.28	−1.52
1.2	6.41	4.81	4.32	3.95	3.66	3.15	2.62	1.91	1.34	0.73	−0.19	−0.74	−1.08	−1.24	−1.45
1.3	6.64	4.95	4.44	4.05	3.74	3.21	2.67	1.92	1.34	0.72	−0.21	−0.74	−1.06	−1.20	−1.38
1.4	6.87	5.09	4.56	4.15	3.83	3.27	2.71	1.94	1.33	0.71	−0.23	−0.73	−1.04	−1.17	−1.32
1.5	7.09	5.23	4.68	4.24	3.91	3.33	2.74	1.95	1.33	0.69	−0.24	−0.73	−1.02	−1.13	−1.26
1.6	7.32	5.37	4.80	4.34	3.99	3.39	2.78	1.96	1.33	0.68	−0.25	−0.73	−0.99	−1.10	−1.20
1.7	7.54	5.5	4.91	4.43	4.07	3.44	2.82	1.98	1.32	0.68	−0.27	−0.72	−0.97	−1.06	−1.14
1.8	7.77	5.64	5.01	4.52	4.15	3.50	2.85	1.99	1.32	0.64	−0.28	−0.72	−0.94	−1.02	−1.09
1.9	7.99	5.77	5.12	4.61	4.23	3.55	2.88	2.00	1.31	0.63	−0.29	−0.72	−0.92	−0.98	−1.04
2.0	8.21	5.91	5.22	4.70	4.30	3.61	2.91	2.00	1.30	0.61	−0.31	−0.71	−0.895	−0.949	−0.989
2.1	8.43	6.04	5.33	4.79	4.37	3.66	2.93	2.00	1.29	0.59	−0.32	−0.71	−0.869	−0.914	−0.945
2.2	8.65	6.17	5.43	4.88	4.44	3.71	2.96	2.00	1.28	0.57	−0.33	−0.70	−0.844	−0.879	−0.905
2.3	8.87	6.30	5.53	4.97	4.51	3.76	2.99	2.01	1.27	0.55	−0.34	−0.69	−0.82	−0.849	−0.867
2.4	9.08	6.42	5.63	5.05	4.58	3.81	3.02	2.01	1.26	0.54	−0.35	−0.68	−0.795	−0.820	−0.831
2.5	9.30	6.55	5.73	5.12	4.65	3.85	3.04	2.01	1.25	0.52	−0.36	−0.67	−0.772	−0.791	−0.800
2.6	9.51	6.67	5.82	5.20	4.72	3.89	3.06	2.01	1.23	0.50	−0.37	−0.66	−0.748	−0.764	−0.769
2.7	9.72	6.79	5.92	5.28	4.78	3.93	3.09	2.01	1.22	0.48	−0.37	−0.65	−0.726	−0.736	−0.740
2.8	9.93	6.91	6.01	5.36	4.84	3.97	3.11	2.01	1.21	0.46	−0.38	−0.64	−0.702	−0.710	−0.714
2.9	10.14	7.03	6.10	5.44	4.90	4.01	3.13	2.01	1.20	0.44	−0.39	−0.63	−0.680	−0.687	−0.690

续表

C_s \ $P/\%$	0.01	0.10	0.20	0.33	0.50	1.00	2.00	5.00	10.00	20.00	50.00	75.00	90.00	95.00	99.00
3.0	10.35	7.15	6.20	5.51	4.96	4.05	3.15	2.00	1.18	0.42	−0.39	−0.62	−0.658	−0.665	−0.667
3.1	10.56	7.26	6.30	5.59	5.02	4.08	3.17	2.00	1.16	0.40	−0.40	−0.60	−0.639	−0.644	−0.645
3.2	10.77	7.38	6.39	5.66	5.08	4.12	3.19	2.00	1.14	0.38	−0.40	−0.59	−0.621	−0.624	−0.625
3.3	10.97	7.49	6.48	5.74	5.14	4.15	3.21	1.99	1.12	0.36	−0.40	−0.58	−0.604	−0.606	−0.606
3.4	11.17	7.60	6.56	5.80	5.20	4.18	3.22	1.98	1.11	0.34	−0.41	−0.57	−0.587	−0.588	−0.588
3.5	11.37	7.72	6.65	5.86	5.25	4.22	3.23	1.97	1.09	0.32	−0.41	−0.55	−0.570	−0.571	−0.571
3.6	11.57	7.83	6.73	5.93	5.30	4.25	3.24	1.96	1.08	0.30	−0.41	−0.54	−0.555	−0.556	−0.556
3.7	11.77	7.94	6.81	5.99	5.35	4.28	3.25	1.95	1.06	0.28	−0.42	−0.53	−0.540	−0.541	−0.541
3.8	11.97	8.05	6.89	6.05	5.40	4.31	3.26	1.94	1.04	0.26	−0.42	−0.52	−0.526	−0.526	−0.526
3.9	12.16	8.15	6.97	6.11	5.45	4.34	3.27	1.93	1.02	0.24	−0.41	−0.506	−0.513	−0.513	−0.513
4.0	12.36	8.25	7.05	6.18	5.50	4.37	3.27	1.92	1.00	0.23	−0.41	−0.495	−0.500	−0.500	−0.500
4.1	12.55	8.35	7.13	6.24	5.54	4.39	3.28	1.91	0.98	0.21	−0.41	−0.484	−0.488	−0.488	−0.488
4.2	12.74	8.45	7.21	6.30	5.59	4.41	3.29	1.90	0.96	0.19	−0.41	−0.473	−0.476	−0.476	−0.476
4.3	12.93	8.55	7.29	6.36	5.63	4.44	3.29	1.88	0.94	0.17	−0.41	−0.462	−0.465	−0.465	−0.465
4.4	13.12	8.65	7.36	6.41	5.68	4.46	3.30	1.87	0.92	0.16	−0.40	−0.453	−0.455	−0.455	−0.455
4.5	13.30	8.75	7.43	6.46	5.72	4.48	3.30	1.85	0.90	0.14	−0.40	−0.444	−0.444	−0.444	−0.444
4.6	13.49	8.85	7.50	6.52	5.76	4.50	3.30	1.84	0.88	0.13	−0.40	−0.435	−0.435	−0.435	−0.435
4.7	13.67	8.95	7.57	6.57	5.80	4.52	3.30	1.82	0.86	0.11	−0.39	−0.426	−0.426	−0.426	−0.426
4.8	13.85	9.04	7.64	6.63	5.84	4.54	3.30	1.80	0.84	0.09	−0.39	−0.417	−0.417	−0.417	−0.417
4.9	14.04	9.13	7.70	6.68	5.88	4.55	3.30	1.78	0.82	0.08	−0.38	−0.408	−0.408	−0.408	−0.408
5.0	14.22	9.22	7.77	6.73	5.92	4.57	3.30	1.77	0.80	0.06	−0.379	−0.400	−0.400	−0.400	−0.400
5.1	14.40	9.31	7.84	6.78	5.95	4.58	3.30	1.75	0.78	0.05	−0.374	−0.392	−0.392	−0.392	−0.392
5.2	14.57	9.40	7.90	6.83	5.99	4.59	3.30	1.73	0.76	0.03	−0.369	−0.385	−0.385	−0.385	−0.385
5.3	14.75	9.49	7.96	6.87	6.02	4.60	3.30	1.72	0.74	0.02	−0.363	−0.377	−0.377	−0.377	−0.377
5.4	14.92	9.57	8.02	6.91	6.05	4.62	3.29	1.70	0.72	0.00	−0.358	−0.370	−0.370	−0.370	−0.370
5.5	15.10	9.66	8.08	6.96	6.08	4.63	3.28	1.68	0.70	−0.01	−0.353	−0.364	−0.364	−0.364	−0.364
5.6	15.27	9.71	8.14	7.00	6.11	4.64	3.28	1.66	0.67	−0.03	−0.349	−0.357	−0.357	−0.357	−0.357
5.7	15.45	9.82	8.21	7.04	6.14	4.65	3.27	1.65	0.65	−0.04	−0.344	−0.351	−0.351	−0.351	−0.351
5.8	15.62	9.91	8.27	7.08	6.17	4.67	3.27	1.63	0.63	−0.05	−0.339	−0.345	−0.345	−0.345	−0.345
5.9	15.78	9.99	8.32	7.12	6.20	4.68	3.26	1.61	0.61	−0.06	−0.334	−0.339	−0.339	−0.339	−0.339
6.0	15.94	10.07	8.38	7.15	6.23	4.68	3.25	1.59	0.59	−0.07	−0.329	−0.333	−0.333	−0.333	−0.333
6.1	16.11	10.15	8.43	7.19	6.26	4.69	3.24	1.57	0.57	−0.08	−0.325	−0.328	−0.328	−0.328	−0.328
6.2	16.28	10.22	8.49	7.23	6.28	4.70	3.23	1.55	0.55	−0.09	−0.320	−0.323	−0.323	−0.323	−0.323
6.3	16.45	10.30	8.54	7.26	6.30	4.70	3.22	1.53	0.53	−0.10	−0.315	−0.317	−0.317	−0.317	−0.317
6.4	16.61	10.38	8.60	7.30	6.32	4.71	3.21	1.51	0.51	−0.11	−0.311	−0.313	−0.313	−0.313	−0.313

附表 2　　　　P-Ⅲ型频率曲线的模比系数 K_P 值表

(1) $C_s = C_v$

C_v \ $P/\%$	0.01	0.10	0.50	1.00	2.00	5.00	10.00	20.00	50.00	75.00	90.00	95.00	99.00
0.05	1.19	1.16	1.13	1.12	1.11	1.09	1.07	1.04	1.00	0.97	0.94	0.92	0.89
0.10	1.39	1.32	1.27	1.24	1.21	1.17	1.13	1.08	1.00	0.93	0.87	0.84	0.78
0.15	1.61	1.50	1.41	1.37	1.32	1.26	1.20	1.13	1.00	0.90	0.81	0.77	0.67
0.20	1.83	1.68	1.55	1.49	1.43	1.34	1.26	1.17	0.99	0.86	0.75	0.68	0.56
0.25	2.07	1.86	1.70	1.63	1.55	1.43	1.33	1.21	0.99	0.83	0.69	0.61	0.47
0.30	2.31	2.06	1.86	1.76	1.66	1.52	1.39	1.25	0.98	0.79	0.63	0.54	0.37
0.35	2.57	2.26	2.02	1.91	1.78	1.61	1.46	1.29	0.98	0.76	0.57	0.47	0.28
0.40	2.84	2.47	2.18	2.05	1.90	1.70	1.53	1.33	0.97	0.72	0.51	0.39	0.19
0.45	3.13	2.69	2.35	2.19	2.03	1.79	1.60	1.37	0.97	0.69	0.45	0.33	0.10
0.50	3.42	2.91	2.52	2.34	2.16	1.89	1.66	1.40	0.96	0.65	0.39	0.26	0.02
0.55	3.72	3.14	2.70	2.49	2.29	1.98	1.73	1.44	0.95	0.61	0.34	0.20	−0.06
0.60	4.03	3.38	2.88	2.65	2.41	2.08	1.80	1.48	0.94	0.57	0.28	0.13	−0.13
0.65	4.36	3.62	3.07	2.81	2.55	2.18	1.87	1.52	0.93	0.53	0.23	0.07	−0.20
0.70	4.70	3.87	3.25	2.97	2.68	2.27	1.93	1.55	0.92	0.50	0.17	0.01	−0.27
0.75	5.05	4.13	3.45	3.14	2.82	2.37	2.00	1.59	0.91	0.46	0.12	−0.05	−0.33
0.80	5.40	4.39	3.65	3.31	2.96	2.47	2.07	1.62	0.90	0.42	0.06	−0.10	−0.39
0.85	5.78	4.67	3.86	3.49	3.11	2.57	2.14	1.66	0.88	0.37	0.01	−0.16	−0.44
0.90	6.16	4.95	4.06	3.66	3.25	2.67	2.21	1.69	0.86	0.34	−0.04	−0.22	−0.49
0.95	6.56	5.24	4.28	3.84	3.40	2.78	2.28	1.73	0.85	0.31	−0.09	−0.27	−0.55
1.00	6.96	5.53	4.49	4.02	3.54	2.88	2.34	1.76	0.84	0.27	−0.13	−0.32	−0.59

(2) $C_s = 2C_v$

C_v \ $P/\%$	0.01	0.10	0.50	1.00	2.00	5.00	10.00	20.00	50.00	75.00	90.00	95.00	99.00
0.05	1.20	1.16	1.13	1.12	1.11	1.08	1.06	1.04	1.00	0.97	0.94	0.92	0.89
0.10	1.42	1.34	1.27	1.25	1.21	1.17	1.13	1.08	1.00	0.93	0.87	0.84	0.78
0.15	1.67	1.54	1.43	1.38	1.33	1.26	1.20	1.12	0.99	0.90	0.81	0.77	0.69
0.20	1.92	1.73	1.59	1.52	1.45	1.35	1.26	1.16	0.99	0.86	0.75	0.70	0.59
0.22	2.04	1.82	1.66	1.58	1.50	1.39	1.29	1.18	0.98	0.84	0.73	0.67	0.56
0.24	2.16	1.91	1.73	1.64	1.55	1.43	1.32	1.19	0.98	0.83	0.71	0.64	0.53
0.25	2.22	1.96	1.77	1.67	1.58	1.45	1.33	1.20	0.98	0.82	0.70	0.63	0.52
0.26	2.28	2.01	1.80	1.70	1.60	1.46	1.34	1.21	0.98	0.82	0.69	0.62	0.50
0.28	2.40	2.10	1.87	1.76	1.66	1.50	1.37	1.22	0.97	0.79	0.66	0.59	0.47
0.30	2.52	2.19	1.94	1.83	1.71	1.54	1.40	1.24	0.97	0.78	0.64	0.56	0.44
0.35	2.86	2.44	2.13	2.00	1.84	1.64	1.47	1.28	0.96	0.75	0.59	0.51	0.37

(2) $C_s = 2C_v$

C_v \ $P/\%$	0.01	0.10	0.50	1.00	2.00	5.00	10.00	20.00	50.00	75.00	90.00	95.00	99.00
0.40	3.20	2.70	2.32	2.16	1.98	1.74	1.54	1.31	0.95	0.71	0.53	0.45	0.30
0.45	3.59	2.98	2.53	2.33	2.13	1.84	1.60	1.35	0.93	0.67	0.48	0.40	0.26
0.50	3.98	3.27	2.74	2.51	2.27	1.94	1.67	1.33	0.92	0.64	0.44	0.34	0.21
0.55	4.42	3.58	2.97	2.70	2.42	2.04	1.74	1.41	0.90	0.59	0.40	0.30	0.16
0.60	4.85	3.89	3.20	2.89	2.57	2.15	1.80	1.44	0.89	0.56	0.35	0.26	0.13
0.65	5.33	4.22	3.44	3.09	2.74	2.25	1.87	1.47	0.87	0.52	0.31	0.22	0.10
0.70	5.81	4.56	3.68	3.29	2.90	2.36	1.94	1.5	0.87	0.49	0.27	0.18	0.08
0.75	6.33	4.93	3.93	3.50	3.06	2.46	2.00	1.52	0.82	0.45	0.24	0.15	0.06
0.80	6.85	5.30	4.19	3.71	3.22	2.57	2.06	1.54	0.80	0.42	0.21	0.12	0.04
0.85	7.41	5.69	4.46	3.93	3.39	2.68	2.12	1.56	0.77	0.39	0.18	0.10	0.03
0.90	7.93	6.08	4.74	4.15	3.56	2.78	2.19	1.58	0.75	0.35	0.15	0.08	0.02
0.95	8.59	6.48	5.02	4.38	3.74	2.89	2.25	1.60	0.72	0.31	0.13	0.07	0.01
1.00	9.21	6.91	5.30	4.61	3.91	3.00	2.30	1.61	0.69	0.29	0.11	0.05	0.01

(3) $C_s = 3C_v$

C_v \ $P/\%$	0.01	0.10	0.50	1.00	2.00	5.00	10.00	20.00	50.00	75.00	90.00	95.00	99.00
0.05	1.20	1.17	1.14	1.12	1.11	1.08	1.07	1.04	1.00	0.97	0.94	0.92	0.89
0.10	1.44	1.35	1.29	1.25	1.22	1.17	1.13	1.08	0.99	0.93	0.88	0.85	0.79
0.15	1.71	1.56	1.45	1.40	1.35	1.26	1.20	1.12	0.99	0.89	0.82	0.78	0.70
0.20	2.02	1.79	1.63	1.55	1.47	1.36	1.27	1.16	0.98	0.86	0.76	0.71	0.62
0.25	2.35	2.05	1.82	1.72	1.61	1.46	1.34	1.20	0.97	0.82	0.71	0.65	0.56
0.30	2.72	2.32	2.02	1.89	1.75	1.56	1.40	1.23	0.96	0.78	0.66	0.60	0.50
0.35	3.12	2.61	2.24	2.07	1.90	1.66	1.47	1.26	0.94	0.74	0.61	0.55	0.46
0.40	3.56	2.92	2.46	2.26	2.05	1.76	1.54	1.29	0.92	0.70	0.57	0.50	0.42
0.42	3.75	3.06	2.56	2.34	2.11	1.81	1.56	1.31	0.91	0.69	0.55	0.49	0.41
0.45	4.04	3.26	2.70	2.46	2.21	1.87	1.60	1.32	1.90	0.67	0.53	0.47	0.39
0.48	4.34	3.47	2.85	2.58	2.31	1.93	1.65	1.34	0.89	0.65	0.51	0.45	0.38
0.50	4.55	3.62	2.96	2.67	2.37	1.98	1.67	1.35	0.88	0.64	0.49	0.44	0.37
0.52	4.76	3.76	3.06	2.75	2.44	2.02	1.69	1.36	0.87	0.62	0.48	0.42	0.36
0.54	4.98	3.91	3.16	2.84	2.51	2.06	1.72	1.36	0.86	0.61	0.47	0.41	0.36
0.55	5.09	3.99	3.21	2.88	2.54	2.08	1.73	1.36	0.86	0.60	0.46	0.41	0.36
0.56	5.20	4.07	3.27	2.93	2.57	2.10	1.74	1.37	0.85	0.59	0.46	0.40	0.35
0.58	5.43	4.23	3.38	3.01	2.64	2.14	1.77	1.38	0.84	0.58	0.45	0.40	0.35
0.60	5.66	4.38	3.49	3.10	2.71	2.19	1.79	1.38	0.83	0.57	0.44	0.39	0.35

续表

(3) $C_s = 3C_v$

C_v \ $P/\%$	0.01	0.10	0.50	1.00	2.00	5.00	10.00	20.00	50.00	75.00	90.00	95.00	99.00
0.65	6.26	4.81	3.77	3.33	2.88	2.29	1.85	1.40	0.80	0.53	0.41	0.37	0.34
0.70	6.90	5.23	4.06	3.56	3.08	2.40	1.90	1.41	0.78	0.50	0.39	0.36	0.34
0.75	7.57	5.68	4.36	3.80	3.24	2.50	1.96	1.42	0.76	0.48	0.38	0.35	0.34
0.80	8.26	6.14	4.66	4.05	3.42	2.61	2.01	1.43	0.72	0.46	0.36	0.34	0.34
0.85	9.00	6.62	4.98	4.29	3.59	2.71	2.06	1.43	0.69	0.44	0.35	0.34	0.34
0.90	9.75	7.11	5.30	4.54	3.78	2.81	2.10	1.43	0.67	0.42	0.35	0.34	0.33
0.95	10.54	7.62	5.62	4.80	3.96	2.91	2.14	1.43	0.64	0.39	0.34	0.34	0.33
1.00	11.35	8.15	5.98	5.05	4.15	3.00	2.18	1.42	0.61	0.38	0.34	0.34	0.33

(4) $C_s = 4C_v$

C_v \ $P/\%$	0.01	0.10	0.50	1.00	2.00	5.00	10.00	20.00	50.00	75.00	90.00	95.00	99.00
0.05	1.21	1.17	1.14	1.12	1.11	1.08	1.06	1.04	1.00	0.97	0.94	0.92	0.89
0.10	1.46	1.37	1.3	1.26	1.23	1.18	1.13	1.08	0.99	0.93	0.88	0.85	0.80
0.15	1.76	1.59	1.47	1.41	1.35	1.27	1.20	1.12	0.98	0.89	0.82	0.78	0.72
0.20	2.10	1.85	1.66	0.58	1.49	1.37	1.27	1.16	0.97	0.85	0.77	0.72	0.65
0.25	2.49	2.13	1.87	1.76	1.64	1.47	1.34	1.19	0.96	0.82	0.72	0.67	0.60
0.30	2.92	2.44	2.10	1.94	1.79	1.57	1.40	1.22	0.94	0.78	0.68	0.63	0.56
0.35	3.40	2.78	2.34	2.14	1.95	1.68	1.47	1.25	0.92	0.74	0.64	0.59	0.54
0.40	3.92	3.15	2.60	2.36	2.11	1.78	1.53	1.27	0.90	0.71	0.60	0.56	0.52
0.42	4.15	3.30	2.70	2.44	2.18	1.83	1.56	1.28	0.89	0.70	0.59	0.55	0.52
0.45	4.49	3.54	2.87	2.58	2.28	1.89	1.59	1.29	0.87	0.68	0.58	0.54	0.51
0.48	4.86	3.79	3.04	2.71	2.39	1.96	1.63	1.30	0.86	0.66	0.56	0.54	0.51
0.50	5.10	3.96	3.15	2.80	2.45	2.00	1.65	1.31	0.84	0.64	0.55	0.53	0.50
0.52	5.36	4.12	3.27	2.90	2.52	2.04	1.67	1.31	0.83	0.63	0.55	0.53	0.50
0.55	5.76	4.39	3.44	3.03	2.63	2.10	1.70	1.31	0.82	0.62	0.54	0.52	0.50
0.58	6.18	4.67	3.62	3.19	2.74	2.16	1.74	1.32	0.80	0.60	0.53	0.51	0.50
0.60	6.45	4.85	3.75	3.29	2.81	2.21	1.76	1.32	0.79	0.59	0.52	0.51	0.50
0.65	7.18	5.34	4.07	3.53	2.99	2.31	1.80	1.32	0.76	0.57	0.51	0.50	0.50
0.70	7.95	5.84	4.39	3.78	3.18	2.41	1.85	1.32	0.73	0.55	0.51	0.50	0.50
0.75	8.76	6.36	4.72	4.03	3.36	2.50	1.88	1.32	0.71	0.54	0.51	0.50	0.50
0.80	9.62	6.90	5.06	4.30	3.55	2.60	1.91	1.30	0.68	0.53	0.50	0.50	0.50
0.85	10.49	7.46	5.42	4.55	3.74	2.68	1.94	1.29	0.65	0.52	0.50	0.50	0.50
0.90	11.41	8.05	5.77	4.82	3.92	2.76	1.97	1.27	0.63	0.51	0.50	0.50	0.50
0.95	12.37	8.65	6.13	5.09	4.10	2.84	1.99	1.25	0.60	0.51	0.50	0.50	0.50
1.00	13.36	9.25	6.50	5.37	4.27	2.92	2.00	1.23	0.59	0.50	0.50	0.50	0.50

参 考 文 献

［1］ 耿泓江. 工程水文基础［M］. 北京：中国水利水电出版社，2006.
［2］ 罗全胜，梅孝威. 治河防洪［M］. 2版. 郑州：黄河水利出版社，2020.
［3］ 张立中. 水资源管理［M］. 北京：中央广播电视大学出版社，2014.
［4］ 崔振才，杜守建，王启田. 工程水文及水资源学习指导与技能训练［M］. 北京：中国水利水电出版社，2007.
［5］ 王双银，宋孝玉. 水资源评价［M］. 2版. 郑州：黄河水利出版社，2014.
［6］ 孙秀玲. 水资源评价与管理［M］. 北京：中国环境出版社，2013.
［7］ 高峰. 工程水文与水资源评价管理［M］. 北京：北京大学出版社，2006.
［8］ 孙秀玲，王立萍，娄山崇，等. 水资源利用与保护［M］. 北京：中国建材工业出版社，2020.
［9］ 于建华，杨胜勇. 水文信息采集与处理［M］. 北京：中国水利水电出版社，2015.
［10］ GB/T 50095—2014，水文基本术语和符号标准［S］. 北京：中国计划出版社，2014.
［11］ SL/T 247—2020，水文资料整编规范［S］. 北京：中国水利水电出版社，2020.
［12］ SL 61—2015，水文自动测报系统技术规范［S］. 北京：中国水利水电出版社，2015.
［13］ SL 42—92，河流泥沙颗粒分析规程［S］. 北京：中国水利水电出版社，1994.
［14］ GB 50179—2015，河流流量测验规范［S］. 北京：中国计划出版社，2015.
［15］ SL 21—2015，降水量观测规范［S］. 北京：中国水利水电出版社，2015.
［16］ SL 630—2013，水面蒸发观测规范［S］. 北京：中国水利水电出版社，2013.
［17］ GB/T 50138—2010，水位观测标准［S］. 北京：中国计划出版社，2010.